高职高专规划教材
◎农林与生物系列◎

园林规划设计

主　编　殷华林
副主编　郭　丽
编　者　殷华林（安徽林业职业技术学院）
　　　　郭　丽（芜湖职业技术学院）
　　　　任启闯（六安职业技术学院）
　　　　薛正帅（滁州职业技术学院）
　　　　唐长贞（安庆职业技术学院）
　　　　陈珠艳（安徽林业职业技术学院）
　　　　杨　春（池州职业技术学院）
　　　　张　鑫（安徽林业职业技术学院）
　　　　刘广军（安徽城市管理职业学院）

北京师范大学出版集团
安徽大学出版社

内容摘要

本书根据《国家中长期教育改革和发展规划纲要(2010—2020年)》精神,结合园林行业的发展编写而成,吸收了园林行业的新知识、新技术。主要内容包括课程引导、园林规划设计的基本原理、园林规划设计的程序、园林绿地构成要素以及道路广场绿地、居住区绿地、单位附属绿地、屋顶花园和公园等专项绿地规划设计。

本书是园林技术专业的通用型、专业课教材,可供高职院校园林技术专业学生和从事园林绿化工作的技术人员使用。

图书在版编目(CIP)数据

园林规划设计/殷华林主编. —合肥:安徽大学出版社,2014.1(2020.8重印)
高职高专规划教材. 农林与生物系列
ISBN 978-7-5664-0699-6

Ⅰ.①园… Ⅱ.①殷… Ⅲ.①园林—规划—高等职业教育—教材
②园林设计—高等职业教育—教材 Ⅳ.①TU986

中国版本图书馆CIP数据核字(2014)第012067号

园林规划设计

殷华林 主编

出版发行:	北京师范大学出版集团
	安徽大学出版社
	(安徽省合肥市肥西路3号 邮编230039)
	www.bnupg.com.cn
	www.ahupress.com.cn
印　刷:	安徽省人民印刷有限公司
经　销:	全国新华书店
开　本:	184mm×260mm
印　张:	16.75
字　数:	393千字
版　次:	2014年1月第1版
印　次:	2020年8月第4次印刷
定　价:	35.00元

ISBN 978-7-5664-0699-6

策划编辑:李　梅　武溪溪			装帧设计:李　军	
责任编辑:武溪溪			美术编辑:李　军	
责任校对:程中业			责任印制:赵明炎	

版权所有　侵权必究

反盗版、侵权举报电话:0551—65106311
外埠邮购电话:0551—65107716
本书如有印装质量问题,请与印制管理部联系调换。
印制管理部电话:0551—65106311

前　言

"园林规划设计"是园林技术专业的专业核心能力课程之一。在从事园林规划设计、绿化工程、园林建筑和城市园林管理等方面的工作中，都需要具备园林规划设计的知识和技能。只有掌握园林规划设计的基础理论、基本技术和基本技能，具备园林绿地的规划设计理念、形象思维能力和动手表达能力，才能更好地从事园林技术工作。

本书是为培养应用型的高端技能人才，突出实践技术和技能，以任务驱动法为体例编写而成的全新教材。全书将高职园林技术专业中的核心能力课程"园林规划设计"划分为5个项目、23项任务，每项任务包括教学目标、任务描述、任务准备、任务分析、任务实施、实例分析、任务实训等7个方面的教学内容。本书是一本理论实践一体化的教材。

本书的项目一、项目二中的任务一、项目四中的任务五等部分由安徽林业职业技术学院的殷华林编写，项目二中的任务二、三、项目三等部分由六安职业技术学院的任启闯和安徽林业职业技术学院的陈珠艳编写，项目四中的任务一、三、四和项目五中的任务三、四等部分由芜湖职业技术学院的郭丽编写，项目四中的任务二、项目五中的任务一、二等部分由滁州职业技术学院的薛正帅编写，项目四中的任务六、七和项目五中的任务五等部分由安徽城市管理职业学院的刘广军编写，项目五中的任务六、七、八等部分由安庆职业技术学院的唐长贞编写，项目五中的任务九由池州职业技术学院的杨春编写，项目五中的任务十由安徽林业职业技术学院的张鑫编写。全书由殷华林统稿。

本书在编写过程中得到了安徽大学出版社、安徽林业职业技术学院、芜湖职业技术学院、六安职业技术学院、滁州职业技术学院、安庆职业技术学院、池州职业技术学院、安徽城市管理职业学院等单位的大力支持，本书参考了相关专业书籍中的资料，在此一并表示感谢。

以任务驱动法为体例编写教材是一种改革，由于编者水平有限，疏漏和不当之处在所难免，敬请广大读者批评指正。

编　者
2013 年 12 月

目 录

项目一　课程引导 ·· (1)

项目二　园林规划设计的基本原理 ·· (8)

　　任务一　园林规划设计的范围 ·· (8)

　　任务二　园林绿地布局的形式 ·· (16)

　　任务三　园林造景及景观分析 ·· (24)

项目三　园林规划设计的程序 ·· (34)

　　任务一　园林规划的程序 ·· (34)

　　任务二　园林设计的程序 ·· (41)

项目四　园林构成要素的设计 ·· (49)

　　任务一　园林山水地形设计 ·· (49)

　　任务二　园路和广场设计 ·· (58)

　　任务三　园林建筑设计 ·· (68)

　　任务四　园林建筑小品设计 ·· (81)

　　任务五　园林树木造景设计 ·· (94)

　　任务六　草本花卉造景设计 ·· (108)

　　任务七　草坪、地被植物和水生植物造景设计 ································ (123)

项目五　专项园林绿地规划设计 ·· (138)

　　任务一　道路绿地规划设计 ·· (138)

　　任务二　城市广场绿地设计 ·· (154)

· 1 ·

任务三　居住区绿地设计……………………………………………………（167）
任务四　学校绿地规划设计…………………………………………………（181）
任务五　工矿企业绿地规划设计……………………………………………（193）
任务六　机关单位绿地规划设计……………………………………………（208）
任务七　宾馆饭店绿地规划设计……………………………………………（218）
任务八　医疗机构绿地设计…………………………………………………（224）
任务九　屋顶花园设计………………………………………………………（233）
任务十　综合性公园规划设计………………………………………………（244）

参考文献 ……………………………………………………………………（261）

项目一

课程引导

》》教学目标

1. 正确认识园林的概念。
2. 了解本课程的主要学习内容和任务。
3. 明确应掌握的知识和技能。
4. 了解本课程的学习方法、学习要求和成绩评定方法。

》》任务描述

解决为什么要学园林规划设计、学什么、怎么学等三个问题。

》》任务准备

一、调查本专业就业单位

"园林规划设计"是园林技术专业的必修核心能力课程。为了使教学与园林实践密切结合，以便将来更好地为园林建设服务，应当对园林技术专业毕业生将来的就业方向非常清楚。该专业毕业生可从事的专业对口单位大致有以下10类。

1. 园林绿化、景观类设计和施工企业 此类就业方向具体调查单位可参考安徽省住房和城乡建设厅发布的《全省三级以上施工资质单位名录》。
2. 房产类开发公司 从事居住区环境设计、小区植物栽培养护等工作。
3. 各市县园林局等行政或行业主管部门 从事城市园林行业的管理工作。
4. 建筑行业类企业 从事建筑景观配套设计工作。
5. 企事业单位绿化管理部门 从事单位附属绿地的规划设计和植物栽培养护等工作。
6. 园林监理类单位 从事园林工程监理类工作。
7. 市政工程类单位 从事公交、供水等市政工程单位的绿化规划设计和植物栽培养护等工作。
8. 公园、风景区管理部门 从事园林规划设计和园林监督、管理类工作。
9. 装饰工程类单位 从事计算机绘图类工作。
10. 苗圃类单位 从事园林植物苗木培育、栽培养护等工作。

二、调查园林规划设计的对象

主要调查新建和需要改造的城镇和各类企事业单位的园林绿地。具体是城镇中各风景区、公园、植物园、动物园、道路广场、滨水绿地、居住区、单位附属绿地等各类绿地。

▶▶ 任务分析

一、"园林规划设计"课程的定位分析

1. 前导课程　前导课程包括园林植物、园林树木、园林花卉、园林美术、园林制图、园林设计初步、计算机辅助与设计等。

2. 后续课程　后续课程包括园林工程、园林绿化施工管理、园林工程项目管理、园林工程招投标与概预算、园林工程监理等。

二、职业能力与就业岗位分析

1. 职业能力　需要具备的职业能力包括读图识图能力、制图能力、规划设计能力、现场施工能力、项目统筹能力等。

2. 就业岗位　可从事的岗位包括园林制图、园林设计、景观设计、园林工程监理、园林工程预算、园林工程施工管理等。

▶▶ 任务实施

园林是构成城市景观的重要因素。营造园林景观，必须先有园林规划设计。园林规划设计是园林技术人员从事专业工作时不可缺少的基本技能，对我们职业能力的培养起主要支撑作用。我们通常所说的"园林规划设计"实际上包括园林、园林规划和园林设计三个概念。

一、园林、园林规划、园林设计的概念

1. 园林的概念　园林是指在一定地域内运用工程技术和艺术手段，通过因地制宜地改造地形、整治山水、栽种植物、营造建筑和布置园路等方法创作而成的优美的游憩境域。

园的繁体字为"園"，是从篆字演变而来（图1-1-1）。从字形上看，它包括了四个要素："○"表示围墙，引申为建筑；"土"表示土地，引申为山石；"口"表示水井，引申为水体；"丫"表示幼芽，引申为植物。所以，一个"园"字几乎包含了整个园林四要素：山水地貌、道路广场、建筑构筑物、园林植物。

图 1-1-1　"园"字的篆体

山水地貌：包括地形、山体、水体等基本景观；道路广场：在园林中多为硬质铺装的通道和活动场地；建筑构筑物：在古典园林中多为亭、廊、榭、舫、桥等，另外还包括景墙、雕塑、园灯、栏杆等园林小品；园林植物：指在园林中广泛分布的树木、花卉、草坪等。这四大要素共同构成了优美的游憩境域。

在园林的概念中还包含了园林的三个特点：功能要求（游憩境域）、经济技术条件（工程技术）、艺术布局（艺术手段）。也就是说，园林是需要一定的艺术手段来进行艺术布局的，在一定的经济条件下，通过工程技术将园林四要素科学合理地布局在大地之上，才能形成优美的环境，满足人们前来游憩的要求，具有相应的社会功能。所以，"园林规划设计"是一门集工程、艺术、技术于一体的综合性课程。

2.园林规划的概念　　园林规划是指综合确定或安排园林建设项目的性质、规模、发展方向、主要内容、基础设施、空间综合布局、建设分期和投资估算的活动。

从大的方面讲，园林规划是指对未来园林绿地发展方向的设想安排，其主要任务是按照国民经济发展需要，提出园林绿地发展的战略目标、发展规模、发展速度和投资金额等。这种规划是由各级园林行政部门制定的。由于这种规划是对若干年以后园林绿地发展的设想，因此常根据当地实际情况制定出长期规划、中期规划和近期规划，用以指导园林绿地的建设。这种规划也叫"发展规划"。

另一种园林规划是指对某一个园林绿地（包括已建和拟建的园林绿地）所占用的土地进行安排，对园林要素如山水、道路广场、建筑、植物等进行合理的布局与组合，结合城市的总体规划来确定出园林绿地的比例等，如一个城市的园林绿地规划。要建一座公园，也要进行规划，如需要划分哪些景区，分别布置在什么地方，要多大面积以及投资金额和完成的时间等。这种规划是从时间和空间方面对园林绿地进行安排，使之符合生态、社会和经济的要求，同时又能保证园林规划设计各要素之间具有有机联系，以满足园林艺术的要求。这种规划一般是由园林规划设计部门完成的。

3.园林设计的概念　　园林设计是指使园林的空间造型满足游人对其功能和审美要求的相关活动。

通过园林规划虽然在时空关系上可以对园林绿地建设进行安排，但是这种安排还不能给人们提供一个优美的园林环境。因此，需要进一步对园林绿地进行设计。园林绿地设计就是为了满足一定的目的和用途，在规划的原则下，围绕园林地形，利用植物、山水、道路广场、建筑等园林要素创造出具有独立风格、有生机、有力度、有内涵的园林环境。或者说，园林设计就是对园林空间进行组合，创造出一种新的园林环境，这个环境是一幅立体画面，是无声的诗，它可以使游人愉快、欢乐并能产生联想。园林绿地设计的内容包括地形设计、山水设计、建筑设计、园路设计、种植设计以及园林小品设计等。

园林规划设计的最终成果是园林规划设计图和说明书。园林规划设计不同于林业种植规划设计，因为园林规划设计不仅要考虑经济、技术和生态问题，还要从艺术的角度考虑美的问题，要把自然美融入生态美之中，同时还要借助建筑美、绘画美、文学美和人文美来增强其表现能力。园林绿地规划设计也不同于工程上单纯制作平面图和立面图,更不同于绘画,因为园林绿地规划设计是以室外空间为主,是以园林地形、山水、建筑、道路广场、植物为材料的一种空间艺术创作。

二、园林规划设计的特点

园林规划设计的特点可以概括为五个方面:创作性、综合性、双重性、过程性和社会性。

1. 创作性　园林规划设计的过程实际上是一个创作过程,它需要园林规划设计者具有丰富的想象力和灵活开放的思维方式。园林规划设计者面对各种类型的园林绿地时,必须能够因地制宜地对待新问题,有创新意识,发挥出创造力,这样才能创作出形式新颖的园林规划设计作品。

2. 综合性　园林规划设计是一门实践性与综合性非常强的学科。它涉及社会、文化、历史、环境、人的行为和心理、建筑工程、生物等众多学科。作为未来的园林规划设计工作者,必须熟悉和掌握相关学科知识,才能从根本上学好这门课程。

3. 双重性　我们在进行园林规划设计时,所进行的思维活动有着不同于其他活动之处——具有思维方式双重性的特点。园林规划设计过程可概括为"分析研究—构思设计—分析选择—再构思设计……"如此循环发展的过程。在分析阶段,设计者主要运用的是逻辑思维,而在构思阶段,主要运用形象思维。因此,我们平时的学习训练必须兼顾逻辑思维和形象思维两个方面。

4. 过程性　在进行园林规划设计过程中,需要科学、全面地分析调研,深入思考,大胆想象,不厌其烦地听取客户的意见,在广泛论证的基础上优化设计方案。所以,设计的过程是一个不断推敲、修改、发展和完善的过程。

5. 社会性　园林绿地景观作为城市空间环境的一部分,具有广泛的社会性。这种社会性要求园林规划设计者的创作活动必须综合平衡生态效益、社会效益、经济效益与个性特色之间的关系。只有找到一个可行的结合点,才能创作出尊重环境、关怀人性的优秀作品。

三、园林规划设计的作用和教学目标

园林规划设计的作用主要包括四个方面:

1. 保证城市园林绿地的发展和巩固。
2. 为上级主管部门批准园林绿地建设费用和审批提供依据。
3. 作为园林绿地施工的依据。
4. 作为园林绿地建设检查验收的依据。

"园林规划设计"课程的教学目标是:通过本课程的教学,使大家掌握园林规划设计的基础理论、基本技术和基本技能,具备园林绿地的规划设计理念、形象思维能力和动手表达能力;可从事城市园林绿地的规划设计、工程验收等工作,直接为城市园林建设服务。园林规划设计最终的成果是做出城市绿地系统规划,使其具有明显的生态效益、社会效益和经济效益。学习并掌握园林规划设计理论和技术,是从事园林规划设计、城市园林绿化建设等工作的重要保证。

四、园林规划设计的内容

"园林规划设计"课程内容主要包括七个方面:
1. 园林规划设计的任务。
2. 园林的布局与形式。
3. 园林绿地造景的艺术手法。
4. 园林绿地规划的一般程序。
5. 园林绿地设计的一般程序。
6. 园林构成要素的设计。
7. 专项园林绿地规划设计。

专项园林绿地规划设计的内容和学习任务比较多,主要包括道路绿地规划设计、城市广场绿地设计、居住区绿地设计、学校绿地设计、工矿企业绿地规划设计、机关单位绿地规划设计、宾馆饭店绿地规划设计、医疗机构绿地设计、屋顶花园设计、综合性公园规划设计等。

五、学习本课程应具备的专业知识和技能

园林规划设计以美术、制图、测绘、观赏花卉、观赏树木、园林艺术等知识和技能为基础,全面系统地阐述了园林布局与形式、园林构成要素及设计、城市各类园林绿地设计等城市园林规划设计理论和知识,是一门集工程、艺术、技术于一体的综合性课程。因此,学习本课程必备的专业知识为文学修养、园林美术、园林制图、测绘、观赏花卉、观赏树木、园林艺术、园林植物与环境等;必备的专业基本技能为绘画、制图、测量、花卉识别、树木识别等。如果在前一阶段已经很好地掌握了以上所述的专业知识和技能,我们就能顺利地进行本课程的学习。

六、本课程的学习方法、学习要求和成绩评定方法

园林规划设计是一门实践性、综合性很强的专业课,要求同学们对园林规划设计理论和方法有较全面的了解。因此,在教学中需要理论与实训、实习相结合。

(一)本课程的学习方法

学习园林规划设计的方法主要包括三个方面:
1. 课堂上认真听讲,弄懂学习内容中的基本理论和基本技术。
2. 课后勤动手练习(重点是绘图技法练习)。
3. 平时勤收集有关资料。

从事园林规划设计工作需要有深厚的文化底蕴及丰富的文化内涵,需要课堂理论学习与规划设计实践相结合,需要有大量的园林规划设计的实例及实景图片来帮助学习。要完

成课程设计及实践,需要到公园、花卉市场、园林绿地施工现场、园林苗木生产基地、校内外园林工程实训基地等现场,进行实地教学实习,了解当前园林规划设计行业的实际情况,与课堂教学相呼应,增加感性知识,培养学习兴趣。同时,还应注重与地方园林公司紧密结合,积极参与从项目规划到招投标再到施工等全过程,为将来走向工作岗位奠定坚实的基础。

（二）本课程的学习要求

1. 遵守学习纪律,上课带足纸笔。
2. 听课注意理解,做好课堂笔记。
3. 按时完成作业,课后主动复习。
4. 每天坚持练习,掌握设计规律。
5. 深入施工现场,理论联系实际。

（三）本课程成绩评定方法

本课程的成绩可以从三个方面进行综合评定：

1. 职业素质考核。平时听课出勤情况、作业完成情况。
2. 职业水平考核。期中测验和期末考试情况。
3. 职业技能考核。实习实训报告完成情况以及综合设计实习作品考评情况。

任务实训

园林绿地构成要素的观察

一、实训目的

了解园林绿地构成要素的形态特点,掌握园林的特征,明确园林规划设计的学习目标。

二、实训内容

1. 实地观察园林中山水地貌、道路广场、建筑构筑物、园林植物的特征。
2. 绘制绿地园林要素平面图。

三、方法步骤

1. 由指导教师讲清本次实训观察的目的和要求。
2. 全班集体跟随指导教师到学校附近的公园。
3. 现场观察公园中的园林四要素,了解园林中山水地貌、道路广场、建筑构筑物、园林植物的特征。
4. 分别绘制绿地中园林要素平面图。
5. 实训小结。

四、工具材料

测量仪器、绘图工具等。

五、基本要求

1. 绘图时不分组,要求学生独立完成,在绘图前可分小组进行讨论。

2.在观察和绘图过程中要充分了解园林组成要素在园林中的作用,应用园林制图中平面图表达方法,最后完成图形的绘制等内容。

六、考核与报告

实训报告

班级: 组别: 姓名: 学号: 日期:

实训题目		成绩	
技能目标			
主要工具、材料			
实训过程:			
实训结果:			
实训建议:			

实训项目结束时,上交实训绘制的图纸,填写好实训报告,说明实训步骤。

》练习与思考

1. 什么是园林?

2. 什么是园林绿地规划?

3. 什么是园林绿地设计?

4. 什么是园林的四要素、三要点?

5. "园林规划设计"课程的主要任务是什么?

6. 如何学好园林规划设计?

项目二
园林规划设计的基本原理

任务一　园林规划设计的范围

〉〉教学目标

1. 能准确说出城市绿地系统的类型、特征及功能。
2. 掌握城市绿地指标的计算方法。

〉〉任务描述

了解城市绿地系统类型、绿地指标、绿地功能,明确园林规划设计的范围。

〉〉任务准备

一、了解城市园林绿地分类的原则

城市园林绿地分类应遵循以下几个基本原则:
1. 开放性原则　城市中出现的新绿地类型应该可以方便地融入分类标准中。
2. 系统性原则　即可以把城市绿地系统中所有的绿地都纳入分类标准中。
3. 区域性原则　城市规划区域化是目前规划发展的一大趋势。作为指导规划实践的绿地分类标准,应该具有宏观的思路和观念,能运用区域一体化、城乡一体化的思想,从大区域、大景观、大生态系统的角度出发,去分析和划分城市绿地。

二、了解城市园林绿地分类的基本要求

根据我国城市绿地分类标准,对绿地分类有如下要求:
1. 与城市用地分类有相对应的关系,并照顾习惯称法,有利于同总体规划及专业规划配合。
2. 绿地应按主要功能进行分类,并与城市用地分类相对应。
3. 绿地分类采用大类、中类、小类三个层次。
4. 绿地类别应采用英文字母与阿拉伯数字混合型代码表示。

5. 避免在统计上与其他城市用地重复,有利于城市绿地计算口径的统一,也可以使城市规划的经济论证具有可比性。

三、调查了解当地城市绿地指标

通过走访当地城市规划局、园林局等部门,对当地城市绿地现有指标做一个初步了解。

任务分析

一、城市绿地系统的构成

所谓"城市绿地系统",是指由一定质与量的各类绿地相互联系、相互作用而形成的绿色有机整体,也就是城市中不同类型、不同性质和规模的各种绿地(包括城市规划用地平衡表中直接反映和间接反映的绿地)共同组合构建而成的一个稳定持久的城市绿色环境体系。

城市绿地系统由五大类绿地构成:

1. 公园绿地 公园绿地包括城市中的综合性公园、儿童公园、动物园、植物园、体育公园、纪念性园林、游憩林荫带、名胜古迹园林等。
2. 生产绿地 生产绿地包括城郊苗圃、花圃、果园、林场等为城市绿化提供苗木、花草的圃地。
3. 防护绿地 防护绿地包括城市中具有卫生、隔离和安全防护功能的绿地。
4. 附属绿地 附属绿地包括工业绿地、仓库绿地、公共事业用地、公共建筑庭院等。
5. 其他绿地 其他绿地是指不属于上面各类型的其他绿地。如交通绿地、风景林地等。

二、园林规划设计的范围

由于园林特指供人们游憩的优美境域,在城市五大绿地系统中,过去只将公共绿地、附属绿地和其他绿地这三类能够为市民提供游憩场所的绿地划分为园林绿地,传统意义上这三大类绿地一般都属于园林规划设计的范围。

随着城市园林事业的发展,许多城市为打造生态园林,扩大了园林的范围,在生产用地和防护用地中,也规划设计了园林设施,打造了休闲花圃、果园、城市森林公园等场所,开发了一系列旅游项目,让市民在节假日能步入其中游乐。所以,园林规划设计的范围已经拓展到整个城市的五大绿地系统中。

三、城市绿地指标的概念

城市绿地指标是指城市绿地总面积、人均公共绿地面积、城市绿地率、城市绿化覆盖率等指标。其中人均公共绿地面积、城市绿地率和城市绿化覆盖率是衡量一个城市环境质量的重要标志,它们可以反映一个城市绿化数量和质量的优劣,评价一定时期内的城市经济发展和城市居民生活福利、保健水平的高低,也可以反映城市居民的精神文明程度。

》任务实施

一、城市绿地系统的分类

根据国家《城市绿地分类标准》(CJJ/T85-2002)，城市绿地系统可分为公园绿地、生产绿地、防护绿地、附属绿地、其他绿地等五大类型，其中包括13个中类，11个小类。

(一)公园绿地

公园绿地是向全体市民开放，以具游憩功能为主要特征，兼具景观、生态、教育、减灾等功能的绿地。公园绿地是个大类，它包括综合性公园、社区公园、专类公园、带状公园、街旁绿地等5个中类。

1. 综合性公园　综合性公园是内容丰富、有相应设施、适合于公众开展各类户外活动的规模较大的绿地。它分为全市性公园和区域性公园两个小类。

(1)全市性公园。全市性公园是为全市市民服务、活动内容丰富、设施完善的绿地。如合肥市逍遥津公园(图2-1-1)。

(2)区域性公园。区域性公园是为市区内一定区域的居民服务，具有较丰富的活动内容和设施较完善的绿地。如合肥市高新区内的天乐公园。

综合性公园是较大型的绿地，公园的内容、设施较为完备，有明确的功能分区，也可突出某一方面，以满足使用功能及不同特色的要求。综合性

图2-1-1　合肥市逍遥津公园

公园要求有风景优美的自然条件、丰富的植物种类、开阔的草地与浓绿的林地，四季景色变化多样。

2. 社区公园　社区公园是为一定居住用地范围内的居民服务，具有一定活动内容和设施的集中绿地。它分为居住区公园和小区游园两个小类。

(1)居住区公园。居住区公园是服务于一个居住区的居民，具有一定活动内容和设施，为居住区配套建设的集中绿地，服务半径为0.5~1.0km。如合肥市琥珀山庄边的琥珀潭公园(图2-1-2)。

(2)小区游园。小区游园是为一个居住小区的居民服务、配套建设的集中绿地，服务半径为0.3~0.5km。我国目前各个城市新建的居住小区一般都设有小区游园。

3. 专类公园　专类公园是具有特定内容或形式，有一定游憩设施的绿地。它分为儿童公园、动物园、植物园、历史名园、风景名胜公园、游

图2-1-2　合肥市琥珀潭公园

乐园、其他专类公园等七个小类。

(1)儿童公园。儿童公园指单独设置，为少年儿童提供游戏及开展科普、文体活动场所，有安全、完善设施的绿地。我国许多大中城市都专门设有儿童公园。

(2)动物园。动物园指在人工饲养条件下，移地保护野生动物，供观赏、普及科学知识，进行科学研究和动物繁育，并具有良好设施的绿地。如合肥市野生动物园。

(3)植物园。植物园指进行植物科学研究和引种驯化，并供观赏、游憩及开展科普活动的绿地。如合肥市植物园。

(4)历史名园。历史名园指历史悠久，知名度高，能体现传统造园艺术并被审定为文物保护单位的园林。如苏州市拙政园。

(5)风景名胜公园。风景名胜公园指位于城市建设用地范围内，以文物古迹、风景名胜点(区)为主形成的具有城市公园功能的绿地。如合肥市包公园。

(6)游乐园。游乐园指具有大型游乐设施、单独设置、生态环境较好的绿地，绿化占地比例应大于等于65%。如合肥市欢乐岛公园。

(7)其他专类公园。其他专类公园指除以上各种专类公园外具有特定主题内容的绿地。包括雕塑园、盆景园、体育公园、纪念性公园等，绿化占地比例应大于等于65%。如合肥市烈士陵园。

4. 带状公园　带状公园指沿城市道路、城墙、水滨等，有一定游憩设施的狭长形绿地。如合肥市环城公园。

5. 街旁绿地　街旁绿地指位于城市道路用地之外，相对独立成片的绿地，包括街道广场绿地、小型沿街绿化用地等，绿化占地比例应大于等于65%。如合肥市高新区黄山路街头公园。

(二)生产绿地

生产绿地是指为城市绿化提供苗木、花草、种子的苗圃、花圃、草圃等圃地。如合肥市苗圃、合肥市花卉繁殖中心等。

(三)防护绿地

防护绿地是指城市中具有卫生、隔离和安全防护功能的绿地。包括卫生隔离带、道路防护绿地、城市高压走廊绿带、防风林、城市组团隔离带等。

防护绿地具有独立的空间形态，即限定性绿地空间。防护绿地通常呈片状或带状分布于城市周围或若干地段，对城市环境起到整体性或区域性保护，可以防止或减轻环境灾害的产生及显著改善和提高城市生态环境质量。

(四)附属绿地

附属绿地是指城市建设用地中绿地之外各类用地中的附属绿化用地。它分为居住绿地、公共设施绿地、工业绿地、仓储绿地、对外交通绿地、道路绿地、市政设施绿地、特殊绿地等八个中类。

1. 居住绿地　居住绿地指城市居住用地内社区公园以外的绿地，包括组团绿地、宅旁绿地、配套公建绿地、小区道路绿地等。

2. 公共设施绿地　公共设施绿地 城市公共设施用地内的绿地都属于这一类。如城市中教育、医疗卫生、文化娱乐、交通、体育、社会福利与保障、行政管理与社区服务、邮政电信和商业金融服务等单位内的庭园绿地。

3. 工业绿地　工业绿地指城市工业用地内的绿地。

4. 仓储绿地　仓储绿地指城市仓储用地内的绿地。

5. 对外交通绿地　对外交通绿地指城市对外交通枢纽(车站、机场、码头等)用地内的绿地、通航河道绿地和公路、铁路附属绿地等。

6. 道路绿地　道路绿地指道路广场用地内的绿地，包括行道树绿带、分车绿带、交通岛绿地、交通广场和停车场绿地等。

7. 市政设施绿地　市政设施绿地指市政公用设施用地内的绿地。它具体包括市政设施中城市道路、城市桥涵、城市排水设施、城市防洪设施、城市道路照明设施的附属绿地和公用设施中城市供水设施、城市供热设施、城市燃气设施、城市公共客运交通设施、通讯设施等的附属绿地。

8. 特殊绿地　特殊绿地指城市特殊用地内的绿地。如城市中部队、科研设计等各种单位的庭园绿地。

(五)其他绿地

其他绿地指对城市生态环境质量、居民休闲生活、城市景观和生物多样性保护有直接影响的绿地，包括风景名胜区、水源保护区、郊野公园、森林公园、自然保护区、风景林地、城市绿化隔离带、野生动(植)物园、湿地、垃圾填埋场恢复绿地等。

风景名胜与自然保护区绿地是指城市范围内以大面积的自然山水、名胜、森林、湿地、风景林地等为主要内容的绿地，配备一定设施后，可供游览休息，适时对公众开放。一般城市将此类绿地划分为风景区、自然保护区等。这类绿地虽然具有一定的游憩功能，但又不同于公园绿地，它是一种较大范围的自然区域景观。

二、城市绿地指标

1. 城市绿地指标的计算。

(1)城市绿地总面积(单位：hm^2)。

城市绿地总面积＝公园绿地面积＋生产绿地面积＋防护绿地面积＋附属绿地面积＋其他绿地面积

(2)城市人均公园绿地面积(单位：$m^2/人$)。

城市人均公园绿地面积＝城市公园绿地总面积/城市人口

在我国公园中，建筑、道路广场均按公园总面积的100%计算绿地面积。公园内的水面，如果不属于城市水系用地面积，也作为公园绿地面积。

国家级园林城市标准规定：人均建设用地指标小于 $80m^2$ 的城市，人均公园绿地面积应不小于 9.5m²。人均建设用地指标为 80～100m² 的城市,人均公园绿地面积应不小于 10m²。人均建设用地指标超过 100m² 的城市,人均公园绿地面积应不小于 11m²。

(3)城市绿地率(%)。

城市绿地率＝城市绿地总面积/城市用地面积×100%

城市绿地率是衡量城市规划的重要指标。环境学家认为,当绿地指标达 50% 以上时才有舒适的休养环境。

国家住建部有关文件规定:城市新建区绿化用地面积应不低于总用地面积的 30%;旧城改建区绿化用地面积应不低于 25%;一般城市的绿地率为 40%～60%。各种公园绿地中绿地率(即园林植物的种植面积)必须大于 65%,其中综合性文化休息公园、综合性动物园、其他各种专类公园要大于 70%,综合性植物园及风景名胜区要大于 85%。城市道路主干道绿带面积占道路总用地比率不低于 20%,次干道绿带面积所占比率不低于 15%。城市内河、海、湖等水体及铁路旁的防护林带宽度应不小于 30m。单位附属绿地面积占单位总用地面积比率不低于 30%,其中工业企业、交通枢纽、仓储、商业中心等绿地率不低于 20%;产生有害气体及污染的工厂绿地率不低于 30%,并根据国家标准设立宽度不小于 50m 的防护林带;学校、医院、休养所、疗养院、机关团体、公共文化设施、部队等单位和区域的绿地率不低于 35%。生产绿地面积占城市建成区总面积比率不低于 2%。

(4)城市绿化覆盖率(%)。

城市绿化覆盖率＝市区各类绿地植物覆盖面积/市区用地面积×100%

城市绿化覆盖率是衡量城市绿化水平的主要指标之一,是指市区各类绿地的植物覆盖面积占市区用地面积的比例,它随着时间的推移、树冠的大小而变化。环境专家认为,一个地区的植物覆盖率至少应在 30% 以上,才能起到改善气候的作用。需注意的是,乔木下的灌木投影面积和草坪面积不能重复计算在绿地面积中。同时我们可以看出,一个地区的绿地率要大于绿化覆盖率,因为城市绿地率中的绿地面积往往包括水面、道路、广场和园林绿地中的建筑面积。

国家级园林城市标准规定:城市建成区绿化覆盖率要达到 40% 以上。

2.影响城市园林绿地指标的主要因素。

(1)国民经济发展水平。随着国民经济的发展、人民物质文化生活水平的改善与提高,对环境绿地的要求在不断提高,这就促进了我国城市园林绿地在数量和质量上要向更高的水平发展。

(2)城市性质。不同性质的城市对园林绿地的要求不甚相同,如以风景游览、休养、疗养为主的城市以及钢铁、化学工业城镇及港湾、交通枢纽城市等,从其功能及环境的要求来讲,绿地面积需要大些。

(3)城市规模。从理论上讲,大中城市由于市区人口密集,建筑密度高,在市区内应有较多的绿地,绿地指标应比小城市高。目前,我国大中城市在用地都较紧张的情况下,仍开辟了大面积的绿地。

(4)城市自然条件。南方城市气候温暖,土壤肥沃,水源充足,树种丰富,所以绿地面积应较大一些,而北方城市气候寒冷,干旱多风,树种较少,所以其绿地面积总体上要比南方城市的小些。

》》实例分析

天长市创建省级园林城市实施方案(节选)

一、指导思想

以提高城市生态质量和改善人居环境为目标,按照政府组织、部门参与、统一规划、因地制宜、讲求实效的原则,建成以庭院、居住区绿化为基础,以河渠、道路绿化为骨架,以公园、游园、街头绿地为景点,以防护林带为屏障,以点片绿化为补充,四季有花、四季常青、植物多样、景观优美的城市绿化体系,优化城市生态,提升城市品位,促进人与自然、经济社会与生态环境协调发展。

二、总体目标

通过创建省级园林城市活动,增强公民绿化城市和保护城市环境的意识,增加城区公共绿地面积,提高城市绿化水平和档次,进一步提升城市品位,塑造城市新形象、新亮点,打造"生态天长、绿色家园"的城市特色,形成天长市独特的城市绿化格调。到2012年,使天长市城市绿化水平达到省级园林城市验收标准。

(一)到2012年5月底建成区绿地率达到35%,绿化覆盖率达到40%,人均公共绿地面积达到$9m^2$以上。

(二)城市道路绿化符合《城市道路绿化规划与设计规范》,城市道路绿化普及率、达标率分别在95%和80%以上;市区道路绿化带面积不少于道路总用地面积的25%。

(三)严格实施绿地系统规划,确保居住区、单位庭院绿地率达标。省、市、县命名的"园林式居住区"、"园林式单位"占小区、单位总数的50%以上。

(四)确保生活垃圾无害化处理率达60%以上;污水处理率达60%以上;燃气普及率达75%以上;每万人拥有公共交通运输车辆达8辆(标台)以上;公交出行率不低于15%;城市道路照明装置率达98%以上,城市道路亮灯率达98%以上,人均拥有道路面积$11m^2$以上;用水普及率达90%以上;水质综合合格率达100%;每万人拥有公厕3座以上。

三、创园工作

(一)新建公园2个:天长市莛草湖公园南园(天康大道南侧),面积$67hm^2$;市民公园,面积$5hm^2$。

(二)建设"两河"绿化景观工程,新增绿地$17.5hm^2$。

(三)新建小游园16个。

1. 郑集路旁游园(广陵路与郑集路交叉口西南角)。

2. 新天中西侧游园(秦栏路东侧,沿合群渠西侧)。

3. 天缘大厦北侧游园(二凤中路西侧,天缘大厦北侧)。

4. 五岔路口南游园(仁和路与天康大道交叉口西南角)。

5. 五岔路口北游园(仁和路与天康大道交叉口西北角)。

6. 同心路游园(建设大厦前广场及公安局东侧退让地方建设)。

7. 供电局南侧游园(二凤中路东侧,含二凤渠)。

8. 新河南路游园(新河南路与天康大道交叉口东南角)。

9. 秦栏路北侧游园(秦栏路与石梁路交叉口西北角)。

10. 老城区游园(原政府或二招宾馆所在地)。

11. 公园街游园(老公园健身广场)。

12. 原党校东侧游园(原党校东侧)。

13. 聚宝路游园(聚宝路与原天冶路东北角)。

14. 经济开发区经六路南游园(经六路东侧,天康大道南侧)。

15. 经济开发区经六路北游园(天康大道北侧)。

16. 经济开发区天汉路游园(经济开发区管委会南侧)。

(四)建设天康大道(仁和路口至银龙泵阀门前)绿化,面积 $4hm^2$;建设新河北路两侧绿化带,面积 $0.5hm^2$;建设南市区道路绿化(广陵东路、炳辉东路等绿化),面积 $2.5hm^2$;建设开发区二期路网绿化,面积 $8hm^2$;开展二凤排灌渠、合群渠城区段渠道治理及两侧绿化建设,面积 $1hm^2$。

(五)开展庭院、屋顶、墙面的立体绿化,达到一定规模,景观效果好,单位、企业厂区、居住小区绿化面积增加 $200hm^2$ 以上。扩大居住小区绿化面积,按照园林式居住小区标准,创建 4 个以上省级"园林式小区"。扩大单位庭院绿化面积,按照园林式单位标准,创建 20 个以上省级"园林式单位"。

(六)实施建成区空地、农田改造,完成借地植绿、租地建绿、川桥河埂绿化、防护林网建设 $150hm^2$ 以上。

到 2012 年 5 月底,努力使各项考核指标全部达到或超过省级园林城市标准,争取使天长市跨入省级园林城市行列。

(注:天长市于 2013 年 1 月荣获"安徽省园林城市"称号)

任务实训

城镇园林各类型绿地的主要特征观察

一、实训目的

通过本次实训,使学生学会对公园和其他绿地进行现场调查和观察,了解园林各种类型绿地;掌握园林各种类型绿地的特征;能对不同类型的绿地进行特征分析。

二、实训内容

1. 在公园和其他绿地进行现场调查,观察绿地特征。

2. 观察区域内有哪些类型绿地,进行不同园林绿地的特征分析。

三、实训方式

采用观察记录法,对公园或单位的某个绿地进行实际的观察。现场观察绿地特征,回校以后整理记录,进行理论总结,评析该绿地的性质特点,写出文字说明,指出绿地类型。

四、实训步骤和方法

1. 实训准备 实训动员采取室内讲座的方式,由实训指导老师向同学们说明实训目的,布置实训任务,做好实训工作计划的安排,提出实训要求。

2. 现场调查。

(1)基本资料调查。对当地一个知名的绿地进行种类特征调查。

(2)案例学习调查。老师带领学生到一些绿地特征明显的景区调查学习,并且做好测绘工作和有关特征现状的记录;回到学校集中进行分析总结。

3. 对不同类型的绿地特征进行详细记录。在此阶段中分别对不同的绿地类型进行比较,掌握不同的绿地类型特征。

五、实训要求

1. 基本要求 服从指挥,分工协助;认真调查,做好记录;按时保质,完成任务。

2. 外业调查要求。

(1)在实习过程中,要做好笔记,将不同类型绿地的特征记录下来。

(2)对具有典型特征的绿地,要当场记下类型。对不懂的绿地类型在课堂上进行讨论。

(3)要将课堂上讲授的内容与实际进行比较,做到理论和实际相结合。

六、考核与报告

样表略。

》练习与思考

1. 按照国家住建部统一分类方法,园林绿地分为哪些类型?
2. 说出各种园林绿地的特征。

任务二 园林绿地布局的形式

》教学目标

1. 能在实践中认识各类园林布局形式的特点。
2. 能根据不同性质的园林绿地的要求,选择合适的园林绿地布局形式。

》任务描述

了解确定园林布局形式的依据;明确园林绿地布局的主要形式及特征。

任务准备

一、了解园林布局的形式

园林绿地的布局形式一般分为三类：规则式、自然式和混合式，它们的产生和形成是世界各国的文化传统、地理条件等因素综合作用的结果。

1. 规则式　规则式园林又称"整形式园林"、"几何式园林"或"建筑式园林"。规则式园林要求整个平面布局、立体造型以及建筑、广场、道路、花草树木等都严整对称。我国的南京中山陵、北京天坛等都采用规则式布局。规则式园林给人以整齐、雄伟、庄严之感，一般用于气氛较严肃的纪念性园林或有对称轴的建筑庭院中（图2-2-1）。

图 2-2-1　南京中山陵

2. 自然式　自然式园林又称"风景式园林"、"不规则式园林"或"山水式园林"。中国园林不论是皇家宫苑还是私家宅园，都是以自然山水园林为源头。我国保留至今的皇家园林如北京颐和园、承德避暑山庄，私家宅园如苏州的留园、网师园等，都是自然山水园林的代表作品（图2-2-2）。

图 2-2-2　苏州留园

3. 混合式　混合式园林是指规则式、自然式交错组合的园林，全园没有或形不成控制全园的主轴线和副轴线，只有局部景区、建筑以中轴对称布局，或全园没有明显的自然山水骨架，形不成自然格局。

二、了解园林绿地布局的原则

1. 综合性原则　园林的功能是为人们创造一个优美的游憩境域，同时也起到改善生态环境的作用。园林技术必须以经济条件为基础，以园林艺术、园林美学原理为依据，以园林的使用功能为目的。因此，经济、艺术和功能这三方面的条件必须综合考虑。只有把园林的环境保护、文化娱乐等功能与园林的经济要求及艺术要求作为一个整体来综合设计，才能实现创作者的最终目标。

2. 统一性原则　园林要素主要包括地形、水体、植物等自然景观和园林建筑等人文景观。植物是园林中的主体，地形、地貌是植物生长的载体。二者在园林中是以自然的形式存在的,需要艺术的处理才能达到人们所期望的效果。建筑景观必须与天然的山水、植物有机地结合起来并融于自然中,才能实现其功能要求。这三方面的要素在布局中必须统一考虑,不能分割开来。地形、地貌经过利用和改造可以丰富园林的景观,而建筑、道路是实现园林功能的重要组成部分,没有植物就不能成为园林,没有丰富的、富于变化的地形、地貌和水体就不能满足园林的艺术要求。好的园林布局一定是将这三者统一起来,既有分工又有结合。

3. 时间、空间原则　园林存在于现实的环境之中,对空间与时间均有要求。园林必须有一定的面积指标做保证才能发挥其作用。同时,园林存在于一定的地域范围内,与周边环境必然存在着某些联系,这些环境将对园林的功能产生重要的影响。园林布局在时间上的要求,一是指园林功能的内容在不同时间内是有变化的,例如园林植物在夏季以为游人提供遮阴场所为主,在冬季则需要有充足的阳光。园林布局还必须对一年四季的季相变化作出规定,在植物选择上应是春季以绿草鲜花为主,夏季以绿树浓阴为主,秋季则是以丰富的叶色和累累的硕果为主,冬季则考虑人们对阳光的需要。另一方面是指植物随时间的推移而生长变化,直至衰老死亡,在形态和色彩上也会发生变化,因此,必须了解植物的生长特性。植物有衰老死亡,而园林应该有日新月异的发展。

4. 巧于因借、因地制宜的原则　明代著名的造园家计成在《园冶》中提出"园林巧于因借"的观点。在建园时应该最大限度地利用自然条件,对于低凹地区,应以布局水景为主,而在丘陵地区,应以布局山景为主,要结合其地形地貌的特点来决定,不能只靠设计者的想象来决定。

在工程建设方面应就地取材,同时考虑经济条件。园林在布局的内容与规模上,不能脱离现有的经济条件。在选材上应以就地取材为主,例如,假山置石在园林中虽具有较高的景观效果,但却不能一味地追求景观效果而不管经济条件是否允许,否则必然会造成很大的经济损失。宋徽宗在汴京所造万寿山就是一例。据史料记载:"公元1106年,宋徽宗为建万寿山,于太湖取石,高广数丈,载以大舟,挽以纤夫,凿河断桥,毁堰折墙,数月乃至。"最终造成人力、物力和财力的巨大浪费,而北京颐和园中的"败家石"的来历也是如此。

在植物选择上还必须结合当地的气候条件,以乡土树种为主。如果只从景观上考虑,大量种植引进的树种,不管其是否能适应当地的气候条件,其结果必然以失败而告终。另外,必须考虑植物对立地条件的适应性,特别是植物的阳性和阴性、抗旱性和耐水性等。如果把喜水湿的树种种在山坡上,或把阳性树种种在遮阴环境内,树木就不会正常生长,不能达到预期的效果。园林布局的艺术效果必须建立在适地适树的基础之上。

园林布局还应注意对原有树木和植被的利用。一般在准备建造园林绿地的地界内,常有一些树木和植被,这些树木和植被在布局时,要根据其可利用程度和观赏价值,最大限度地组织到构图中去。除此之外,在植物的布局中,还必须考虑植物的生长速度。一般在新建的园林中,由于新种的树木在短期内不可能起到理想的作用,所以在最初布局时应以速生树种为主,慢生树种为辅。在短期内,速生树种可以很快实现园林风景的效果,在远期规划上又必须合理安排一些慢生树种。

5. 主题鲜明的原则　任何园林都有固定的主题,主题是通过内容表现出来的。如植物园的主题是研究植物的生长发育规律,对植物进行鉴定、引种、驯化,同时向游人展示植物界的客观自然规律及人类利用植物和改造植物的知识。因此,在布局中必须始终围绕这个中心,使主题能鲜明地反映出来。

在园林布局中要做到主景突出,其他景观(配景)必须服从主景的安排,同时又要对主景起到"烘云托月"的作用。配景的存在能够"相得而益彰"时,才能对构图产生积极的意义。例如北京颐和园中有许多景区,如佛香阁景区、苏州河景区、龙王庙景区等,但以佛香阁景区为主体,其他景区为次要景区;在佛香阁景区中,又以佛香阁建筑为主景,其他建筑为配景。

》任务分析

一、园林布局的涵义

设计者把不同的景观按照一定的艺术规则有机地组织起来,创造一个和谐完美的整体,这个过程称为"园林布局"。

二、园林布局形式的确定

1. 根据园林的性质确定　不同性质的园林具有相对应的园林形式,应力求使园林的形式反映园林的特性。纪念性园林、植物园、动物园、儿童公园等,由于各自的性质不同,决定了各自与其性质相对应的园林形式。如以纪念历史上在某一重大历史事件中英勇牺牲的革命烈士为主题的烈士陵园,这类园林的性质,主要是缅怀先烈革命功绩,激励后人发扬革命传统,起到爱国主义、国际主义思想教育的作用。这类园林布局多采用中轴对称、规则严整和逐步升高地形的形式,从而创造出雄伟崇高、庄严肃穆的气氛。而动物园属于生物科学的展示范畴,要求能给游人以知识和美感,所以,从规划形式上,要求自然、活泼,创造出寓教于游的环境。儿童公园则要求形式新颖、活泼、色彩鲜艳、明朗,公园的景色、设施与儿童的天真、活泼性格相协调。园林的形式应服从于园林的内容,体现园林的特性,表达园林的主题。

2. 根据不同的文化传统确定　各民族、国家之间的文化、艺术传统的差异,决定了园林形式的不同。中国传统文化的沿袭,形成了自然山水园的自然式规划形式。而同样是多山国家的意大利,由于其传统文化和民族特有的艺术和造园风格,则多采用规则式布置。

3. 根据不同的意识形态确定　西方流传着许多希腊神话,神话把人神化,描写的神实际上是人。结合西方雕塑艺术,常在园林中把许多神像规划在园林空间中,而且多数放置在轴线上或轴线的交叉中心。中国传统的道教中描写的神仙则往往住在名山大川中,所以神像在园林中应用时一般供奉在殿堂之内,而不展示在园林空间中,而且几乎没有裸体神像。上述事实都说明不同的意识形态决定不同的园林布局形式。

4. 根据不同的环境条件确定　由于地形、水体、土壤、气候的变化以及环境的差异,公园规划实施中很难做到绝对规则式和绝对自然式。往往对建筑群附近及要求较高的园林种植类型采用规则式进行布置,而在远离建筑群的地区,自然式布置则较为经济和美观,如北京中山公园。在规划中,如果原有地形较为平坦,自然树林少,面积较小,周围环境规则,则以规则式为主;如果原有地形起伏不平或水面和自然树林较多,面积较大,则以自然式为主。林荫道、建筑广场、街心公园等多以规则式为主;大型居住区、工厂、体育馆、大型建筑物四周的绿地则以混合式为主;森林公园、自然保护区、植物园等多以自然式为主。

任务实施

园林布局形式的产生和形成,是与世界各国家和民族的文化传统、地理条件等综合因素的作用分不开的。英国造园家杰克在1954年召开的国际风景园林家联合会第四次大会上致词说:"世界造园分为三大流派,即中国、西亚和古希腊。"上述三大流派归纳起来,可以把园林的形式分为三类,即规则式、自然式和混合式。

一、规则式园林布局

规则式园林,又称"整形式园林"、"几何式园林"、"建筑式园林",它对整个平面布局、立体造型以及建筑、广场、道路、水面、花草树木等都要求严格对称。在中世纪英国风景园林产生之前,西方园林主要以规则式为主,其中以文艺复兴时期意大利台地园和19世纪法国勒诺特平面几何图案式园林为代表。我国的北京天坛、南京中山陵都采用规则式布局。规则式园林给人以庄严、雄伟、整齐之感,一般用于气氛较严肃的纪念性园林或有对称轴的建筑庭园中。

1. 中轴线　全园在平面规划上有明显的中轴线,并大致以中轴线的左右、前后对称布置,园地大都划分成为几何形体。园林轴线多视为主体建筑室内中轴线向室外的延伸。一般情况下,主体建筑主轴线和室外轴线是一致的。

2. 地形　在开阔、较平坦的地段,地形由不同高程的水平面及缓倾斜的平面组成;在山地及丘陵地带,地形由阶梯式的大小不同的水平台地倾斜平面及石级组成,其剖面均由直线所组成。

3. 水体　水体的外形轮廓一般为几何形,主要是圆形和长方形,水体的驳岸多整形、垂直,有时加以雕塑;水景的类型有整形水池、整形瀑布、喷泉及水渠运河等。水景的主要内容通常是古代神话雕塑与喷泉。

4. 广场和道路　广场多为规则对称的几何形,主轴和副轴线上的广场形成主次分明的系统。道路为直线形、折线形或几何曲线形。广场与道路构成方格形、环状放射形、中轴对称或不对称的几何布局。

5. 建筑　主体建筑群和单体建筑多采用中轴对称的均衡设计,多以主体建筑群和次要建筑群与广场、道路相组合的主轴、副轴系统,形成控制全园的总格局。

6. 种植设计　为了配合中轴对称的总格局,全园树林配置以等距离行列式、对称式为主,树木修剪整形多模拟建筑形体和动物造型。园内常运用绿篱、绿墙和丛林划分和组织空间,花卉布置常为以图案为主要内容的花坛和花带,有时布置成大规模的花坛群(图 2-2-3)。

7. 园林小品　规则式园林多用雕塑、园灯、栏杆等小品装饰和点缀园景。西方园林的雕塑主要有人物雕像,多布置在室外,并且配置于轴线的起点、焦点或终点。雕塑常与喷泉、水池构成水体的主景。

二、自然式园林布局

图 2-2-3　规则式种植

自然式园林又称"风景式园林"、"不规则式园林"、"山水式园林"。中国园林从周朝开始,经过几千年的发展,不论是皇家宫苑还是私家宅园,都是以自然山水园林规划设计为源头,这种风格一直保留至今。自然式园林在唐朝开始影响日本园林,18 世纪后传入英国。自然式园林以模仿和再现自然为主,不追求对称的平面布局,立体造型及园林要素布置均较自然和自由,相互关系较隐蔽含蓄。这种形式较能适合于有山、有水、有地形起伏的环境,以含蓄、幽雅、深远的意境见长。

1. 地形　自然式园林的创作讲究"相地合宜,构园得体"。处理地形的主要手法是"高方欲就亭台,低处可开池沼"的"得景随形"。自然式园林规划设计最主要的地形特征是"自成天然之趣",所以,在园林中,要求能再现自然界的山峰、山巅、崖、岗、岭、峡、岬、谷、坞、坪、穴等地貌景观;在平原中,要求有自然起伏、缓和的微地形,地形的剖面线为自然曲线。

2. 水体　自然式园林的水体讲究"疏源之去由,察水之来历",园林规划设计水景的主要类型有湖、池、潭、沼、汀、溪、涧、洲、渚、港、湾、瀑布、跌水等。总之,水体要再现自然界水景。水体的轮廓以自然曲折为主,水岸为具有自然曲线的倾斜坡,驳岸主要采用自然山石驳岸、石矶等形式。在建筑附近或根据造景需要,也可以部分采用条石砌成直线或折线驳岸(图 2-2-4)。

图 2-2-4　自然式水体

3. 广场与道路　除建筑前广场为规则式外,自然式园林中的空旷地和广场的外形轮廓采用自然式布置。道路的走向和布置多随地形而变。道路的平面和剖面多由自然起伏的平面线和竖曲线组成。

4. 建筑　自然式园林单体建筑有对称的均衡布局和不对称的均衡布局,建筑群或大规模的建筑组群多采用不对称的均衡布局。全园不以轴线控制,但局部仍有轴线处理。中国自然式园林中的建筑类型有亭、廊、榭、舫、楼、阁、轩、馆、台、塔、厅、堂、桥等。

5. 种植设计　自然式园林中植物种植要求反映自然界的植物群落之美,不成行成列栽植。树木一般不修剪,树木的配植以孤植、丛植、群植、林植为主要形式。花卉的布置以花丛、花群为主要形式。庭院内也有花台的应用。

6.园林小品　自然式园林中的小品有假山、石品、盆景、石刻、砖雕、石雕、木刻等形式。其中雕像的基座多为自然式，小品的位置多配置于透视线集中的焦点。

三、混合式园林布局

所谓"混合式园林"，主要指规则式、自然式交错组合，全园没有或形不成控制全园的主轴线和副轴线，只有局部景区、建筑以中轴对称布局，或全园没有明显的自然山水骨架，形不成自然格局。一般情况下，多结合地形，在原地形平坦处，根据总体规划需要安排规则式的布局；在原地形条件较复杂、具有起伏不平的地带时，结合地形规划成自然式的布局。类似上述两种不同形式规划的组合就是混合式园林。

混合式园林布局有两种情况，一是以规则式或自然式布局为主，分别融入自然式或规则式园林元素；二是在整个园林布局中，同时存在两种布局形式，整体形成了混合式园林布局（图2-2-5）。

图2-2-5　混合式园林

>> 实例分析

六安市梦中湖公园的园林布局

一、公园概况

六安市梦中湖公园位于六安市中心的人民路中段，市中医院斜对面，三面均是居住区楼盘。该公园原先是一个人工塘，后在建设国家级园林城市期间，建成以水为主体的公园。

二、布局特点

六安市梦中湖公园结合地形改造，利用水体、植物、道路等自然景观实现动态布局。按照因地制宜、巧于因借的原则，对原先的地形、地貌加以应用。并在水中栽种了水生植物。利用原先的一棵雪松，在地上用卵石做出树的阴影。在不同景观看台的对面布置静态景观。

三、各功能区绿地的布局

整个梦中湖公园分为水景区、前入口景区、看台区、后入口景区和两侧对景区。从绿地的布局看，前入口景区总体是混合式布局，整体上对称工整，两侧的对景区均是自然式布局，后入口景区完全是自然式布局。各个景区各具特色，整体看来属于混合式园林布局（图2-2-6）。

图2-2-6　六安市梦中湖公园

任务实训

园林布局形式及构图特点分析

一、实训目的

通过本次实训,使学生学会对公园和其他绿地进行现场调查和观察,了解园林布局的方法、内容及其特征。掌握园林布局的形式、园林布局的方法和构图特点分析。

二、实训内容

1. 在公园和其他绿地进行现场调查和观察。

2. 观察区域内有哪些景观,进行园林布局的构图特点分析。

3. 针对观察对象,分析哪些景观属于动态布局,哪些景观属于静态布局。

三、实训方式

采用案例评析法。考察当地一个知名的公园绿地,现场测绘绿地现状,回校以后整理记录,进行平面图绘制和理论总结,评析该绿地的布局特点,写出文字说明。

四、实训步骤和方法

1. 实训准备　实训动员采取室内讲座的方式,由实训指导老师向同学们说明实训目的,进行实训任务布置,做好实训工作计划的安排,提出实训要求。

2. 现场调查和测绘　对当地一个知名的公园绿地进行现场调查,特别调查园林布局形式,并且做好测绘和有关布局现状的记录;回到学校集中进行平面图绘制与分析总结。

五、实训要求

1. 基本要求　服从指挥,分工协助;认真调查,做好记录;备齐资料,仔细绘图;按时保质,完成任务。

2. 外业调查要求。

(1)在实习过程中,要做好笔记,能在现场将好的设计布局绘出图形。

(2)对具有典型的布局,要当场对设计进行评价,找出优点和不足,提出修改意见和建议。

(3)将课堂上讲的内容和实际进行比较,做到理论和实际相结合。

六、工具材料

测量仪器、绘图工具等。

七、考核与报告

样表略。

练习与思考

1. 园林绿地的布局有哪几种形式?

2. 园林布局有哪些原则?

3. 三种园林布局形式各有什么特点?

任务三 园林造景及景观分析

教学目标

能够说明并分析经典的园林作品在设计过程中所运用的造景手法。

任务描述

了解景的概念和赏景的方式;掌握园林造景设计的主要手法。

任务准备

一、了解园林静态风景观赏规律

静态风景是指游人在相对固定的空间内所感受到的景观。

1. 观赏点与观赏视距　游人观赏景物所在的位置称为"观赏点"或"视点"。观赏点与被观赏景物之间的距离,叫"观赏视距"。

（1）最宜视距。人的视力各有不同,正常人的清晰视距为 25～30m,能明确看到景物细部的视野为 30～50m,能识别景物类型的视距为 250～270m,能辨认景物轮廓的视距为 500m 左右,能明确发现物体的视距为 1200～2000m,4000m 以外的景物就不易看到了。至于远观山峦、俯瞰大地、仰望太空等,则是畅观与联想的综合感受。利用人的视距规律进行造景和借景,可取得事半功倍的效果。

（2）最佳视域。人的正常静观视场的垂直视角为 130°,水平视角为 160°。但根据人的视网膜分辨率,最佳垂直视角小于 30°,最佳水平视角小于 45°,即人们静观景物的最佳视距为景物高度的 2 倍、宽度的 1.2 倍。以此定位设景则景观效果最佳。但是,即使在静态空间内,也要允许游人在不同部位赏景。建筑师认为,对景物观赏的最佳视点有三个位置,即垂直视角分别为 18°（景物高的 3 倍距离）、27°（景物高的 2 倍距离）和 45°（与景物高相等的距离）的位置(图 2-3-1)。如果是纪念雕塑,则可以在上述三个视点距离位置为游人设置较开阔平坦的休息场地。

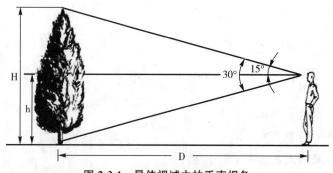

图 2-3-1　最佳视域中的垂直视角

2. 仰视、俯视、平视的观赏。

(1)仰视观赏。仰视观赏指观者视线上仰,不与地平线平行。一般认为视景仰角分别大于45°、60°、80°时,因视线的消失程度可以产生高大感、宏伟感、崇高感和威严感,若大于90°,则产生下压的危机感。在中国皇家宫苑园林中常用此法突出皇权神威,或在山水园中创造群峰万壑、小中见大的意境。如北京颐和园中的中心建筑群,在山下德辉殿后看佛香阁,则仰角为62°,产生宏伟感,同时,也产生自我渺小感(图2-3-2)。

图 2-3-2　仰视佛香阁

(2)俯视观赏。俯视观赏指游人所在的位置视点较高,景物多在视点下方,使游人居高临下,俯瞰大地。园林中也常利用地形或人工造景提供制高点,以供人俯视。绘画中称之为"鸟瞰"(图2-3-3)。俯视也有远视、中视和近视的不同效果。一般俯视角小于45°、小于30°、小于20°时,则分别产生深远感、深渊感、凌空感,当俯视角小于90°时,则产生欲坠危机感。

图 2-3-3　俯视佛香阁

(3)平视观赏。平视是指中视线与地平线平行而伸向前方,游人不必上仰下俯,视场一般为以视平线为中心的30°夹角内的范围,可向远方平视(图2-3-4)。利用或创造平视观景的机会,将给人以广阔宁静的感受,坦荡开朗的胸怀。因此园林中要常创造宽阔的水面、平缓的草坪、开敞的视野和远望的条件,将天边的水光云色、远方的山廓塔影借来作为背景,供人一饱眼福。

二、了解园林动态风景观赏规律

图 2-3-4　平视佛香阁

动态景观是由一个个序列丰富的连续风景形成的。动态景观是为了满足游人"游"的需要,而静态景观是为了满足游人"憩"时观赏,所以园林的功能就是从为游人提供一个"游憩"场所的角度来考虑的。当游人在园林中某位置休息时,所看到的景观为静态风景;而在园内走动时所看到的景观为动态风景。

景观布置程序一般分为两段式或三段式。两段式的程序就是从起景逐步过渡到高潮而结束。三段式的程序可以分为起景—高潮—结景三个段式。景观布置也有循环道路系统、多景区划分、分散式游览线路的布局方法。常常用起伏的变化来产生园林的节奏，通过山水的起伏将多景点分散布置，在游步的引导下，形成景序的断续发展，使游人视野中的风景时隐时现、时远时近，从而达到步移景异、引人入胜的效果。

任务分析

一、景的含义

景，就是一个具有欣赏内容的单元，是从景色、景致和景观的含义中简化而来的。在园林中的某一地段，具有相对独立性质与效果的单元即可成为一景。

景的形成必须具备两个条件：一是其本身具有可观赏的内容，二是它所在的位置要便于被人觉察。

二、景的创造规律

园林景观和其他的艺术作品一样，是按照形式美的规律创造出来的，总的内容包括比例与尺度、对称与均衡、对比与协调以及多样统一。

1. 比例与尺度　在园林造景的过程中，要充分考虑整体和局部、局部和局部之间的比例关系。如园林建筑的比例大小要符合技术规范，构建安排要遵循技术规则。各种座椅、道路的宽窄都应根据人体的身高、脚幅来进行设计。各种空间大小往往要根据人体的基本尺寸来确定。而尺度是反映园林景物、建筑物整体和局部结构与人或人所习见的某些特定标准之间的大小关系，将人所熟悉的景物作为尺度标准，可以得出合乎尺度规律的园林景观。

2. 对称与均衡　在园林构图中对称所表现的是规整、庄严等特点，一般用在规则式构图或起强调作用的地方，如建筑出入口等处。对称分为左右对称、旋转对称和中心对称。

均衡分为对称均衡和不对称均衡。不对称均衡较自然，景观的焦点不放在中间，形式上是不对称，可产生静中有动的感觉。对称均衡是简单和静态的，不对称均衡则随着构成因素的增多（如植物、建筑、小品等）而变得复杂，具有动态感。

3. 对比与协调　对比与协调是在园林造景的过程中常用的一种方法，如大小对比、色彩对比、高低对比等。对比是比较心理的产物，通过形式和内容的对比关系而更加突出主体，更能表现景物的本质特征，产生强烈的艺术感染力。对比有体量大小对比、布局对比、明暗对比、虚实对比、空间疏密对比、动静对比、质感对比等。协调是指各景物之间差异中强调了统一的一面，使人们在柔和宁静的氛围中获得审美享受。如整体风景园林空间中局部与整体的协调，可表现在局部景区景点与整体的协调，也可表现在某一景物的各组成部分与整体的协调。再如橙与黄、红与橙的调和，可取得和谐、朴素、宁静的效果。

4. 多样统一　在园林造景的过程中，常常要求在艺术形式的多样变化中，要有其内在的和谐与统一,既显示形式美的独特性,又具有艺术的整体性,这就是多样统一。如园林景观是由植物、园林建筑、山石、园路等多种要素组成的空间艺术,山水地形变化万千,建筑的形态、风格各样,植物千姿百态、五彩缤纷,要想在同一个空间里达到和谐统一,必须要注意多样统一规律的应用。多样统一所产生的美感效果是和谐,体现了自然界中对立统一的规律。具体的做法有:在许多形式因素中找一个中心,各种形式因素都围绕这个中心组织安排,形成一种秩序,组织轴线,安排位置,分清主次,构成整个园景。

》》任务实施

在园林绿地中,遵循园林艺术法则,运用各种造景手法,合理组织各种造园要素,巧妙地利用原有的各种自然景观和人文景观创作供人游览观赏的景色,称为"造景"。具体的造景手法如下所述。

一、主景与配景

主景是重点和核心,是园林空间构图的中心,是主题或主体所在;主景是观赏视线集中的焦点,也是精华所在,有强烈的艺术感染力。突出主景的手法一般有以下几种。

1. 主体升高法 为了使构图主题鲜明,常把主景升高加以突出。主景升高可产生仰视效果,升高的主景一般可以蓝天或远山作背景,使主体的造型轮廓鲜明突出。合肥逍遥津主入口的张辽雕像就属于此类型(图2-3-5)。

2. 运用轴线或风景视线的焦点法 一条轴线的端点或几条轴线的交点常有较强的表现力,故常把主景布置在轴线的端点或几条轴线的交点上。风景视线的焦点是视线集中的地方,有较强的表现力,也适合放置主景。

图2-3-5 主体升高法

3. 动势向心法 动势向心法也叫"百鸟朝凤法"或"托云拱月法"。在四周环抱的空间中,周围景物具有向心的动势,动势的稳定点则集中在水面、广场、庭院中的焦点上。把主景置于周围景观的动势集中部位,可以使其突出。如杭州的玉泉观鱼,就是利用了环拱空间动势向心的规律,突出了观鱼池。

4. 构图中心法 在园林构图中,常把主景放在整个构图的重心上,如中国传统假山,就是把主峰放在偏于某一侧的位置,主峰切忌居中。在规则式园林中,主峰放在几何中心点,如北京天安门广场上的纪念碑就是放在广场的几何中心上。

"牡丹虽好,还需绿叶扶持。"若要突出主景,配景必不可少。配景主要起陪衬主题的作用,像绿叶与红花的关系一样。配置可使主题突出,从而使主景与配景相得益彰,形成统一的艺术整体。但配景不能喧宾夺主,能够对主景起到陪衬的作用即可。

二、借景与添景

1. 借景　在视线所及的范围内,将园外景色有意识地组织到园内来,使其成为园内景色的一部分,称为"借景"。明代计成在《园冶》中说道:"园林巧于因借,精在体宜。借者园虽别内外,得静则无拘远近,青峦耸秀,钳偶凌空,极目所至,俗则屏之,嘉则收之。"所以在借景时,借到的景必须是美景,对于不好的景观应"屏之",使园内外相互呼应。

借景能扩大空间,丰富园景。一般借景的方法有以下几种方式。

(1) 远借。远借是把园外远处的景物借为本园所有。如苏州拙政园中远借1km外的北寺塔(图2-3-6)。

(2) 邻借。邻借是借邻近的景物,把近邻园的风景组织到园内。一般景物都可作为借景的内容。

(3) 仰借。仰借是利用仰视借取高处景物。借到的景物一般要求较高大,如山峰、瀑布、高阁等。在小的园林中创造俯仰景观,则更能产生小中见大的艺术效果。

图 2-3-6　远借北寺塔

(4) 俯借。俯借是居高临下利用俯视借取低处景物。一般在视点位置较高的场所才适合采用俯借。

(5) 因时而借。因时而借是借一年四季中春、夏、秋、冬自然景色的变化或一天之中景色的变化来丰富园景。

2. 添景　添景是在主景前面加植花草、树木或铺山石等,使主景具有丰富的层次感。添置一般指视野前方、处于中间层次的景物,如平展的枝条、伸出的花朵、协调的树形等。添景不是视线的主要目的物,而是远景视野的添加物,可用以增加层次感,是视线主景物前方的辅助景物,可起到衬托主景的效果。

三、对景与背景

1. 对景　位于园林轴线或风景视线端点的景物称为"对景"。对景可以使两个景观相互对望,丰富园林景色。一般选择院内透视画面最精彩的位置,用作供游客逗留的场所。如休息亭、榭等。

对景可以分为严格对景和错落对景两种。严格对景要求两景点的主轴方向一致,位于同一条线上;错落对景比较自由,只要两景点能正面相向即可,主轴虽然方向一致,但不一定在一条线上。

对景多用于园林局部空间的焦点部位,多在入口对面、通道端头、广场焦点、道路转折点、湖池对面、草坪一隅等地设置景物,一则可以丰富空间景观,二则能够引人入胜。一般多用雕塑、山石、水景、花坛(台)等景物作对景(图 2-3-7)。

2.背景　背景是指用来衬托前景的景物。前景与背景的关系犹如白帆与蓝海、红花与绿叶、枫叶与松林、雕塑与草坪、铜像与天空、竹石与粉墙、彩灯与黑夜等。

四、分景与隔景

1.分景　用于分隔园林空间的景物称为"分景"。分景可以将园林内的景色分为若干个景区,避免各景区相互干扰,使其各具特色。分景是园林造景中经常采取的重要方式之一。

图 2-3-7　用雕塑作广场焦点的对景

通常用分景法进行景区划分,将空间分开,分而不离,有道可通。分景能达到园中有园、景中有景的境界,使园景具有虚虚实实、实中有虚、虚中有实、景色丰富、空间多变的效果。

2.隔景　以虚隔、实隔等形式将园林绿地分隔为若干空间的景物称为"隔景"。隔景只是将景物隔离,但隔而不断,景断意联。隔景与分景类似而略有不同。它可用花廊、花架、花墙、疏林等进行虚隔,也可用实墙、山石、建筑等进行实隔,避免各景区游人相互干扰,能够丰富园景,使景区富有特色,具有深远莫测的效果(图 2-3-8)。

五、夹景与框景

1.夹景　当远景的水平方向视界很宽时,为了突出优美的景色,将两侧并非动人的景物用树木、山土或建筑屏障起来,只留合乎画意的远景,游人从左右配景的夹道中观赏的风景,称为"夹景"。夹景是运用透视线、轴线突出对景的手法之一,能起到障丑显美的作用,可增加景观的深远感。

图 2-3-8　用花廊作隔景

2.框景　把真实的自然风景用类似画框的门、窗、山洞,或由乔木的树冠环抱而成的空隙,将人的视线引到景框之内,这种造景方法称为"框景"。

框景多利用建筑的门窗、柱间、假山、洞口等,选择特定角度,撷取最佳景观。利用框景可以把园林中的部分景色统一在一幅图画之中(图 2-3-9)。这是组织视景线和局部定点定位观察的具体手法。框景类似于照相取景,往往

图 2-3-9　框　景

可以达到增加景深、突出对景的奇异效果。

六、障景

障景又称"抑景"、"屏景",是指以遮挡视线为主要目的的景物。中国园林讲究"欲扬先抑",也主张"俗则屏之"。二者均可用抑景障之,有意使游人视线发生变化,以增加风景层次。障景多用山石树丛或建筑小品等,在园林中起着限制游人视线范围的作用,是引导游人转变方向的屏障景物。它能先抑后扬,增强空间景物的感染力。障景有山石障、曲障(院落障、影壁障)、树障(树丛或树群)等形式(图2-3-10)。

图 2-3-10 障 景

七、漏景

漏景也称"透景",是由框景发展而来,框景的景色可全观,而漏景是利用漏窗、花墙、漏屏风、疏林树干等作前景,与远景并行排列形成景观。它起着含而不露、柔和景色、若隐若现的作用(图2-3-11)。

八、引景

在景区连接点、道路转弯处、景区界面处设置的景物,称为"引景",也称"导景"。在这些地方可以设置山石、树木、建筑、雕塑等。如各类出

图 2-3-11 漏 景

入口对植的树木、花坛,山林深处的建筑等,它们以明确的动势、鲜明的形象、引人注目的色彩引导游人到达主景。

九、点景

点景又称"景题",是中国园林特有的造景手法。它是根据每一个景观特点及空间环境的景象,结合文化艺术要求,作出形象化、诗意化、意境深的园林题咏。在园林中多以对联、匾额、石碑、石刻等形式来概括园林空间环境的景象,点出了景色的精华,点出了景色的境界。它可借景抒情起到画龙点睛的作用,给人以艺术的联想,又有宣传、装饰、导游的作用。如安徽天柱山上形容松涛和瀑布声的"虎啸龙吟"、石壁上的景题"南天一柱"等。

实例分析

苏州园林景观和意境构成手法分析解读
——以拙政园为例(节选)

拙政园是我国"四大名园"之一,列于1961年3月4日国务院颁布的第一批全国重点文物保护单位名单中,是我国民族文化遗产中的瑰宝,是江南古典园林中的佳作。其布局设计、建筑造型、书画雕刻、花木园艺等方面都有独到之处,被誉为"天下园林之母"。

1. 对景 苏州古典园林通常在重要的观赏点有意识地组织景物,形成各种对景,但不同于西方庭院的轴线对景方式,而是随着曲折的平面,步移景异,依次展开。这种对景以道路、廊的前进方向和进门、转折等变换空间处以及门窗框内所看到的前景最为引人注意。所以沿着这些方向构成对景最为常见。

如在拙政园中部,从枇杷园通过圆洞门"晚翠"可以望见池北雪香云蔚亭掩映于林木之中,又如自西部扇面亭可望见门洞外的倒影楼等景物,都是这类手法。当然,对景是相对的,园内的建筑物既是观赏点,又是被观赏对象,因此,往往互为对景,形成错综复杂的交叉对景。

2. 分景 景色的层次变换和视像的流动感受是形成构景艺术魅力的必要条件。如果要使景物具有吸引和诱导观赏的作用,那么空间景物的视觉效果与意境构设,就宜含蓄有致,切忌一览无余,即所谓"景愈藏,意境愈深;景愈露,意境愈浅"。分景就是根据视像空间表现原理,将景区按一定方式划分与界定,形成园中有园、景中有景、景中有情的构景处理手法。分景的作用在于增加景色的量和质,使园景虚实变换,丰富多彩,引人入胜。

3. 借景 借自然之景造园中景观,在苏州园林中有许多精彩的创意和构思。园林山水、植物景观随着晨夕阴晴的变化,另有一番景象和风情。

风:在描写清风明月的景色中,一个典型的例子是拙政园的"与谁同坐轩"。小轩筑于拙政园西园水中小岛的东南角,东南朝向,面对"别有洞天"月洞门,背衬葱翠小山,前临碧波清池,环境十分幽美。建筑平面采用折扇形,背墙窗景和室内石桌,亦用折扇形状,给人一种小扇自生风的感觉,带着一丝丝凉意。小亭的题名"与谁同坐轩"颇有新意和特色,很容易引起猜测和遐想。当星空夜月、水映月影、清风徐来时,品味苏轼"与谁同坐?清风明月我"诗意,就能领悟到以明月清风为知音的意境内涵和超尘脱俗的高雅品格。恬静幽寂的园林空间,展现的是风、月、人之间的和谐,达到了自然与人格美的统一。

雨:这是最普通最常见的自然现象。把它变成观赏对象,充满诗意,成为园林景观,不能不说是苏州园林在构筑园林景观上的妙笔。园中雨景,常常是通过雨落花叶的声响来完成的。如"疏雨滴梧桐""竹露清滴响""雨声滴碎荷声""枕上雨声如许事,残荷丛竹更催诗"。"声"和"听"之间,交汇出无限的景色与诗意。拙政园的"听雨轩",为典型的"夜雨芭蕉"景观。轩前一泓清水,边植芭蕉翠竹,轩后数丛蕉叶。无论春夏秋冬,雨点落在不同的植物上,加上听雨人的心态各异,就能听到各种情趣的雨声,境界绝妙,别有韵味。"芭蕉叶上潇潇雨,梦里犹闻碎玉声",真是声色兼备。退思园有轩名"菰雨生凉",南院芭蕉葱绿,棕榈苍翠,轩北贴水,几丛芦苇,几枝菰草。绵雨蒙蒙,展示出"凉风生蕙叶,细雨落平波"的意境,又是一番景象。

影:影具有虚拟的品格。它缥缈动荡,恍惚不定,景观既有"云破月来花弄影",又有"楼台倒影入池塘"。拙政园的倒影楼,紧邻水际。水底楼台,波光荡漾,似实似虚,亦真亦幻,给园林景观带来一种虚灵之美。调动天象自然景观,可以创造出千变万化的景色,使园林更有自然情趣。

(节选自园林学习网)

任务实训

园林绿地的造景手法分析

一、实训目的

通过本次实训,了解不同形式的园林造景手法,能对不同的造景手法进行分析。

二、实训内容

1. 到一个具有一定规模的景区或公园观察景观,进行造景手法的分析。

2. 对观察到的园林景观所采用的造景手法进行文字记录。

三、实训方式

考察当地一个知名的景观绿地,分析该景观绿地的景观设计特点和造景手法,写出造景手法说明。

四、实训步骤和方法

1. 实训准备　进行实训动员,由实训指导老师向同学们说明实训目的,布置实训任务,做好实训工作计划的安排,提出实训要求。

2. 现场调查和测绘。

(1)案例学习调查。老师带领学生到一些景观设计比较好的景区进行调查学习,并且做好测绘和有关现状的记录。

(2)基本资料调查。进行现场踏查,了解地形地貌、道路和建筑的分布、原有植物种类等。根据所得的资料,明确各种造园要素在景观绿地中的作用,特别是植物材料在空间组织、造景等方面起的作用,要注意园林布局的形式和采用的造景手法。

3. 绘制图纸及书写有关说明　回到学校集中进行平面图绘制,分析该景区的园林造景手法。图纸绘制完成后编写400字左右的造景手法分析说明。

五、实训要求

1. 外业调查要求　要仔细调查并记录该景区的造景手法,重点调查该景区环境状况,测绘该景区的地形地貌、道路和建筑的分布,调查了解该景区的景观分布情况、造景手法,记录景观特点。

2. 内业编制要求　图纸要求比例准确,景观特点明显,有关说明能准确地对图纸进行补充,体现造景手法的运用特点。

六、工具材料
测量仪器、绘图工具等。

七、考核与报告
样表略。

》练习与思考

1. 什么是景?
2. 什么是造景?
3. 园林造景有哪几种手法?
4. 突出主景有哪些方法?
5. 点景的作用是什么?

项目三
园林规划设计的程序

任务一　园林规划的程序

>> **教学目标**

了解园林绿地规划的一般程序。

>> **任务描述**

了解园林绿地规划的程序和要求,明确规划说明书的写作要点和绘制规划图纸的要求。

>> **任务准备**

一、了解园林规划的概念

园林规划是指关于园林的全面发展计划及其制作过程,是从宏观方面进行规划,不考虑具体的施工方案,含有谋划、筹划、计划、安排的意思。

园林绿地规划是建设总体规划的组成部分,比如一个城市的园林绿地规划,需要结合城市的总体规划,确定出园林的绿地比例,结合城市自然环境和人文特点,确定出城市的总体风格等宏观层面问题。

二、了解园林规划的一般程序

园林规划的一般程序分为资料的调查与整理、调查结果的分析与评价、绿地的配置规划、文字说明及图纸的编制等四个步骤。

>> **任务分析**

一、园林规划的任务

园林规划的主要任务是确定园林绿地系统规划的原则;合理布局各项绿地,确定其位置、性质、范围、面积;根据生产和生活水平及城市的发展规模,研究园林绿地建设的发展水平,拟定园林绿地的各项指标;提出园林绿地的调整、充实、改造、提高等方面的意见;提出园林绿地分期建设及重要修建项目的实施计划;规划出需要控制和保留的绿地;编制园林绿地系统的图纸和文件。

二、园林绿地系统规划原则

1. 园林绿地系统规划应结合城市其他组成部分的规划,综合考虑,全面安排。
2. 园林绿地系统规划必须结合当地特点,因地制宜,从实际出发。在编制规划过程中,切忌生搬硬套和单纯追求某一种形式、某些指标。
3. 园林绿地应布局均衡,比例合理,能满足全市居民休息游览的需求。
4. 园林绿地系统规划既要有远景的目标,也要有近期的安排,做到远近结合。

》》任务实施

一、园林绿地规划程序和内容

(一)资料的调查与整理

1. 自然条件、环境状况调查。

(1)园林绿地(公园)周围的环境关系、环境特点、未来发展情况。如园林绿地周围有无古树名木、名胜古迹、人文资源等。

(2)植物状况。了解和掌握地区内原有的植物种类、生态、群落组成,现有园林植物、古树、大树的种类、数量、分布、高度、覆盖范围、生长情况、姿态及观赏价值等。

(3)规划用地的水文、地形、土壤、气象等方面的资料。了解地下水位,年降雨量与月降雨量,年最高温度、最低温度及其分布时间,年最高湿度、最低湿度及其分布时间;年季风风向、最大风力、风速以及冰冻线深度等;地形方面,包括地表面起伏状况,山形、走向、坡度、位置状况,平地、沼泽地状况等;土壤方面,包括土壤物理、化学性质、坚实度、通气性、透水性、氮、磷、钾的含量,土壤的pH,土层深度等。

2. 社会条件调查。

(1)园林绿地(公园)周围城市景观。包括建筑形式、体量、色彩等,与周围市政的交通联系,人流集散方向,周围居民的类型与社会结构,地段区域性质,如厂矿区、文教区或商业区等。

(2)该地段的能源情况。包括电源、水源以及排污、排水能力,周围是否有污染源,如有毒有害的厂矿企业、传染病医院等情况。

(3)交通情况。包括公园与城市交通的关系,包括交通路线、交通工具、停车场等状况;游人的来向、数量,以便确定公园的服务半径及公园设施内容等。

(4)现有设施调查。如给水排水设施、能源、电源、电讯的情况调查;用房调查,如原有建筑物的位置、面积、用途等；城市文化娱乐体育设施的调查。

(5)城市历史、人文资料的调查。如名胜古迹、墓园、纪念馆等。

3. 规划设计条件调查。

(1)甲方对设计任务的要求及历史状况。

(2)甲方要求的园林设计标准及投资额度。

(3)城市绿地总体规划与公园的关系，以及对公园设计上的要求，城市绿地总体规划图的比例尺为 1:5000～1:10000。

(4)进行总体规划所需的地形图。根据面积大小，提供 1:2000、1:1000、1:500 园址范围内总平面地形图。图纸应明确显示以下内容：设计范围（红线范围、坐标数字）；园址范围内的地形、标高及现状物（现有建筑物、构筑物、山体、水系、植物、道路、水井，还有水系的进出口位置、电源等）的位置；在现状物中，对保留利用、改造和拆迁等情况要分别注明；四周环境情况，包括与市政交通联系的主要道路名称、宽度、标高点数字以及走向和道路、排水方向，周围机关、单位、居住区的名称、范围以及今后的发展状况。

(5)现状树木分布位置图(1:200,1:500)。主要标明要保留树木的位置，并注明树种名称、胸径、生长状况和观赏价值等。有较高观赏价值的树木最好附以彩色照片。

(6)地下管线图(1:500,1:200)。一般要求与施工图比例相同。图内应包括要保留的雨水、污水、电信、电力、煤气、热力等管线位置及井位等。除平面图外，还要有剖面图，并需要注明管径的大小、管底或管顶标高、压力、坡度等。

(二)调查结果的分析与评价

1. 城市构图分析评价　比较人口规模、构成、土地利用现状等调查结果，提出人口、产业、城市动向与发展、建成区和城市规模等设想，作出城市绿化设想图、居住区设想图等。

2. 环境保护分析评价　分析名胜古迹、传统的建造物等历史风土人情；分析评价动植物等自然特性，作出环境保护评价图。

3. 文化娱乐分析评价　分析比较各居住区的人口数和人口密度、已有娱乐设施的位置、利用状态以及市民的文化娱乐要求，还要测定必要的娱乐设施和不同设施的需要量，作出娱乐分析图、评价图。

4. 防灾分析评价　预测各种灾害、公害的发生状况（火灾、水灾、地震、噪音）及土地利用情况等。研究火灾、水灾、石崩等灾害可能发生的地区及预想的噪音、地震等公害发生地区。作出防灾绿地配置的对策。作出公害、灾害发生预想地区的分析图、防灾评价图。

5. 景观分析评价　在景观调查基础上，提出各景观所属类型，得出城市景观分析评价的结论。

6. 调查结果的综合分析评价　将自然条件调查(气象、地形、地质、植物)、社会条件调查(人口、土地利用、城市设施等)的结果分析立案，根据绿地的环境保护、娱乐、防灾、景观构成的观点作出综合评价图。

7. 城市形态和绿地构图的分析评价　比较自然条件的调查和社会条件等的现状调查，

并分析、评价其结果,利用城市形态、周围环境等城市的立地性,明确城市的性质,合理规划出城市的形态,确定其绿地构图形式(放射状、块状、楔状、环状、放射环状、网状、格子状等),作出绿地模式图。

(三)绿地的配置规划

在调查分析评价的基础上,配置环境保护、娱乐、防灾、景观构成四个绿地子系统;画出规划区内的带状绿地、网状绿地均衡配置图。

(四)文字说明及图纸的编制

文字说明一般要编写规划说明书,图纸有位置图、现状图、分区图、总体规划设计图、地形设计图,道路、给水、排水、用电管线布置图及其他图面材料。

二、规划说明书的内容

1. 概况及现状分析。

(1)概况。包括自然条件概况、社会条件概况、环境状况和城市基本概况等。

(2)绿地现状与分析。包括各类绿地现状统计分析、城市绿地发展优势与动力、存在的主要问题与制约因素等。

2. 规划总则。

(1)规划编制的意义。

(2)规划的依据、期限、范围与规模。

(3)规划的指导思想与原则。

3. 规划目标。

(1)规划目标。

(2)规划指标。

4. 市域绿地系统规划 阐明市域绿地系统规划的结构与布局及分类发展规划,构筑以中心城区为核心、覆盖整个市域、城乡一体化的绿地系统。

5. 城市绿地系统规划结构布局与分区。

(1)规划结构。

(2)规划布局。

(3)规划分区。

6. 城市绿地分类规划。

(1)公园绿地(G1)规划。

(2)生产绿地(G2)规划。

(3)防护绿地(G3)规划。

(4)附属绿地(G4)规划。

(5)其他绿地(G5)规划。

分述各类绿地的规划原则、规划内容(要点)和规划指标,并确定相应的基调树种、骨干树种和一般树种的种类。

7. 树种规划。

(1)提出树种规划的基本原则。

(2)确定城市所处的植物地理位置,包括植被所在区域与地带、地带性植被类型、地带性土壤与非地带性土壤类型等。

(3)定出技术经济指标,确定裸子植物与被子植物比例、常绿树种与落叶树种比例、乔木与灌木比例、木本植物与草本植物比例、乡土树种与外来树种比例(并进行生态安全性分析)、速生树种与中生树种和慢生树种比例,确定绿化植物名录科、属、种及种以下单位。

(4)选定基调树种、骨干树种和一般树种。

(5)提出市花、市树的可选择品种与建议。

8. 生物多样性保护与建设规划。

(1)总体现状分析。

(2)生物多样性保护与建设的目标与指标。

(3)生物多样性保护的层次与规划(含物种多样性、基因多样性、生态系统多样性、景观多样性规划)。

(4)生物多样性保护的措施与生态管理对策。

(5)珍稀濒危植物的保护与对策。

9. 古树名木保护　古树是指树龄在100年以上的树木。凡树龄在300年以上,或者特别珍贵稀有,具有重要历史价值和纪念意义、重要科研价值的古树名木,为一级古树名木;其余为二级古树名木。

10. 分期建设规划　城市绿地系统规划分期建设可分为近、中、远三期。在安排各期规划目标和重点项目时,应依城市绿地自身发展规律与特点而定。近期规划应提出规划目标与重点,具体建设项目、规模和投资估算;中、远期建设规划的主要内容应包括建设项目、规划和投资预算等。

11. 实施措施　分别按法律性、行政性、技术性、经济性和政策性等措施进行论述。

12. 附录、附件　附录、附件包括与本规划相关的文件、资料等。

实例分析

六安市城市规划区绿地系统规划

一、规划范围

根据《六安市城市总体规划(2003-2020)》,六安市城市规划区范围包括城区东市、中市、三里桥、鼓楼、南市、西市、北市、小华山街道和平桥乡、九里沟乡、望城乡、三十铺镇、城北乡、苏埠镇及横排头风景区,总面积为500平方千米。

二、指导思想

依托南部现状良好的植被条件和遍布全市的河流水系,整合沿水系、道路布置的绿网和农田林网,构筑生态廊道网络,保护现有生态系统,营造生态城市。寻找一种既能应对发展挑战,又能解决环境问题的城市发展模式。

三、空间布局结构

六安城市规划区绿地系统规划结构可以概括为"一区五廊,绿网遍布"。

1. "一区"指南部山林区。南部山林区主要指六安市南部以低山、丘陵、岗地为特征的区域。该区包括省级风景名胜区横排头风景名胜区以及大面积的生产林地,对于维持规划区域的生态平衡、保护生态多样性、涵养水源、保持水土等具有重要作用。

2. "五廊"是指加强沿河、沿路的绿化建设,从而在城市规划区及其周边范围形成辐射状的五条主要的生态走廊。分别指:由沿着宁西高速公路的防护林带形成的东西向生态廊道;由沿着312国道和宁西铁路的防护林带组成的东西向生态走廊;由沿着沪汉蓉铁路的防护林带组成的东西向生态走廊;由老淠河两岸的防护林带、与之平行的203省道的防护林带和淠东支渠的防护林带组成的南北向生态廊道;由淠河总干渠两岸的防护林带以及105国道的防护林带组成的东北西南向生态廊道。

3. "绿网遍布"六安境内,水资源得天独厚,水网密布,其各项指标均高于全省平均水平。规划区内除了有淠河及淠河干渠、汲河等重要河流,其他支流也纵横其中。规划以生态保护为目的,充分利用河道、港湾、湿地水塘等资源,在其两侧或周围建立一定宽度的水源涵养林,这些和不同等级的道路绿化一起,形成了覆盖规划区的生态绿网,将城市公园、风景名胜区、自然保护区、水源涵养地、湿地等块状绿地有机联系起来,发挥综合生态功能。

四、生态环境建设要求

1. 城市规划与建设应当充分满足生态平衡和生态保护要求,尽量降低建筑密度和容积率,拓展城市公共活动空间,增加市区公园与绿地面积,加大环境保护投资力度,通过这些措施实现生态环境的改善,营造良好的生活社区。

2. 要有效控制对传统农业耕作区、自然村落、水体、丘陵、林地、湿地的开发,尽量保持原有的地形地貌、植被和自然生态状况,营造具有良性循环的生态系统。

3. 要坚持资源合理开发和永续利用,对重大经济政策、产业政策进行环境影响评估,有效防止城市化建设过程中的生态破坏;提倡对资源的节约和综合利用,鼓励绿色产业的发展;加强重要生态功能地区的生态保护,防止生态环境的功能退化;加强整治、合理利用各种资源;保护生物物种多样性和生物安全。

五、城市绿地系统规划结构布局

1. 布局原则　依据六安市绿地建设现状、绿地系统规划的指导思想及六安市总体规划,结合六安市的用地现状,本规划提出以下布局原则:

(1) 充分发挥城市园林绿地的综合功能与效益。根据城市绿地的主要功能,在城市绿地总体布局上要统一规划,全面安排,并形成系统,保持生态平衡,为市民服务,追求综合效果。最大限度地发挥绿地的环境效益、经济效益和社会效益。

(2) 合理布局各类绿地,全面提高城市绿量。六安市的老淠河和淠河总干渠,各类公园绿地、防护绿地和生产绿地对改善生态环境有十分重要的意义。因此，要充分利用自然水系、山林、水塘、农田，均匀分布公园绿地，合理配置生产绿地，加强单位附属绿地的建设管理，全面提高城市绿化水平。

(3)在城市绿地系统整体布局上突出"四个结合"。即：市区周边大环境与市区内绿地相结合；历史文物保护与绿地建设相结合；河道整治工程与滨河带状公园建设相结合；绿色网络与块状公园建设相结合。

2.规划结构　规划建成区绿地总体布局为"双环、双心、三轴、四楔"的结构模式，构成"碧水—名城—绿地—农田"大格局。"双环、双心、三轴、四楔"的结构模式可以具体描述为"双环双心、三轴相交、四楔深入、公园均布、绿网相连"的结构特征。

(1)双环是指生态背景环和城市绿环。

生态背景环：沿着城市外围的防护林带、风景林地、生态农园等形成重要的生态背景环，构筑六安城区的环状绿色屏障。

城市绿环：是指沿着华山路绿地、青年公园、安丰南路及佛子岭路的带状公园以及响洪甸路和老淠河西北侧公路的防护林带形成的城市绿色内环。

(2)双心是指生态绿心和人文绿心。

生态绿心：建成的中央公园，面积达65公顷，是六安市区最大的绿核，处于城市主导风向的风口位置，有利于调节城市气候，改善城市环境，起着生态和景观的双重作用。

人文绿心：位于六安老城区的中心位置，由老淠河绿带、古城墙绿带、老城区船型环状绿带和湖心岛的桃花坞开场绿地的多块绿地以及古城保护街区组成，形成城市的人文景观中心。

(3)三轴是指三条景观轴线。它们是由南北向的新淠河自然景观轴(滨河轴线)、东西向的皋城路干道绿色景观轴(道路轴线)、老淠河与磨子潭路结合的人文景观轴(人文轴线)组成。三轴作为城市绿廊，对于六安市的绿地系统起到了良好的内部连通和向外延伸的作用。

(4)四楔是指在规划建成区外围结合农业用地、生产防护林地、公园绿地、风景林地所设置的大型楔形绿地。

六安市郊用四条楔形绿带分别从东南、西南、西北、东面四个方向插入城市内部，将新鲜空气源源不断地输入城区，并将城区与城市周边的生态绿地有机联系起来，构成城乡一体格局。

(5)"公园均布、绿网相连"。沿城市"环"、"楔"、"轴"的交叉点和沿线、城市河道与干道、干道与干道的交叉点和沿线以及自然资源和条件较为有利的用地，布置由综合公园、社区公园、街旁绿地和带状公园组成的城市公共绿地系统，形成以点线结合、均匀分布为特色的公共开敞绿色网络。均匀分布、网络串联的"园"使整个六安市的绿地系统规划更具有连续性和体系化。

六、各类绿地系统规划

略。

项目三 园林规划设计的程序

任务二　园林设计的程序

▶▶ 教学目标

了解园林设计的一般程序,学会园林种植施工图设计。

▶▶ 任务描述

掌握园林设计的程序、步骤和内容。

▶▶ 任务准备

一、了解园林设计的概念

园林设计是指使园林的空间造型满足游人对其功能和审美要求的相关活动。通过园林设计,使环境具有美学欣赏价值、日常使用的功能,并能保证生态可持续发展。在一定程度上,园林设计体现了人类文明的发展程度和价值取向及设计者个人的审美观念。

二、了解园林设计的程序

园林设计一般都是在园林规划的基础上进行的。一个完整的园林设计程序包括五个过程:编制设计任务书、概念设计、方案设计、初步设计和施工图设计。

▶▶ 任务分析

当我们接受了一个具体的园林设计任务时,无论是最初的概念设计还是最后的施工图设计,都要收集和调查有关资料,针对现状进行地形设计、园林建筑及小品设计、园路设计、管线设计、电气设计、植物种植设计等,还包括编制设计说明书及工程预算等任务。

▶▶ 任务实施

一、编制规划设计任务书

设计单位在对园林绿地进行设计之前,必须取得委托单位(甲方)提供的城市规划和园林主管部门批准的设计任务书,方可进行设计。没有经过批准的设计任务书,设计单位(乙方)不得接受设计任务。

设计任务书的内容包括:
1.园林绿地的作用和任务、服务半径、使用效率。

2. 园林绿地的位置、方向、自然环境、地貌、植被及原有设施。

3. 园林绿地用地面积、游人容量。

4. 园林绿地内拟建的政治、文化、宗教、娱乐、体育活动类大型设施项目的内容。

5. 建筑物的面积、朝向、材料及造型要求。

6. 园林绿地布局在风格上的特点。

7. 园林绿地建设近、远期的投资经费。

8. 地貌处理和种植设计要求。

9. 园林绿地分期实施的程序。

10. 规划设计进度和完成日程。

二、概念设计阶段

1. 场地现况勘察、相关资料收集及整理。

2. 与业主沟通,确定主题构想。

3. 场地空间概念分析,景观方案总平面图、分析图及分区平面图草图绘制。

4. 主要景点透视意向(使用照片、图面辅助说明各景点意向)。

5. 概念设计说明。

6. 阶段成果展示,提交 A3 文本两份。

三、方案设计阶段

1. 进一步完善概念设计,与业主再次沟通,使概念构思达成共识,经专家评审通过后,形成最终确定的景观方案。

2. 深化概念设计,完善表达设计概念的总平面效果图、分析图、分区平面图、总体鸟瞰效果图、重要节点透视效果图。

3. 总体地形变化处理方案,包括各主要剖面图、立面图。

4. 总体植物效果方案。

5. 方案设计说明。

6. 景观工程估算书。

为甲方提供设计方案,最好提出两种以上不同设计方案供甲方比较选择(图 3-2-1)。

在方案设计阶段要完成方案阶段图纸,包括园林绿地的位置图、现状分析图、功能分区图、园林建筑布置图。

(1)园林绿地的位置图:包括原有地形图或测量图,属于示意性图纸,表示该公园在城市区域内的位置,要求简洁明了。

(2)现状分析图:比例为 1:500~1:2000。根据已掌握的资料,经分析、整理、归纳后,将园林绿地分成若干空间,对现状作综合评述。可用圆形圈或抽象图形将其概括地表示出来。例如:经过对四周道路的分析,根据主、次城市干道的情况,确定出入口的大体位置和范围。同时,在现状图上,可分析园林设计中的有利因素和不利因素,以便为功能分区提供参考依据。

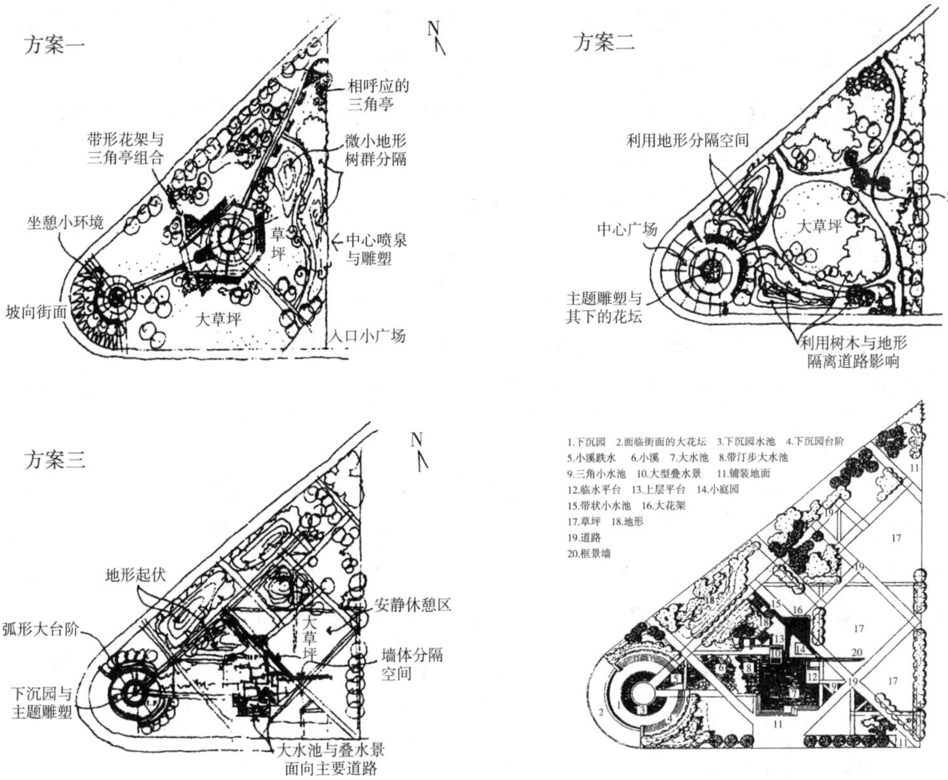

图 3-2-1 设计方案

(3)功能分区图:根据总体设计原则、现状,分析不同游人的活动规律及需要,确定不同区域,分区满足不同功能要求,用示意说明的方法,使其功能、形式、相互关系得到体现。另外,分区图可以反映不同空间、分区之间的关系。该图属于示意说明性质,可以抽象图形或圆圈等图案予以表示。

(4)园林建筑布置图:在图上标识园林建筑的布置情况。

四、初步设计阶段

方案设计完成后应协同甲方共同商议,经过商讨后根据结果进行修改和调整,一旦初步方案确定下来,就需全面地进行初步设计。初步设计阶段的内容包括设计图纸、建设概算和设计说明书三个部分。

1. 设计图纸。

(1)园林绿地总体设计平面图。图纸比例一般常用 1:500、1:1000、1:2000 综合表示。园林绿地总体设计平面图包括边界线、保护界线、大门、出入口、道路广场、停车场、导游线的组织;功能分区活动内容;种植类型分布;建筑分布;地形、水系、水底标高。水面、工程构筑物、铺装、山石、栏杆、景墙公用设备网络等以不同的线条或色彩表现出图面效果。

(2)道路系统图。道路系统图是在确定主要出入口、主要道路、广场位置和消防的通道,确定次干道等的位置与形式、路面的宽度(确定主要道路的路面材料、铺装形式)等后所绘制的图。它可协调修改竖向设计的不合理处。在图纸上用细线标出等高线,再用不同粗细的线表示不同级别的道路和广场,并标出主要道路的高程控制点。

(3)竖向设计图。根据设计原则以及功能分区图,确定需要分隔遮挡的地方或通透开敞的地方。另外,根据设计内容和景观的需要定出制高点、山峰、丘陵起伏、缓坡平原、小溪河湖等;同时,确定总的排水坡向、水源以及雨水聚散地等。初步确定园林绿地中主要建筑物所在地的控制高程及各景点、广场的高程,用不同粗细的等高线控制高度。

(4)种植设计图。根据设计原则、现状条件与苗木来源等,确定全园及各区的基调树种,不同地点的密林疏林、林间串地、林缘等种植方式和树丛、树林、树群、孤植树以及花草种植方式等。确定景点的位置、通视走廊、景观轴线,突出视线集中点上的处理等。各树种在图纸上可按绿化设计图例表示。

(5)管线设计图。以总体设计方案、种植设计图为基础,设计出水源的引进方式,总用水量、消防、生活、造景、树木喷灌等,管网的大致分布、管径大小,水压高低及雨水、污水的处理和排放方式、水的去处等。北方冬季需要供暖的地方,则需要考虑取暖方式、负荷量、锅炉房的位置等。其表示方法是在树木种植设计图的基础上用粗线表示,并加以说明。

(6)电气设计图。以总体设计为依据,设计出总用电量、利用系数、分区供电设施、配电方式、电缆的敷设以及各区各点的照明方式、广播通讯等设置,可在建筑道路与竖向设计图的基础上用粗线、黑点、黑圈、黑块表示。

(7)表现图。表现图有全园或局部中心主要地段的断面图或主要景点鸟瞰图,用以表现构图中心、景点、风景视线和全园的鸟瞰景观。其作用是直观地表达设计意图。

2.建设概算 建设概算包括园林土建工程概算(工程名称、构造情况、造价、用料量)、园林绿化工程概算。

3.设计说明书 设计说明书包括以下内容:
(1)园林绿地的位置、范围、规模、现状及设计依据。
(2)园林绿地的性质、设计原则、目的。
(3)功能分区及各分区的内容、面积比例(土地使用平衡表)。
(4)设计内容:出入口、道路系统、竖向设计、山石水体等有关方面的情况。
(5)绿化种植安排及理由。
(6)电气等各种管线说明。
(7)分期建园计划。
(8)其他。

五、施工图设计阶段

1.施工设计图。
(1)施工总平面图(放线图)。

(2) 竖向设计图(平面和剖面)。地形是全园的骨架,要求能反映出绿地的地形结构。以自然山水园而论,要求表达山体、水系的内在有机联系。根据分区需要进行空间组织;根据造景需要,确定山地的形体、制高点、山峰、山脉、山脊走向。此外,在图上标明入水口、排水口的位置(总排水口方向、水源及雨水聚散地)等。也要确定主要园林建筑所在地的地坪标高、桥面标高、广场高程以及道路变坡点标高。还必须标明绿地周围市政设施、马路、人行道以及与绿地邻近单位的地坪标高,以便确定绿地与四周环境之间的排水关系。

(3) 园路、广场施工图(平面和剖面)。首先在图上确定绿地的主要出入口、次要出入口与专用出入口,还有主要广场的位置、主要环路的位置以及消防通道。同时确定主干道、次干道等的位置以及各种路面的宽度、排水纵坡。并初步确定主要道路的路面材料、铺装形式等。在图纸上用虚线画出等高线,再用不同的粗线、细线表示不同级别的道路及广场,并注明主要道路的控制标高。

(4) 种植设计图(平面和大样图)。在总平面图确定后,着手进行局部景区、景点的详细种植设计。同时,要在 1∶500 比例尺的图纸上准确地绘出乔木的种植点、栽植数量、树种,包括密林、疏林、树群、树丛、园路树、湖岸树的位置(图 3-2-2)。其他种植类型,如花坛、花境、水生植物、灌木丛、草坪等的种植设计图可选择 1∶300 或 1∶200 比例尺。

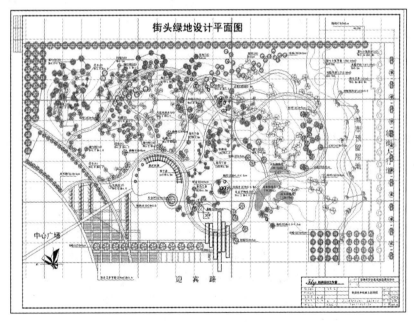

图 3-2-2 种植设计图

(5) 水景设计图(平面和纵、横剖面)。水景设计图是施工图的重要组成部分。平面图应标明水体的平面位置、形状、大小、类型、深浅以及工程设计要求;进水口、溢水口或泄水口的位置;水的总用量(消防、生活、造景、喷灌、卫生等)及管网的大致分布、管径大小、水压高低等;雨水和污水的水量、排放方式、管网大体分布、管径大小及水的去处等。

(6)园林建筑及小品设计图。要求在平面图上,反映园林建筑在全园的布局,主要出入口、次要出入口、专用出入口、售票房、管理处、造景等各类园林建筑的平面造型;大型主体建筑,如展览性、娱乐性、服务性等建筑平面位置及周围关系;还有游览性园林建筑,如亭、台、楼、阁、榭、桥、塔等类型建筑的平面安排。除平面布局外,还应画出主要建筑物的平面图设计(反映建筑的平面位置、朝向、周围环境的关系)、建筑底层面、必要的大样图、建筑结构图等。

(7)管线设计图(平面和剖面)。

(8)假山、雕塑等小品设计图。假山及园林小品(如雕塑等)也是园林造景的重要因素。一般最好做成山石施工模型或雕塑小样,便于在施工过程中,能较理想地体现设计意图。在园林设计中,主要指出设计意图、高度、体量、造型构思、色彩等内容,以便与其他行业相配合。

(9)电气设计图。绘出分区供电设施、配电方式、电缆的敷设以及各区各点的照明方式及广播、通讯等的位置。

2.编制预算和施工设计说明书 这部分内容在学习"园林工程"和"园林工程预决算"等课程后,便可以准确编制。

实例分析

六安市皋城广场景观设计

一、项目概况

皋城广场位于六安市区中心地段(原六安体育场),距两条主干道梅山路和人民路的交汇口处仅60m,与解放路和大别山路的直线距离仅200m,周围为社区和一个公园。广场四周环绕一条20m宽的道路。因广场形状像乒乓球拍,所以当地人也称其为"球拍广场"。

二、设计理念

皋城广场是周边居民主要的共享空间和休闲场所,是集使用功能、景观功能及生态功能于一体的开放空间。广场在景区的序列布局中把历史和人文作为景观创作的核心,在主题思想的展示中强调观赏者在景观构成上的地位,体现以人为本的设计原则,但在体量上,则表现观赏者的渺小,体现人类在历史长河中的一瞬。

1.以人为本 在交通组织、人流集散、社区文化延续、娱乐设施配置等方面,立足于居民的心理和生理需要,旨为居民提供一个舒适、温馨的休闲环境。

2.立足生态 以周围生态环境为依托,与原有生态环境和周边环境和谐统一。

3.展示地方历史和人文特色 在原有人文景观的基础上,充分挖掘、精心设计,实现艺术与历史、文化的结合,具有独特的观赏价值,展现地方特色。

4.坚持可持续发展 以形成自然景观、生态景观及休闲娱乐为主要目标,塑造丰富的广场文化,以展现新时代的精神风貌和地方特色。

三、各功能区的景观设计

广场布局可概括为"1轴、3区、6点"。"1轴"即广场中心的火炬雕像,从组团沿中心轴线向两端延伸。"3区"即皋陶像、火炬泉和名人湾。从3个景区的名称看,由历史、人文贯穿联系,递进加深;从造园的要素看,3个景区以"水"相联系,一脉相承。"6点"即每个景区都有以植物景观命名的组团景点,分别为雅趣苑、绚秋苑、悦心苑、合欢枫晚、樱花涧和桂花园,与广场展现皋城历史和文化的主题相呼应。在广场总体布局上,强调点、线、面3个层次有机结合,使自然环境、人文景观与休闲娱乐和谐融洽,协调统一(图3-2-3)。

图 3-2-3　六安市皋陶广场

1. 皋陶像　整个景区由隐形喷泉、雕塑、景观球以及环形绿地等组合而成。皋陶像位于广场主入口处,有绿地围合,视野开阔。皋陶是舜、禹时期的司法长官,是中国历史上第一个大法官。传说他曾饲有上古神兽獬豸,凡遇疑难不决之事,悉由獬豸裁决,均准确无误,獬豸因此成了执法公正的化身。广场正中央的獬豸雕塑由青铜铸成。塑像高3m、长7m,下部大理石筑台高1.2m,两侧九阶台地直通广场主景,正后方是自上而下的自然山水,前方入口区由折线围合,方形的铺装象征"地"的淳厚朴实,后排为一半围合形布局的21个景观球,寓意21世纪,预示该景区是现代文化和历史文化的交融。

2. 火炬泉　火炬泉位于整个广场的中心。红色火炬雕塑高40m,下部大理石台阶高2.5m。雕塑下面是灯光喷泉和巨大的台阶式铺装广场。此外,在该景区的两侧还专门开辟了一块运动场地,内有各类健身器材。广场周围列植银杏和香樟,树下设置坐凳供人休息。该景区由喷泉、广场和雕塑三部分组成。以雕塑为主体,喷泉和灯光映衬夜景的辉煌,同时又是一个景观结点,巨大的火炬在油喷中熊熊燃烧,象征整个时代的蓬勃发展之势。

3. 名人湾　沿中轴线向后延伸即为名人湾景区,该景区主体由前方的水景、后方的假山和中间的名人碑文组成。碑文的设计创意结合了姜子牙的"封神榜"和古人墓碑,是为六安名人设计的一座丰碑。碑刻共12座,左右各6座,正面是人物肖像,后面是人物传记,结合假山两侧的假山,留给参观者无限想象。

4. 皋城广场植物配置　用植物造景,可丰富园林景观,因地制宜,优先选用乡土种树。适地种树,符合当地生态要求,同时注重植物景观的文化内涵。在植物的选择上,重点选择有寓意的植物,如象征和睦的紫荆、体味恩泽的海棠、虚心有节的竹子等。

》》任务实训

街头小游园种植施工图设计

一、实训目的

通过亲自实践,掌握园林设计的一般程序,掌握街头小游园种植施工图设计的步骤、方法和要求。

二、实训内容

测绘街头绿地,进行植物配置,绘制种植施工图。

三、实训方式

现场调查和室内设计相结合。

四、实训步骤和方法

1.实训准备 进行实训动员,由实训指导老师向同学们说明实训目的,布置实训任务,做好实训工作计划的安排,提出实训要求。

2.现场调查和测绘 进行现场调查,了解地形地貌、道路和建筑的分布、原有植物种类等。根据所得的资料,明确各种造园要素在小游园中的布局,特别是植物材料在造景等方面起的作用。通过考察与测量,绘制现状地形图。

3.绘制图纸及书写有关说明 回到学校分组集中进行植物种植设计,绘制平面图,图纸绘制完成后编写400字左右的设计说明。

五、实训要求

1.外业调查要求 要仔细测绘街头绿地的地形,记录地貌、道路和建筑的分布特点。

2.内业编制要求 要求图纸比例准确,每小组至少完成一种布局形式的种植设计,图文材料完整。

六、工具材料

测量仪器、绘图工具等。

七、考核与报告

样表略。

》 练习与思考

1.园林设计一般要经过哪些程序?

2.为什么要进行现场踏查?

3.方案设计主要有哪些部分?

4.初步设计可分为哪些部分?

5.施工图设计主要有哪些部分?

6.种植施工图由哪些部分组成?

项目四
园林构成要素的设计

任务一　园林山水地形设计

>> **教学目标**

熟悉陆地与水体景观特征,掌握陆地与水体景观设计要点。

>> **任务描述**

了解园林绿地中陆地和水体的景观设计内容。

>> **任务准备**

1. 到园林绿地现场踏查,注意收集园林地形图。
2. 了解园林用地及附近的水文、地质、土壤、气象等有关现状和历史资料,观察基址与周围道路高程关系。

>> **任务分析**

一、了解园林地形的功能

地形是外部环境的地表因素,它包含土丘、台地、斜坡、平地以及因台阶和坡道所引起的水平面变化的地形。这类地形统称为"小地形"。在沙丘上的微弱起伏或波纹,或者道路上石头和石块的不同变化叫"微地形"。园林地形的功能主要体现在五个方面。

1. **分隔空间**　地形可以不同的方式创造和限制外部空间。平坦地形在视觉上缺乏空间限制。而斜坡的地面较高点则占据了垂直面的一部分,并且能够限制和封闭空间。斜坡越陡越高,户外空间感就越强烈。地形除能限制空间外,还能影响一个空间的气氛。平坦、起伏平缓的地形能给人以美的享受和轻松感,而陡峭、崎岖的地形极易在一个空间中造成兴奋和放纵的感受。

地形不仅可制约一个空间的边缘,还可制约其走向。一个空间的总走向,一般都是朝向视野开阔的方向。地形一侧为一片高地而另一侧为一片低矮地时,空间走向就朝向较低、更开阔一方。

2. 控制视线　地形能在景观中将视线导向某一特定点,影响某一固定点的可视景物和可见范围,形成连续观赏或景观序列,或完全封闭通向不悦景物的视线。为了能在环境中使视线停留在某一特殊焦点上,我们可在视线的一侧或两侧将地形增高,在这种地形中,视线两侧的较高地面犹如视野屏障,封锁了分散的视线,从而使视线集中到景物上。地形的另一类似功能是构成一系列赏景点,以此来观赏某一景物或空间。

3. 影响旅游线路和速度　地形可被用在外部环境中,影响行人和车辆运行的方向、速度和节奏。在园林设计中,可用地形的高低变化、坡度的陡缓以及道路的宽窄、曲直变化等来影响和控制游人的游览线路及速度。在平坦的土地上,人们的步伐稳健持续,花费力气较小。而在变化的地形上,随着地面坡度的增加,或障碍物的出现,游览也就越发困难。为了上坡和下坡,人们就必须花费更多的力气,时间也就延长,中途的停顿休息也就逐渐增多。对于步行者来说,在上坡和下坡时,其平衡性受到干扰,每走一步都必须格外小心,最终导致尽可能地减少穿越斜坡的行动。

4. 改善小气候　地形可影响园林某一区域的光照、温度、风速和湿度等。从采光方面来说,朝南的坡面一年中大部分时间都保持较温暖和宜人的状态。从风的角度而言,凸面地形、脊地或土丘等,可以阻挡刮向某一场所的冬季寒风。同时,地形也可用于收集和引导夏季风。夏季风可以被引导穿过两高地之间形成的谷地或洼地、马鞍形的空间。

5. 美学功能　地形可被当作布局和视觉要素来使用。我们可将土壤造成具有美感的形状,这样它便能轻易地捕捉视线,并使其穿越于景观。借助于岩石和水泥,地形可被浇铸成具有清晰边缘和平面的挺括形状结构。地形的每一种功能,都可使一个设计具有明显差异的视觉特性和视觉感。

二、了解园林地形设计的一般原则

园林地形设计在全面贯彻"实用、美观、经济、安全"这一园林设计总原则的前提下,依据园林地形的特殊性,具体应遵循如下原则。

1. 充分利用原有地形　利用原有地形,或只需稍加人工点缀和润色,便能成为风景名胜,这就是"自成天然之趣,不烦人工之事"的道理。利用原有地形时,选址很重要。借用良好的自然条件,能取得事半功倍的效果。

2. 满足功能要求　园林地形设计应满足开展活动的功能要求。如有大量游人集散的出入口和群众性文娱体育活动场所,需要有平坦的地形;用于安静休息的地段则需要有山有水,地形起伏多变,景色富于变化;若要创造划船、游泳、观荷、垂钓等活动的条件,就需要开辟或利用水面。

3. 符合园林艺术要求　地形设计要善于运用园林绿地构图的有关规律和造景手法,创造出具有不同景观效果的开敞、半开敞、封闭的园林空间景域,使景观层次更加丰富。如要构成开敞的空间,需要有大片的平地或水面,如要形成曲径通幽的意境,则要有山重水复、峰回路转和密密的森林等。

4. 满足工程技术要求　地形设计必须满足工程技术上的要求,如地面排水、各种地形的稳定性等问题。因此地形起伏应适度,坡长应适中。一般来说,坡度小于1%的地形易积水,地表面不稳定;坡度介于1%~5%之间的地形排水较理想,适合于安排大多数活动内容,但当同一坡面过长时,则显得较单调,易形成地表径流;坡度介于5%~10%之间的地形排水良好,而且具有起伏感;坡度大于10%的地形只能在局部小范围内加以利用。

5. 满足植物生长要求　在进行园林设计时,要通过利用和改造地形,为植物的生长发育创造良好的环境条件。城市中较低凹的地形,可挖土堆山,抬高地面,以适宜多数乔木、灌木的生长。利用地形坡面,创造一个相对温暖的小气候条件,可满足喜温植物的生长等。

》任务实施

园林地形设计包括陆地和水面。园林绿地中陆地、水面较理想的比例是:陆地占全园的2/3~3/4,其中平地占陆地的1/2~2/3,丘陵占陆地的1/3~1/2,山地占陆地的1/3~1/2;水面占全园的1/4~1/3。

一、园林陆地的设计

园林陆地可分为平地、坡地、山地三种类型。

(一)平地

平地便于进行群众性的文体活动,进行人流集散,也可营造开朗景观。现代城市公园多设大面积的平地。

1. 平地的类型　平地按地面材料分为四种。

(1)土地面。多设在林中空地,有树荫的遮蔽,可做游憩活动场地。在公园中应尽量减少裸露的土地。

(2)沙石地面。有些平地有天然的岩石、卵石、沙砾,可稍加整理,用作活动场地和风景游憩地。

(3)铺装地面。可用作游人集散的广场、观赏景物的停留地点、进行各类活动的场地。铺装可以是规则的,也可以结合自然环境作不规则的铺装(图4-1-1)。

图 4-1-1　铺装地面

(4)种植地面。在平地上植以花草树木形成不同的景观,集活动、休息、观赏于一体。如花坛、花境可用于游赏,草坪草地常用作活动休息,树林、疏林可用于游息和观赏。

2.平地的设计。

(1)为排水方便,要求平地有3%~5%的坡度,并要利用道路、明沟排除地面的水。大面积平地要有一定的起伏。

(2)在有山水的园林中,山水交界处应有一定面积的平地作为过渡地带,临山的一边应以渐变的坡度和山体相接,近水的一旁以缓慢的坡度徐徐伸入水中,造成冲积平原的景观。

(3)在平地上可挖池堆山,用植物分隔、作障景等手法处理,打破平地的单调乏味,防止一览无余。

(二)坡地

坡地就是倾斜的地面,根据地面倾斜的角度不同,可分为缓坡和陡坡。

1.缓坡 坡度在8%~12%之间,有时仍可作一些活动场地之用。

2.陡坡 坡度在12%以上,作一般活动场地较困难,在地形合适、有平地配合时,可利用地形的坡度作观众的看台或植物的种植用地(图4-1-2)。

草坪的坡度最好不要超过25%,土坡的坡度不要超过20%。坡度大的坡地除了用于种植园林观赏植物之外,必要时要用硬质材料护坡。

图 4-1-2 坡地种植

(三)山地

在中国的古典园林中,山地往往是利用原有地形适当改造而成的。山地能构成风景,组织空间,丰富园林景观,形成多变的树冠线和天际线。

山地按材料可分为土山、石山和土石山;按游览方式可分为观赏山和游览山。

1.土山 土山多是利用园内挖湖池挖出的土方堆置而成,有利于土方平衡。但山体较高时占地面积比较大。

2.石山 石山由于堆置的手法不同,可以形成峥嵘、妩媚、玲珑、顽拙等多变的景观。石山投资较大,占地较小,但较少受坡度的影响。石山不能多植树木,但可穴植或预留种植坑。

石山有天然石山和人工塑形石山两类。天然石山多用太湖石、黄石(图4-1-3)、斧劈石、英石等堆叠,成本较高;人工塑形石山成本较低,但工艺水平要求较高。

3.土石山 土石山因点置和堆叠的山石数量占山体的比例不同,山体分为以石为主的

图 4-1-3 黄石假山

外石内土或以土为主的土中带石两类。土石山具有土山和石山的优点,所以在造园中应用的很多。

4. 观赏山　观赏山是以山体构成丰富的地形景观,仅供人观赏,不可攀登。观赏山在园林中,根据其位置的不同,所起的作用也不同。在园路和交叉口旁边的山体,可防止游人任意穿越绿地,起隔景的作用。在地下水位过高的地方,堆置土山可以为植物的生长创造条件。由几个山峰组合的山体,其大小高低应有主次区别。观赏山的高度一般在 1.5m 以上。

5. 游览山　游览山是可登临的山。山体不能太低太小,一般要在 10m 以上,要高出平地乔木的树冠线,使游人能够登高望远。若山体与大片的水面或地面相连,高大的乔木较少时,山体的高度可适当降低。山体的体形和位置要根据登山游览及眺望的要求来确定。在山上可适当设置一些建筑或小平台,作为游览休息、观赏眺望的观赏点。在我国园林中,苏州狮子林中的假山堪称游览山典范(图 4-1-4)。

图 4-1-4　苏州狮子林假山

二、园林水体的设计

水是构成园林的四大要素之一,也是最活跃的一种。古人云"石令人古,水令人远","园以水活",水与其他园林要素一起,富有变化和创新,赋园林以生机。水在园林中具有导向、分隔、点缀、倒影、基底、连接的作用,利用整体的小环境设计手法将形与色、动与静、秩序与自由、限定和引导、分隔与倒影等园林作用综合在一起,从而产生令人预想不到的景观效果。水体在园林中的面积与造景形式应根据园林绿地的功能和景观要求来设计。

(一)园林水体的形态与形式

1. 按水景的动静状态划分。

(1)静水。湖、池内的水属于静态的水景,静水平静、幽深、凝重,其艺术构图常以影为主。

(2)动水。溪流、瀑布、喷泉属于动态的水景。动态的水景明快、活泼、多姿,多以声为主,形态也十分丰富多样,形声兼备,可以缓冲、软化城市中"凝固的建筑物"和硬质地面,以增加城市环境的生机,有益于身心健康并满足视觉艺术的需要。

2. 按水体的形式划分。

(1)自然式。自然式水体是保持天然的或模仿天然形成的河、湖、溪、涧、泉、瀑等,水体在园林中多半随地形而变化,有聚有散,有曲有直,有高有下,有动有静。

(2)规则式。规则式水体是人工开凿成几何形状的水面,如运河、水渠、方潭、圆池、水井及几何形体的喷泉、瀑布等。

（3）混合式。混合式水体是自然式和规划式两种水体交替穿插或协调使用构成的水体。

（二）园林水体设计类型及要求

1. 湖　风景园林中的静态湖面多设置堤、岛、桥、洲等，目的是划分水面，增加水面的层次与景深，扩大空间感，或者是为了增添园林的景致与趣味。城市中的大小园林也多采用划分水面的手法，且多运用自然式，只有在极小的园林中才采用规则几何式，如建筑厅堂的小水池或寺观园林中的放生池等。

2. 池　水景中水池的形态种类众多，深浅和池壁、池底材料也各不相同。按其形态可分为规则严谨的几何式和自由活泼的自然式（图4-1-5）；另外还有浅盆式（水深≤600mm）与深水式（水深≥1000mm）；还有运用节奏韵律的错位式、半岛式与岛式、错落式、池中池、多边形组合式、圆形组合式等；更有在池底或池壁运用嵌画、隐雕、水下彩灯等手法，使水景在工程配合下，在白天和夜间得到奇妙的景象。

图4-1-5　自然式水池

在设计水池时要注意水质要清澈、透明，池底不能有杂质；水深要控制好，水池过深则不明显或折射变形；图案绘画色彩要鲜艳夺目，边界分明；可配合其他水景，如观赏鱼、水生植物、喷泉等。

3. 瀑布　水体因重力而下跌，高程突变，形成各种各样的挂瀑、帘瀑、叠瀑、飞瀑等形式，落水可分直落、分落、断落、滑落等。瀑布在设计时要考虑水源（上流）、落水口、瀑体、受水潭、出水处（下流）等五个部分（图4-1-6）。

4. 溪涧　溪涧是线形、流变的水态，从园林角度看，可大致分为生物溪、石溪、文化溪。溪涧的设计在平面上应蜿蜒曲折，有分有合，有收有放；在竖向上应有缓有陡，有跌有潭（图4-1-7）。

图4-1-6　人造瀑布

图4-1-7　溪涧

5. 河流　河流与溪涧相比，水流比较宽阔、平稳。河流在园林中不仅具有观赏性，还具有交通性。河流在设计时不宜过分弯曲,空间上要有开合变化,河岸景致要丰富(图4-1-8)。

6. 喷泉　喷泉是水体由下向上喷涌而出的一种水态。喷泉的基本类型有喷水式(利用多种喷头造成不同效果)、溢水式(采用单层或多层的溢水盘或壁泉的方式)、溅水式(可溢水可喷水,经过雕塑物的阻挡而溅洒出来)。人造喷泉有水池、旱池、浅池、舞台、盆景、自然喷水和水幕影像等七种景观类型(图4-1-9)。

图4-1-8　河　流

图4-1-9　喷　泉

喷泉设计要同时考虑声音、风力、水质、高度和压力、水姿的动态、射流和水色等因素,还要因地制宜、合理选择主要喷射水姿。

》实例分析

马鞍山西湖花园水系景观规划设计剖析

马鞍山西湖花园是安徽省第一个国家康居示范小区,小区总用地26.86公顷,绿地率为37%。西湖花园总体规划尊重生态自然,追求可持续发展,规划保留了基地内的水系并加以改造,形成贯穿整个小区的"生态景观线"。

一、基地现状

水系景观的营造是整个小区绿地系统的核心,具有重要的生态、景观和供居民游憩的功能,是小区内部供居民交流游憩的最大的场所。项目水系所涉及的范围包含景观大道、中心水系及宅旁绿地三大块。整个水系呈倒Y形,水系长300m,水面最宽达35m,最窄为4m,南高北低,水深50cm。水系西侧建筑为11层小高层,底层为商铺,建筑和水系由景观大道连接。该景观大道兼作小高层的消防环道(不含消防登高面)。

图4-1-10　马鞍山西湖花园水景

二、规划设计

本项目尊重地块的基本形态及脉络走向,景观大道和水系统一规划,相互咬合。驳岸线采用自由活泼的弧线,水面宽窄多变;绿化网络的分布使景观大道、水系更加柔化,三者有机地合成一体。

1. 景观大道空间的营造　在水系的整体规划中,先是半围合的小广场成为整个漫步空间的前奏曲,通过各种造园手法塑造不同的主题空间,尺度宜人,具有视觉的弹性和韵律感。在主景观轴上分别设有两个节点,在景观大道与东侧底楼间设置花坛休闲坐凳,用材上避免了生硬的花岗岩,而多采用偏自然的水刷石,运用中国文人庭园的精神与手法,元素简单,强调变化组合,利用细部表现让元素的呈现简单却不单调。

2. 水系景观的营造　以营造亲水、亲自然的生活环境为主导,水体的平面形式采用不规则形,动静结合、开合有致,空间组织多变化,多处设置亲水空间。水系驳岸的处理方式具有多样化,主要以自然式为主,但由于景观大道的存在,在靠近景观的地段局部设置了亲水平台、涉水台阶、水上趣味汀步、卵石滩等,以满足人们的亲水要求。北侧水面驳岸处理以圆木桩围合为主,东侧以"草地入水"的处理手法,环境幽静。

3. 植物景观的营造　本设计特点反映总体构思:

(1)抓住了视线交点的植物造景,重点做精细配置:对于主入口对景、小广场对景、水上平台对景、水生植物、岛的植物配置做到精细考究。

(2)疏密得体,层次分明,互为因借:植物配置以不同叶色的绿色度与花色及不同高度的乔灌木逐层配置,对于水对岸的植物配置有丰富的林冠线。

(3)季相变化明显:春季有开白花的白玉兰,开黄花的迎春花,开粉红色花的樱花和红叶的鸡爪槭;夏季有紫薇、合欢、金丝桃和广玉兰;秋季以色叶树种为主,如银杏、马褂木、无患子等;冬季有翠绿的松类等。做到三季有花、四季有绿。

不同性质区块的具体处理手法:

(1)景观大道的植物配置:由于景观大道比较宽,在保证正常交通的情况下,用植物来丰富景观大道的竖向变化,这种绿化要求整齐、简洁,以大乔木丛植为主。常绿落叶乔木穿插其中,留出足够的透视线。

(2)水系周边绿化:东侧要求多变化,达到步移景异的效果,形成多变化的视线迂回空间,疏密得体,多层次栽植,在以大乔木为骨架的基础上,多穿插亚乔木、灌木、球体植物、地被植物及花草,形成一个植物群落。水生植物及湿地植物显得尤其重要。水中和水旁的园林植物,要求形态、色彩和倒影等能强化水体的美感,在夏季突出红色、白色的杜鹃花,黄色的鸢尾和迎春花。夏季可观赏到水中的红白睡莲;秋季可观赏到驳岸边的各种色叶树种,红色、棕色、黄色竞相争艳;冬季各种造型松类植物亦不使水系显得单调。

整个施工过程基本表达了整个设计思路:以人为本。积极考虑人在其中生活、游憩、交流等多方面的行为特征,营造出多个和谐且具有特色的空间。其中的景观小品具有较高的可观性、可品性,创造一个耐人寻味的生活空间,加上绿化与景观小品的相得益彰,更丰富了空间视觉效果。

(节选自"蓝天园林")

项目四　园林构成要素的设计

》》任务实训

假山水池的设计

一、实训目的
1. 了解假山水池的种类和假山造型的主要手法。
2. 培养独立工作能力,提高设计水平,掌握小型假山水池的设计方法与步骤。
3. 学会假山水池平面、立面、剖面的表现方法及立体效果图的制作方法。

二、实训内容
在校园内,建一假山水池,地形自选自测,建筑面积为 $100m^2$,材料、结构、形式不限。或根据有关参考图,进行模拟设计。

三、实训方式
模拟训练法:根据校内自测地形,进行模拟设计。

四、实训步骤与方法
1. 现场勘查,了解相关情况　到设计现场实地勘查,熟悉设计环境,了解假山水池所在位置、规模、空间特点等,为假山水池设计提供依据。

2. 绘制基础图纸　实测假山水池所在位置的地形后,绘制假山水池所在区域的地形图和局部布局详图。

3. 设计、制图　根据给定条件规划好假山的高度体量等,画好假山的平面图、立面图,最后再画出假山的效果图,便于施工。利用 AutoCAD 绘图软件绘制假山水池的平面图、立面图、剖面图(2 号绘图纸,1∶200 的总平面图、1∶100 的平面图、1∶50 的假山水池立面图和剖面图)。利用 3Dmax 或 SketchUp 等计算机软件绘制假山水池的透视效果图(也可手绘表现)。最后做成成果展板,作为设计成果并评定成绩。

4. 方案汇报　将上述成果做成规划方案进行汇报,让老师代表建设方(甲方),同学们自己代表设计单位(乙方),向老师模拟汇报设计方案。

五、实训要求
1. 设计要求。

(1)主题突出,寓意深刻,符合场地特点要求,布局合理,巧而得体,精而合宜。

(2)造型宜有朴素自然之趣,不宜矫揉造作,空间、比例、尺度要适宜。

(3)结构选型要符合力学和美学要求,手法宜简洁明了。

2. 图纸要求　根据指定设计环境,自主命题,完成一套假山水池设计方案。具体要求如下:能满足施工要求;图面构图合理,清洁美观;线条流畅;图例、比例、指北针、设计说明、文字和尺寸标注、图幅等要素齐全,符合制图规范。

六、工具材料
测量仪器、绘图工具等。

七、实训成果

1. 完成一套假山水池设计方案，包括设计总平面图、平面图、立面图、剖面图、假山水池透视效果图、设计说明等，并做好工程预算方案。

2. 制作成果展板一幅。

3. 制作规划汇报 PPT 一份。

八、考核与报告

样表略。

练习与思考

1. 园林地形的作用有哪些？
2. 园林中改造地形要考虑哪些因素？
3. 地形设计和改造的方法有哪些？
4. 水体有什么作用？可分为哪些类型？
5. 园林中常见的水体水景有哪些？

任务二　园路和广场设计

教学目标

熟悉园路和广场景观特征，掌握园路和广场景观设计要点。

任务描述

了解园林绿地中园路和广场的景观设计内容。

任务准备

1. 基地自然条件的调查　调查设计场地的地形地貌等自然要素。

2. 设计条件或绿地现状的调查　通过现场踏查，明确规划设计范围、收集设计资料、掌握绿地现状、绘制相关现状图等。

任务分析

园路和广场是指园林绿地中的道路、广场等各种铺装地坪。它们是园林构图要素的重要组成部分。园路和广场设计的合适与否直接影响到园林绿地的布局和利用率，因此其规划设计很重要。

一、园路的功能与造景作用

园路是贯穿全园的交通网络,也是构成园林景色的重要元素,其功能和造景作用主要体现在以下几个方面。

1. 组织交通　园路和其他道路一样,具有满足游人的集散、疏导、组织交通等最基本的功能。同时还承担园林绿化建设、养护等工作的运输任务,满足园林安全、防火、各类设施服务等园务管理工作的运输需求。

2. 划分空间　园路是园林分区的界限。园林中常利用植物、建筑、地形、道路把园林绿地分割成具有不同功能的景区,同时又通过道路把不同的景区联系成一个整体。园林空间因园路这种线性狭长空间的穿插划分,形成了一系列不同大小和形状的空间,极大地增强了园林空间的形象和艺术表现力。

3. 引导游览　中国园林讲究曲径通幽。园路是联系园林中各景区、景点及活动中心的纽带,使整个园林成为在时间和空间上的艺术整体。园路作为无形的艺术纽带,通过园路的宽度、布局形式和铺装的变化,能自然而然地引导游人按照设计者的意图和路线有序进行游赏,园路也就如导游者一样。园林景观像一幅幅连续的画,通过园路不断地呈现在游人面前。

4. 造景作用　园路不仅是园林的脉络和骨架,同时在园林中也参与造景。随着地形地势的变化,园路蜿蜒起伏,和周围的山体、植物、建筑等共同组合成景,不仅是因景筑路,而且是因路得景。另外,园路本身丰富的曲线、色彩、尺度和质感等都给人以美的享受。

二、园路的类型

1. 按性质和功能划分。

(1)主要园路。主要园路是连接主要出入口和各景区中心、主要景点、主要建筑的道路,是全园的骨架。其道路宽度根据园林的性质和规模来确定,大型园林主要园路宽度一般为6~8m,中小型园林主要园路一般为3.5~5m,以能通行双向机动车辆为宜(图4-2-1)。

(2)次要园路。次要园路是分散在各景区、连接景区内各景点的道路,是各景区的骨架。道路宽度一般为2~3m,以能单向通行机动车辆为宜(图4-2-2)。

图4-2-1　主要园路

图4-2-2　次要园路

(3)游憩小路。游憩小路是指能为引导游人深入各个景点深处的小路以及供人漫步游赏的路。路面宽度一般为1.2～2m,小径宽度也可小于1m,但应以满足两人行走为宜(图4-2-3)。

2.按路面铺装材料划分。

(1)整体路面。整体路面指用水泥混凝土或沥青混凝土整体浇铸的路面。通常用于通行车辆、人流集中的主路,具有平整、耐压、耐磨的特点。

(2)块料路面。块料路面指用各种天然块料或各种预制混凝土块料铺成的路面。通常适用于游步道或少量轻型车通行的路面,具有坚固、平稳、便于行走的特点。

图 4-2-3 游憩小路

(3)碎料路面。碎料路面指用各种不规则的碎石、瓦片、卵石拼砌而成的路面,往往形成图案精美、色彩丰富的纹样。主要用于庭院或者游步道,具有经济美观等特点。

(4)简易路面。简易路面指由煤屑、三合土等材料组成的路面,一般用于临时性或者过渡性路面。

三、园林广场的功能和分类

这里所说的广场是指一些小型的园林广场,不同于本书专项园林绿地设计中的较大型的城市广场,而是指与道路相连,为了某一功能和景观的需要而使空间突然扩大的一种设计形式,主要是供人游憩、娱乐和车辆通行、停靠的小型户外活动场所。园林广场在园林中的功能主要包括人流集散、组织造景、公共活动三个方面。园林广场的类型按广场的平面布局形式可以分为规则式、自然式和混合式;根据功能可以分为以下几类。

1.交通集散广场 这类广场一般位于园林主要出入口、主要的道路交叉口处,主要起到组织、分散人流的作用。入口处广场一般根据游人需要,设有导游、小卖部等服务设施,并可通过多条道路将游人组织到园林中的各个区域。道路交叉口的小广场一般结合雕塑等建筑小品设置,成为区域的重要景点。出口小广场可结合纪念品小商店布置。

2.游憩活动广场 这类广场一般位于园林内空间开阔处,或者设于园林内平坦林下空地,满足游人在园林中锻炼、休息、活动等需要。可在此类广场四周布置一些休息座椅、体育健身设施及一定的生活设施,如茶室、小卖部、厕所等。

3.生产管理广场 这类广场主要用于园内工作人员进行日常生产及活动,一般布置在相对偏僻的区域,相对独立,一般都以建筑、树丛等作障景来美化该区域。

任务实施

一、园路、台阶、步石、汀步的规划设计

(一)园路的设计

园路与人的关系密切,所以在设计时要充分考虑游人的各种活动形式、活动特点、行为需求及景观需要,统一规划,做到美观、实用、经济。

1. 平面造型设计。

(1)主次分明,方向明确,形成良好的道路系统。园林的道路系统应做到主次分明、方向明确,使游人在整个游赏过程中具有明确的方向感。在设计道路时,按照总体设计意图,按照不同的功能分区和景点布置,考虑游人量,确定主、次路的宽度;主路能够形成大循环,次路及游步道能够形成小循环,但是要避免断头路或者走回头路,除非遇到特殊情况,如景观终点或者建筑物等。

(2)起伏曲折,曲之有度,形成良好的道路曲线。规则式园林的园路一般采用直线条,自然式园林的园路一般以曲路为主。但是这种设计不是随意造作的,而是有原因的。一方面,园路设计应考虑地形、地物的要求,如遇到山丘、建筑、水体、石块或较陡山路时,就必须石径盘旋、蜿蜒而上或者设台阶,形成空间的竖向变化。另一方面,要考虑功能上的需求,如为了丰富空间层次,在较小的范围内延长游览路线,使园路在平面上有适当的曲折,但注意要与景观空间的变化协调一致,不可为了曲折而曲折,切忌"三步一弯,五步一转"(图4-2-4)。

图4-2-4 自然式园路

(3)处理好园路的交叉与分支。园路在布局时难免出现道路交叉和分支,在设计时应注意以下问题:

①尽量靠近正交,两条路相交所成的角度不宜小于60°,若锐角过小,则车辆不易转弯,人会穿越绿地。为了避免游人拥挤,可设小广场。

②两条道路交叉相连处一般采用弧线,曲线半径要合适。

③避免多路交叉,以免迷失方向。在交叉口和分叉口应根据路面的宽度、铺装和走向分出主次,使导游方向明确。

④要有景点和特色,尤其在三岔路口,可在交叉处设道路对景,让人记忆犹新。

(4)处理好园路与建筑的关系。设置园路时,应使道路稍远离建筑,不能穿过建筑。园路通往一般建筑时,需在建筑前适当加宽路面或形成分支以分流游人。园路通往大建筑时,为了不干扰游人在建筑内的活动,可在建筑前设置集散广场后再过渡到建筑。

2. 纵断面设计　园路纵断面设计要在满足造园艺术要求的前提下,尽量利用原地形,保证路基的稳定,并减少土方的使用量。园路还应配合园内地面排水,并与各种地下管线密切配合,共同达到经济合理的目的。

园路纵断面的设计主要指园路的横坡和纵坡的设计。为了满足排水的需要,横坡一般应有 1%～4% 的坡度,纵坡应有 0.3%～8% 的坡度。当山地道路坡度超过 12% 时,应做防滑处理;当游步道坡度超过 12% 时,为便于行走,应设台阶。不同材料的路面的排水能力不同,具体情况应根据不同的路而定。另外,在道路转弯处为平衡车辆离心力,需把外侧加高,内侧倾斜横坡一般不超过 4%。

3. 铺装设计　园路具有构成园景的作用,所以园路设计在注意总体布局的同时,也应该注意园路的景观效果。路面铺装不但能强化视觉效果,影响环境特征,还能对游人的心理产生影响。在进行路面图案设计时,应与周围的环境特点相结合,合理地选择路面铺装的材料、色彩、质感、图案纹样和尺度等。

(1) 材料。我国古典园林中铺地常用的材料有石块、方砖、卵石、石板及砖石碎片等。随着现代建筑材料的开发,除沿用传统材料铺装外,还可以广泛应用各种新型材料进行铺装,如水泥、沥青、彩色卵石、文化石等,既可加强装饰性,又能为园林增添色彩。

(2) 色彩。作为衬托园林景观的地面铺装色彩,应该有柔和的光线和色彩,减少反光、刺眼的感觉。在铺装设计时,合理利用色彩对人的心理效应,可以形成别具一格的地面,让其充满生机和情趣。一般暖色调表现热烈、兴奋的情绪,适宜用在北方大部分区域,可以增强温度感;冷色调较为幽静、明快,适宜用在南方等气温偏高的地域,以减缓人对温度的感知。明朗的色调给人以清新愉快之感,灰暗的色调则表现为沉稳、宁静。如杭州三潭印月景区的一段路面,以棕色卵石为底色,以橘黄、黑两色卵石镶边,中间用彩色卵石组成花纹,显得色调古朴,光线柔和。

我国自古对园路面层的铺装就很讲究,《园冶》中说:"惟厅堂广厦中铺一概磨砖,如路径盘蹊,长砌多般乱石,中庭或宜叠胜,近砌亦可回文。八角嵌方,选鹅卵石铺成蜀锦","鹅子石,宜铺于不常走处","乱青版石,斗冰裂纹,宜于山堂、水坡、台端、亭际"。

(3) 质感。首先,材料的质感美在很大程度上决定了地面的铺装美。质感的表现应尽量发挥材料本身所固有的美。质感与环境有着密切的关系,质感的变化要与色彩的变化相均衡,如果色彩变化多,则质感变化要少些。其次,材料的质感表现与游人距路的位置远近有关系。对于广场和人行道上的人们,可以很清楚地看到铺装材料的质感,而对于车上的乘客,由于距离远,看不清铺装材料的纹理,所以要对铺装砌缝以及铺装构图进行精心设计。

(4) 图案纹样。纹样能起到路面装饰的作用,表达一般铺装所不能表达的效果。研究路面图案的寓意、趣味,使路面更好地成为园景的一部分,达到最佳的设计效果。中国园林强调"寓情于景",在面层设计时,有意识地根据不同主题的环境,采用不同的纹样、材料来加强意境。北京故宫的雕砖卵石嵌花甬路,是用精雕的砖、细磨的瓦和经过严格挑选的各色卵石拼成的。路面上铺有以寓言故事、民间剪纸、文房四宝、吉祥用语、花鸟虫鱼等为题材的图案,以及《古城会》、《战长沙》、《三顾茅庐》、《凤仪亭》等戏剧场面的图案。再如滁州南湖公园的卵石路,铺有各种花鸟虫鱼的图案,颇具野趣(图4-2-5)。

(5)尺度。场地的尺度和色彩、质感、铺装砌块的大小、砌缝的设计有着密切的联系。一般情况下,大场地的质感可以相对粗些,纹样不宜过细,因为粗糙的场地往往使人感到稳重、沉着,而且粗糙的场地可以吸收光线;相反,小场地的质感

图4-2-5 嵌有图案的卵石路

则不能过粗,纹样也可以相对精细些,能给人以精美、柔和的感觉。

另外,园林是人类为了追求更美好的生活环境而创造的。园路是游人游园赏景的保障。在园路设计时,一方面应该尽量采用环保的铺装材料,材料本身不能有害;另一方面要尽量采取环保的铺装形式。在满足实用、耐用、美观的基础上,尽量选用透气性、透水性强的铺装材料或嵌草铺装等。

(二)台阶、步石、汀步的设计

台阶、步石、汀步是园路的特殊类型,是园林绿地设计中不可缺少的造景元素。

1. 台阶的布局设计 园林中台阶使用的材料有木材、石料、钢筋混凝土等。台阶的踏面宽度与高度的比例在园林中也是多样的。一般的踏面宽度为30~38cm,高度为10~15cm,每12~20级台阶需设休息平台;在专门的儿童游戏场,考虑到儿童这一特殊的服务对象,踏步的高度应适当降低,以9~12cm为宜。

图4-2-6 台阶结合花池而设

园林中的台阶除具有使用功能外,也具有美化作用。园林中的台阶主要应用在建筑入口、水旁岸壁、山路、陡坡等处。台阶可结合花池、栏杆、水池、挡土墙、假山蹬步而设(图4-2-6)。

2. 步石的设计 在进行绿地地面铺装时,步石是一种比较常见的方式,常用于自然式草地丛林或者建筑附近的小块绿地。使用步石不仅能保护草地,方便人们穿行绿地,同时也能减少硬质铺装,增加野趣。步石铺设常用的材质有自然石、加工石、人工石等。无论何种材质,对步石最基本的要求是:面要平坦、不滑,不易磨损或断裂,一组步石的每块石板在形色上要协调,不可差距太大(图4-2-7)。

图4-2-7 步 石

3.汀步的设计　汀步有类似桥的功能,是在浅水河滩、平静水池、山林溪涧等地段散置的天然石块。随着园林的不断发展,汀步也不再仅仅指天然的石块,它还包括其他材料和形状,其应用范围也相应扩大。具体而言,汀步包括自然式汀步和规则式汀步。自然式汀步主要指采用天然的石块布置的踏步桥,规则式汀步则是用石材雕琢或用耐水材料切塑成圆形、方形、树桩式、荷叶式等造型。在设计时应考虑游人的安全,石墩间距不宜远(图4-2-8)。

图4-2-8　规则式汀步

二、园林广场的设计

(一)园林出入口处广场的设计

这类广场设于园林的主要出入口处,以集散人流为主要功能。在园林入口处的广场,如果是收费型的广场,则一般设置在大门外,主要满足游人购票、停车、坐车等需要,布局上与城市道路相结合,同时与大门样式相一致。大门内的广场注重对游人的组织,通过与道路的组合,能够快速地将人群分流到园林中的各个部分。在布局上,一般要使空间开阔,并在广场周围设置一些休息设施及附属生活设施。

(二)建筑物前小广场的设计

在园林的主要建筑物前,一般设有一片小型的活动空间,除满足交通功能外,也作为人们的自由活动场所,同时连接建筑物的主要出入口。这类建筑物前广场的布局首先应与建筑物的轮廓走向相协调,与建筑物的风格保持一致,同时考虑建筑物周围的道路分布状况。广场轴线应与建筑轴线相一致,整体广场空间应充分利用轴线做对称或均衡布局。

广场空间大小取决于建筑物的体量以及建筑物在园林中的重要程度、所处环境条件等,也应考虑游人数量以及造景需要。根据广场的大小,可以适当调整硬质铺装和软质铺装的比例,面积小的广场以硬质铺装为主,面积大的广场可适当增加软质铺装的比例。

(三)园林中心小广场的设计

这类广场一般属于休闲广场,其位置常常选择在园林绿地的中心区、人流较集中的地方,以方便游人使用为目的。布局上往往灵活多变,空间多样自由,同时与环境紧密结合。

此类广场的布局以表现形式美、突出功能性为主要目的,往往不需要有十分明确的主题。整个广场可以同时具备晨练、娱乐、休息、活动等多种功能。

广场上一般以一个主景为中心,通过竖向设计上的一些阶梯状起伏变化,实现广场的功能和景观分区。广场上可设置一些花坛作为空间分隔带,广场四周应以绿地环绕,布局以自然式为主,并结合庭荫树设置座椅。

实例分析

滁州市龙蟠河公园园路设计

一、项目概况

龙蟠河公园景观带位于滁州市城南新区的北部,总用地面积约为100公顷,是新区重要的历史人文、自然景观风光带。龙蟠河公园从西至东主要分为三大景区,分别为历史之源景区、体育文化公园景区和田园农庄景区。其中,历史之源景区又分为吴楚文史、唐宋诗华、明清风物三个文化展示区,用以尊重、延续和加强城市的历史文脉。每一分区均有相应主题与之对应。历史之源文化区以展示滁州的历史文化、民俗风情为主;体育文化公园景区以体育健身、举办大型运动会和展览会等功能为主;田园农庄景区以农家乐休闲餐饮、农文化展示和原生态绿色植物种植区为主。尤其园路设计独具特色,具有现代园林设计特点。

二、设计特点

1. 因地制宜 根据龙蟠河公园地形地貌,园路的布局设计除了依据园林建设的规划形式外,紧密结合地形地貌设计。因为龙蟠河公园地形略有起伏,所以园路设置为自然式,追求自然野趣,依坡随势,回环曲折。

2. 园路通畅 龙蟠河公园在设计上没有"断头路",路的转折、衔接顺畅,符合自然规律及游人的行为规律。

3. 结合园林造景进行布局设计 因路通景,同时也要使路和其他造景要素很好地结合,使整个园林更加和谐,并创造出一定的意境来。龙蟠河公园无论是主路、支路还是小路,在平面上均有一定的弯曲度,在立面上也有高低起伏变化(图4-2-9)。

图4-2-9 龙蟠河公园园路

三、园路的设计

(一)平面造型设计

龙蟠河公园园路的线形设计与地形、水体、植物、铺装场地及其他设施结合,形成完整的风景构图,创造连续展示园林景观的空间或欣赏前方景物的透视线。园路的线形设计主次分明,组织交通和游览疏密有致、曲折有序。为了组织风景、延长旅游路线、扩大空间,使园路在空间上有适当的曲折。弯曲的园路能使人们从紧张的气氛中解放出来,而获得安适的感觉。

1. 弯道的处理 龙蟠河公园园路在弯道处理上,使路的转折、衔接通顺,符合游人的行为规律。园路遇到水、树、陡坡等障碍时,采用弯曲拉长直线来减缓坡度,使行人在行走时不会感到弯度太大或起伏较大(图4-2-10)。

2. 园路交叉口处理 龙蟠河公园园路交叉一般采用正交,主干道相交时交叉口做扩大处理,形成小广场,以方便行车、行人。小路交叉采用斜交,斜交的角度大于60°,且交叉不多(图4-2-11)。

图4-2-10 采用弯曲拉长直线减缓园路坡度

图4-2-11 园路交叉口

3.园路与建筑的关系 龙蟠公园的园路通往一处休闲花架时,在花架面前布置地被植物,以利游人分流。

(二)纵断面设计

龙蟠河公园园路都略有坡度。主路纵坡坡度小于8%,横坡坡度小于3%。

(三)铺装设计

龙蟠河公园园路及铺装场地根据不同的功能要求确定其结构和饰面,面层材料与公园风格相协调,如休息场地的地面设计成带图案的地面,或用卵石镶嵌成各种纹样,与环境协调;在草坪中点缀步石,步石的坚强质感和草坪的柔软质感相对比,能产生一定的美感(图4-2-12)。

健康步道是近年来非常流行的足底按摩健身方式,通过行走卵石路面,可以按摩足底穴位,达到健身目的,同时又不失为园林一景(图4-2-13)。

图4-2-12 在草坪中点缀步石

图4-2-13 健康步道

任务实训

园路的设计

一、实训目的

通过本次实训,熟悉园路的类型及其在园林中的作用,掌握园路在园林中的布局特点与设计技巧,能够完成园路平面和立面设计及铺装材料的选用等。

二、实训内容

1. 拟建的小游园绿地园路规划设计。
2. 根据有关参考图,进行模拟设计。
3. 考察并测绘当地一个小游园的园路,进行案例评析。

可以根据本地具体情况,在以上三项内容中选择一项。

三、实训方式

1. **任务实战法** 以学校或具有一定设计资质的设计单位为依托,承接当地拟建绿地设计任务。
2. **模拟训练法** 根据授课教师或本教材提供的需要设计的园路地形参考图,进行模拟设计。
3. **案例评析法** 考察当地一处地形变化丰富的小游园内的园路,现场测绘绿地现状,回校以后整理记录,进行平面图绘制和理论总结,评析该游园道路绿地的设计特点。

四、实训步骤和方法

1. **实训准备** 进行实训动员和设计工具材料的准备。实训动员采取室内讲座的方式,由实训指导老师向同学们说明实训目的,布置实训任务,做好实训工作计划的安排,提出实训要求;各实习小组准备好外业调查使用的仪器设备和内业设计使用的工具材料。

2. **现场调查和测绘**

(1)基本资料调查。对尚未进行规划设计的拟建小游园基本地形和道路等进行现场踏查;了解地形地貌、建筑的分布和原有植物等。

(2)案例学习调查。老师带领学生到当地一处地形变化丰富的小游园进行调查学习,并且做好测绘和有关现状的记录;回到学校集中进行平面图绘制与分析总结。

3. **做设计方案** 根据通过外业考察收集的资料,明确园路在园林绿地中的作用,做出设计方案构思图。向老师征求设计方案的意见,修改以后,再进行下一个步骤的实训。

4. **绘制设计图纸及书写有关说明** 在详细设计完成后,即可用手绘或电脑辅助制图绘制平面图、立面图和剖面图,在图纸完成后编写设计说明。

5. **模拟方案汇报** 图纸和设计说明都完成以后,将老师当作园路绿地的建设方(甲方),同学们代表设计单位(乙方),向老师模拟汇报设计方案。老师根据同学们的设计方案设疑,同学们答疑。

五、实训要求

1. **基本要求** 服从指挥,分工协助;认真调查,做好记录;合理布局,细配植物;备齐资料,仔细绘图;按时保质,完成任务。

2. **外业调查要求** 要明确该游园的地理位置,考察园路的布局、线型设计、纵断面设计及其表现方法。

3. **设计要求** 园路总体布局要合理,线形要美观;园路的特点要与绿地的形式相统一;园路的功能要能满足人们的生活需要;园路的铺装尽量选用丰富的形式和现代材料来表现。

4. 图纸要求　所有图纸的图面都要求表现能力强,线条流畅,构图合理,清洁美观,图例、文字标注、图幅等符合制图规范。具体图纸内容要求如下:该绿地园路布局的平面图;园路局部铺装详图;局部效果图;设计说明书。

六、工具材料

测量仪器、绘图工具等。

七、考核与报告

样表略。

>> 练习与思考

1. 园路有哪些类型？在设计上有哪些要点？
2. 设计台阶、汀步时要注意哪些问题？

任务三　园林建筑设计

>> 教学目标

熟悉园林建筑类型和特征,掌握主要园林建筑在园林绿地中的设置要点。

>> 任务描述

了解园林建筑的类型,明确园林建筑的设计内容。

>> 任务准备

1. 现场考察或调查校园附近园林中的园林建筑类型。
2. 调查了解相关园林建筑的功能、建筑面积、所在环境特点。

>> 任务分析

一、园林建筑的类型

中国自然式园林中的建筑形式多样,按其功能大致可分为景观性园林建筑、服务性园林建筑、交通性园林建筑、专用类园林建筑、装饰性建筑小品等。

1. 景观性园林建筑　景观性园林建筑指在园林中造型精美,能起到很好的观赏效果,同时具有休息、观景等功能的建筑。如亭、台、楼、阁、舫、榭、轩、塔等建筑。

2. 服务性园林建筑　服务性园林建筑指在园林中以提供游人方便、舒适的游览环境为主要功能,同时又具有一定景观性的建筑。如茶室、小卖部、餐厅、厕所等。

3. 交通性园林建筑 交通性园林建筑指在园林中以提供游人游览路线为主要功能的建筑和构筑物。如廊、曲桥、桥梁、园路、阶梯等。

4. 专用类园林建筑 专用类园林建筑指在园林中具有某些特殊功能而专门设计的建筑。如展览馆、博物馆、陈列室、办公室等。

5. 装饰性建筑小品 装饰性建筑小品指在园林中具有一定装饰性，又具有一定使用功能的体量小巧、造型别致、富有特色的小型建筑设施。如园灯、园墙、栏杆、花架、园桌、园椅、标牌、门洞、垃圾桶等。

二、园林建筑的功能

园林建筑有十分重要的作用。它可满足人们享受生活和观赏风景的需求。中国自然式园林的建筑一方面要求能可行、可观、可居、可游，另一方面要具有点景、隔景的作用，使园林移步换景，以小见大，又使园林显得自然、淡泊、恬静、含蓄。这是中国园林建筑与西方园林建筑的主要差异之处。园林建筑的功能具体表现在以下几个方面。

1. 点景 点景即点缀风景。园林建筑与山水、植物等要素相结合可构成园林中许多风景画面，没有建筑也就不能形成"景"，无以言园林之美。重要的建筑物常常作为园林局部甚至整座园林的构景中心（图 4-3-1）。

2. 观景 观景即观赏风景，通常将一幢建筑物或一组建筑群作为观赏园内景物的场所（图 4-3-2）。

图 4-3-1 点 景

图 4-3-2 观 景

3. 构成空间 即利用建筑物围合成一系列的庭院；或者以建筑为主，辅以山石花木，将园林划分为若干空间层次。如拙政园里的小飞虹就具有划分空间的功能（图 4-3-3）。

4. 组织游览路线 以道路结合建筑物的穿插，可创造一种步移景异、具有导向性的游动观赏效果。

图 4-3-3 小飞虹划分空间

》》任务实施

园林建筑是指在园林绿地内具有使用功能,同时又与环境构成优美的景观,供游人游览和使用的各类建筑物或构筑物。它和山水、植物一样,是重要的造园素材,并在园林中起到画龙点睛的作用。常见的园林建筑有亭、廊、榭、舫、厅堂、轩、斋、阁、楼等,本次任务主要学习亭、廊、园桥的设计,其他园林建筑只作一般了解。

一、亭

亭是园林中点缀风景、供人休息的游憩性建筑。亭在园林绿地中有两大作用,一是在园林中常用于点缀风景;二是满足人们在游赏活动的过程中驻足休息、纳凉避雨、纵目眺望的需要。

（一）亭的类型

1.根据亭的平面形式分类(图 4-3-4)。

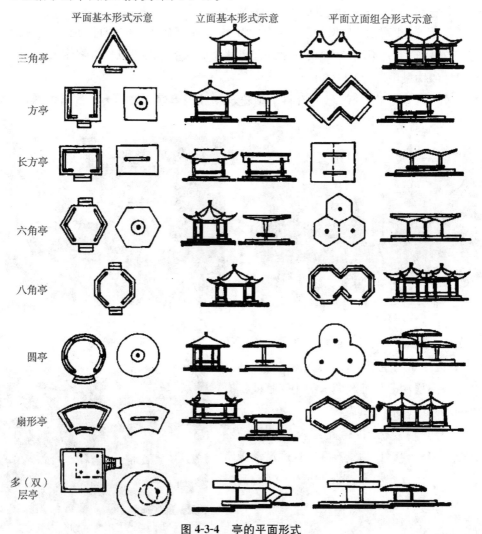

图 4-3-4　亭的平面形式

（1）正多边形亭。正多边形是几何图形中严谨、规整、轴线布局明确的图形。常见的正多边形亭有正三角形亭、正四边形亭、正五边形亭、正六边形亭、正八边形亭。

（2）长方形亭。长方形亭的平面长宽比多接近于黄金分割比例1∶1.6。由于亭与殿、阁、厅堂不同，其体量小巧，常可见其全貌，比例若过于狭长就会失去美感。

（3）仿生形亭。常见的仿生形亭有睡莲形亭、扇形亭、十字形亭、圆形亭、梅花形亭。

（4）多功能复合式亭。常见的多功能复合式亭有组合式亭、与廊墙结合式亭两类。

2. 根据亭顶分类（图4-3-5）。

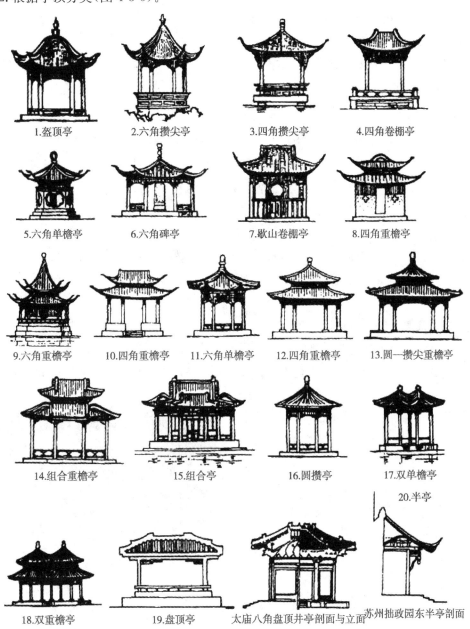

图 4-3-5　亭顶的形式

(1)攒尖顶:角攒易于表达向上、高峻、收集交汇的意境;圆攒易于表达向上、灵活、轻巧之感。

(2)歇山顶:易于表达强化水平趋势的环境。

(3)卷棚顶:卷棚歇山亭顶易于表现平远的气势。

(4)路顶与开口顶。

(5)单檐与重檐的组合。

3. 根据亭柱分类　单柱——伞亭;双柱——半亭;三柱——角亭;四柱——方亭,长方亭;五柱——圆亭,梅花五瓣亭;六柱——重檐亭,六角亭;八柱——八角亭;十二柱——方亭,12月份亭,12时辰亭;十六柱——文亭,重檐亭。

4. 根据建筑材料分类　有木亭、竹亭、石亭、茅草亭;混合材料复合亭;轻钢亭;钢筋混凝土亭;使用特种材料如塑料树脂、玻璃钢、薄壳充气软结构、波折板、网架等建造的亭等。

(二)亭的设计要点

亭的设计主要考虑其位置和造型。

1. 亭的位置选择　古语说"亭安有式,基立无凭"。亭在园林布局中,其位置的选择极其灵活,不受格局所限,可独立设置,也可依附于其他建筑物而组成群体,更可结合山石、水体、大树等,得其天然之趣,充分利用各种奇特的地形基址创造出优美的园林意境。

(1)山上建亭。常选用的位置有山巅、山腰台地、悬崖峭峰、山坡侧旁、山洞洞口、山谷溪涧等处。亭与山的结合可以共筑成景,成为一种山景的标志。山上建亭还可以与山下的建筑取得呼应,共同形成更美的景观。只要选址得当,形体合宜,山与亭相结合便能形成特有的景观。

(2)临水建亭。临水的岸边、水边石矶、水中小岛、桥梁之上等处都可以用于建亭。

①水边设亭,一方面是为了观赏水面的景色,另一方面也可丰富水景效果。水边设亭需要选择好观水的视角,还要注意亭在风景画面中的恰当位置。临水的亭应尽可能贴近水面。

②水面设亭,一般应尽量贴近水面,宜低不宜高,亭的三面或四面被水面所环绕。凸入水中或完全驾临于水面之上的亭,也常立基于岛、半岛或水中石台之上,以堤、桥与岸相连(图4-3-6)。

图 4-3-6　水面设亭

水面设亭要注意其体量大小与水面的大小相协调。位于开阔湖面的亭子尺度一般较大。有时为了强调一定的气势和满足园林规划的需要,还把几个亭子组织起来,构成一组亭子组群,形成层次丰富、体型变化的建筑形象,给人以深刻的印象。

③桥上置亭,也是我国园林艺术处理上的一种常见手法,这类建筑称为"亭桥"(图4-3-7)。

(3)平地建亭。在平地所建的亭通常位于道路的交叉口上、路侧的林荫之间,有时被一片花圃、草坪、湖石所围绕;或位于厅、堂、廊、室等建筑的一侧,供户外活动使用。有的自然风景区在进入主要景区的路边或路中筑亭,作为一种标志和点缀。亭还经常设立于密林深处、庭院一角、花间林中、草坪中、园路中间以及园路侧旁等平坦处。

图 4-3-7 亭 桥

2.亭的体量与造型设计 亭的体量与造型设计,主要由其所处环境的大小、性质以及亭的功能而定,要因地制宜。大空间的亭体量较大,造型较丰富;小空间的亭一般体量较小,造型也比较简单。

3.亭与其他要素配合设置。

(1)与植物结合。亭旁种植植物应有疏有密,精心配置,不可壅塞,要有一定的欣赏、活动空间。山顶植树更需留出从亭往外看的视线。中国古典园林中,常将松、竹、梅配置在亭旁,形成"三友亭"。有很多亭直接引用植物名,如牡丹亭、桂花亭、仙梅亭、荷风四面亭等。

(2)与建筑结合。有两种类型:一种类型是亭与建筑相连,亭是建筑群中的一部分,建筑群是一个完整的形象;另一种类型是亭与建筑分离,亭是一个空间中的组成部分,作为一个独立的单体存在。

总的来说,亭在设计时必须选择好位置,充分考虑环境条件对亭的景观的影响。亭的体量与造型是建立在对园亭周围环境深入分析的基础上来确定的,亭的材料与色彩是建立在体量与造型的基础之上,要尽量做到就地取材,材质在色彩和质感两个方面应与环境相适应。

二、廊

廊是有顶的过道。它上有屋顶,周无围蔽,下不居住,是一种"虚"的建筑形式,由两排列柱顶着一个屋顶构成,其作用是把园内各单体建筑连在一起。廊边通透,利用列柱、横楣构成取景框架,形成一个过渡的空间,造型别致,高低错落。

(一)廊在园林造景中的作用

1.联系功能 廊将园林中各景区、景点连成有序的整体,虽散置但不零乱。廊将单体建筑连成有机的群体,使建筑主次分明、错落有致。廊

图 4-3-8 联系空间的廊

可配合园路,构成全园交通、游览及各种活动的通道网络,以"线"联系全园(图4-3-8)。

2. 分隔空间并围合空间　廊通常布置于两个建筑物或两个观赏点之间,或在花墙的转角、尽端划分出小小的天井,以种植竹石、花草构成小景,可使空间相互渗透,隔而不断,层次丰富,成为空间联系和空间划分的一种重要手段。廊又可将空旷开敞的空间围成封闭的空间,在开朗中有封闭,热闹中有静谧,使空间变幻的情趣倍增。

3. 组廊成景　廊的平面可自由组合,廊的体态又通透开畅,尤其是适宜于与地形结合,"或盘山腰,或穷水际,通花度壑,蜿蜒无尽"(《园冶》),与自然融成一体,在园林景色中体现出自然与人工结合之美。

4. 实用功能　廊具有系列长度的特点,最适于作展览用房。现代园林中各种展览廊所展出的内容与廊的形式结合得尽善尽美,如金鱼廊、花卉廊、书画廊等,极受群众欢迎。此外,廊还有防雨淋、避日晒的作用,形成休憩、赏景的佳境廊(图 4-3-9)。

图 4-3-9　具有休憩功能的廊

(二) 廊的类型

廊的类型如图 4-3-10 所示,可以从多个方面对廊进行分类。

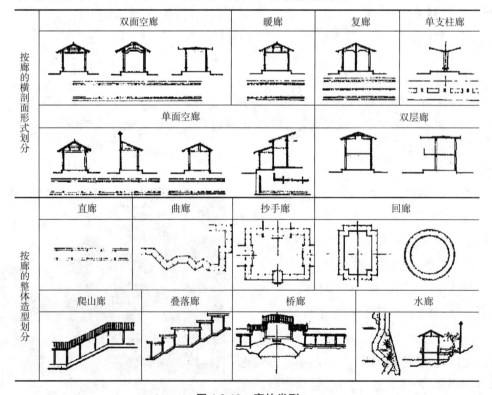

图 4-3-10　廊的类型

1. 从廊的平面来看,有直廊、弧形廊、曲廊、回廊、圆形廊等。

2. 从廊的立面来看,有悬山廊、歇山廊、平顶廊、折板顶廊、十字顶廊、伞状顶廊等。

3. 从廊的横剖面来看,可分为双面空廊、单面空廊、复廊、双层廊、暖廊、单支柱廊等。其中最基本、运用最多的是双面空廊。

4. 从廊的总体造型看,又可把廊分成直廊、曲廊、回廊、爬山廊、叠落廊、水廊、桥廊等。

(三)廊的设计要点

1. 廊的选址　一般可在园林的平地、水边、山坡等各种不同的地段上建廊。由于地形与环境不相同,故建廊的作用及要求亦各不相同。

(1)平地建廊。平地廊常建于草坪一角、休息广场、大门出入口附近,也可沿园路修建或用来覆盖园路、与建筑相连等(图4-3-11)。

(2)水边或水上建廊。水边或水上的廊一般称为"水廊",可供欣赏水景及联系水上建筑之用,形成以水景为主的空间。

位于岸边的水廊,紧接水面,平面也贴紧岸边,尽量与水接近,在水岸曲折自然的情况下,廊也沿水边作自由式布局。

凌驾于水上的水廊,以露出水面的石台或石礅为基,廊基一般宜低不宜高,最好使廊的底板尽可能贴近水面,并使水经过廊下互相贯通(图4-3-12)。

桥廊与桥亭一样,具有丰富园林景观的作用。

(3)山地建廊。山地廊供游山观景和联系山坡上下不同标高的建筑物之用,也可借以丰富山地建筑的空间构图。爬山廊有的位于山的斜坡,有的依山势蜿蜒转折而上。廊的屋顶和基座有斜坡式和层层跌落的阶梯式两种(图4-3-13)。

2. 廊的造型设计。

(1)廊的体量尺度。廊的开间为3m左右,净宽1.2~1.5m,也可达2.5~3.0m;檐口底平高度为2.4~2.8m;廊顶为平顶、坡顶、卷棚等;柱径一般为0.15m,柱高2.5~2.8m。为开阔视野、四面观景,立面多选用开敞式的造型,以轻巧

图4-3-11　平地建廊

图4-3-12　水边建廊

图4-3-13　阶梯式山地廊

玲珑为主。在功能上需要私密的部分，常常借加大檐口出挑，形成阴影，开敞视线，亦可用漏明墙处理。

（2）廊的装饰设计。廊的装饰与功能结构有密切关系。在细部处理上，可设挂落于廊檐，下设置高1m左右的栏，也可在廊柱之间设0.5～0.8m高的矮墙，上覆水磨砖板，以供休憩，或用水磨石椅面和美人靠背与之相匹配；南方的传统廊与建筑配合，其色彩多以深褐色为主，而北方以红绿色为主色。

（3）廊的材料与造型设计。传统廊的材料多为木材，采用梁架结构，上覆瓦。现在廊的材料以钢筋混凝土为主，造型多样。

三、园桥

园桥是风景景观的一个重要组成部分，具有连接交通、组织导游、分隔水面、自成一景的作用。

（一）园桥的种类

1. 按材料划分　有石桥、木桥、铁桥、钢筋混凝土桥、竹桥等。
2. 按结构划分　有拱桥（单拱、双拱）、梁式桥（平直、平曲）、浮桥等（图4-3-14）。
3. 按建筑形式划分　有平桥、拱桥、亭桥、廊桥、吊桥、铁索桥、浮桥等。

图4-3-14　曲桥与拱桥

（二）园桥的设计要点

在风景园林中，桥位选址与总体规划、园路系统、水面的分隔与聚合、水体面积密切相关。

1. 宜设在水面最窄处，桥身与岸线应垂直　水面架桥，宜选在水面岸线最狭处，这样既可减少桥的工程造价，又可避免水面空旷。
2. 要保证游人通过水面和游船通航的安全　建桥时，应适当抬高桥面，这样既可满足通航的要求，还能框景，增加桥的艺术效果。
3. 大水面用拱桥，小水面用平桥　在水势湍急处，架桥宜凌空架高，并加栏杆，以策安全，以壮气势。在小水面架桥宜体量小而轻，体型细部应简洁，轻盈质朴。
4. 组织游览用曲桥　曲桥多用于水面较宽阔而水流平静的水体。为了打破一跨直线平桥过长的单调感，可架设曲折桥。曲折桥有两折、三折、多折等。如上海城隍庙九曲桥，饰以华丽栏杆与灯柱，形态绚丽，与庙会的热闹气氛相协调。

四、其他园林建筑

1. 水榭　水榭是供游人休息、观赏风景的临水园林建筑。一般在水边架起平台，平台的一部分架在岸上,另一部分伸入水中;平台靠岸部分建有长方形的单体建筑;屋顶一般为造型优美的卷棚歇山式,建筑立面多为水平线条(图4-3-15)。

2. 舫 舫是仿造船的造型在园林的湖泊中建造起来的一种建筑物,供人们在内游玩饮宴、观赏水景,身临其中,有乘船荡漾于水上的感受。舫的基本造型与真船相似,一般分为船头、中舱、尾舱三部分。首尾舱顶为歇山式样,轻盈舒展(图4-3-16)。

图 4-3-15 水 榭   图 4-3-16 舫

3. 厅堂 古代园林、宅第中的厅堂,多具有小型公共建筑的性质,用以会客、宴请、观赏花木。因此,厅堂的室内空间较大,门窗装饰考究,造型典雅、端庄,前后多置花木、叠石,使人置身厅内就能欣赏园林景色。传统的厅堂较高而深,正中明间较大,次间较小,前部有敞轩或回廊(图4-3-17)。

4. 轩 轩一般指地处高旷、环境幽静的建筑物。江南园林中的轩多为临水的敞轩,如拙政园中的"与谁同坐轩"(图4-3-18)。

图 4-3-17 厅 堂   图 4-3-18 与谁同坐轩

5. 斋 在北方的皇家园林中以"斋"命名的园林建筑,一般是一个小园林建筑群,其内容与形式比较多样。如北海的画舫斋(图4-3-19)。

6. 楼、阁 楼是两重以上的屋,故有"重层曰楼"之说。楼在明代大多位于厅堂之后,在园林中一般用作卧室、书房或用来观赏风景。阁是指下部架空、底层高悬的建筑,平面呈方形,两层以上,在建筑群中居主要位置(图 4-3-20)。

图 4-3-19　画舫斋

图 4-3-20　滕王阁

》 实例分析

华夏名亭园名亭赏析

一、项目策划

华夏名亭园位于陶然亭公园西湖西南角,占地面积 10 公顷,始建于 1985 年,建成于 1989 年。它通过对自然山水的再现,将中国历史上具有代表性的亭有选择地建于其中。

二、选址

在原有山水地貌基础上进行改建。

三、风格

通过创造适宜亭本身的地形地貌及环境条件,真实地表现原来名亭的风貌。

四、名亭赏析

1. 醉翁亭　仿建于安徽滁州琅琊山的醉翁亭,因欧阳修散文名篇《醉翁亭记》而传名。仿建的醉翁亭与原亭无异,四角歇山顶,大檐细柱,有展翅欲飞之势。亭内有靠椅,两边各设小酒桌,以激发人们对欧阳修在亭上与朋友谈诗论文、饮酒赏景的联想(图 4-3-21)。

2. 兰亭、鹅池碑亭　原型为浙江省绍兴市城郊兰亭公园内的兰亭、鹅池碑亭。两亭造型各异,兰亭为方亭,鹅池碑亭为三角亭。二亭均与有"书圣"之称的东晋大书法家王羲之有密切关系。

图 4-3-21　醉翁亭

3. 独醒亭　以湖南汨罗县玉笥山屈子祠前的独醒亭为原型,以 1∶1 的比例仿建。亭呈六面形,周边有靠椅,天花藻井雕龙精细。亭上的两块额匾为茅盾和赵朴初所题。

4. 浸月亭　仿建于江西九江甘棠湖的浸月亭,为纪念唐代诗人白居易而建,亭名出自白居易《琵琶行》中的"醉不成欢惨将别,别时茫茫江浸月"诗句。仿建的浸月亭根据《琵琶行》诗的环境设计,六角形的古亭在离开湖岸不远处临水而立,岸边离亭近处,立一琵琶形巨石,上刻《琵琶行》诗文。

5.吹台亭　仿建于江苏扬州瘦西湖的吹台亭,为南北朝时宋相徐湛所建。仿建的吹台亭位于华夏名亭园东界以北,以长堤引入湖中,临水而建,兼有南北园林建筑的特色,意在以此亭为中介,起到南北园林建筑的过渡作用。亭为方形,有圆洞口 3 个,其东南方为芸绘楼,西南方为醉翁亭,东北方为公园东北山上的瑞象亭。沿堤植河柳,酷似瘦西湖吹台亭的原貌。

6.二泉亭　仿建于江苏无锡惠山公园的二泉亭,原为宋高宗赵构南渡时所建。仿建的二泉亭屋顶造型丰富,上有双龙戏珠,亭内有两眼泉口,配置不同的石雕井栏。亭前有长方形仿明代石雕螭首水池。

7.沧浪亭　仿建于江苏苏州沧浪亭公园内的沧浪亭。亭为四面形,石梁石柱,歇山顶,古拙典雅,天花藻井雕龙精美。亭柱为清代学者俞樾手书集句联语"清风明月本无价,近水远山皆有情",上联集欧阳修句,下联集苏舜钦句(图 4-3-22)。

8.少陵草堂碑亭　仿建于四川省成都市西郊浣花溪杜甫草堂内的建筑,原建于清雍正年间,亭内有雍正弟果亲王允礼所题"少陵草堂"碑,为保护此碑而建亭其上。

图 4-3-22　沧浪亭

9.百坡亭　仿建于四川省眉山市三苏祠内建筑,始建于南宋嘉定七年(1214 年),为四川眉州太守魏了翁所建。仿建的百坡亭与浸月亭对景,为一组桥亭建筑。

10.谪仙亭　为半壁亭,与少陵草堂亭相对。

此外,华夏名亭园还保留了 20 世纪 50 年代从中南海迁移到园内的云绘楼、清音阁,新建了一览亭。在华夏名亭园北门廊檐下悬羊达之书篆字"华夏名亭园"额,壁上嵌有"华夏名亭园记",东门嵌启功书"华夏名亭园"门额。1989 年华夏名亭园工程荣获全国设计金奖。

>> 任务实训

园亭设计

一、实训目的

1.掌握小型园林建筑亭的设计方法与步骤。

2.学会园亭平面、立面、剖面的表现方法及立体效果图的制作方法。

二、实训内容

1.考察当地公园、居住区等绿地中的园亭,收集中外优秀园亭的设计实例,进行案例评析。

2.在校园内建一园亭,地形自选自测,建筑面积为 30～60m^2,材料、结构、形式不限。或根据有关参考图,进行模拟设计。

三、实训方式

模拟训练法:根据授课教师或本教材提供的基本地形参考图,进行模拟设计。

四、实训步骤与方法

1.现场勘查,了解相关情况　到设计现场实地勘查,熟悉设计环境,调查当地的地形、地质、地貌、水文、土壤、气候等自然条件,了解园亭的位置、规模、特点等方面信息,作为园亭设计的指导与依据。

2.收集基础图纸资料　实地考察测量园亭所在位置的地形,在室内绘制图形;或通过其他途径收集园亭所在区域的局部布局详图等。

3.设计与制图　根据给定条件查找相关类型建筑亭的设计方案,进行方案设计。利用 AutoCAD 绘图软件绘制园亭的平面图、立面图、剖面图(2 号绘图纸、1:200 的总平面图、1:50 的园亭平面图、1:50 的园亭立面图和剖面图)。利用 3Dmax 或 SketchUp 等计算机应用软件(也可手绘表现)绘制园亭透视效果图。最后做成成果展板,作为设计成果,评定成绩。

4.方案汇报　将上述成果做成规划汇报 PPT,让老师代表建设方(甲方),同学们自己代表设计单位(乙方),向老师模拟汇报设计方案。

五、实训要求

1.设计要求

(1)符合场地特点要求,布局合理,巧而得体,精而合宜,具有一定的独创性、经济性和可行性。

(2)造型要充分体现地域特色和时代感,空间、比例、尺度要适宜。

(3)结构造型要符合力学和美学要求,倡导绿色低碳环保,运用新技术、新材料。

2.图纸要求　根据指定设计环境,自主命题,完成一套园亭设计方案。具体要求如下:能满足施工要求;图面构图合理,清洁美观;线条流畅;图例、比例、指北针、设计说明、文字和尺寸标注、图幅等要素齐全,符合制图规范。

六、工具材料

测量仪器、绘图工具等。

七、实训成果

1.完成一套园亭设计方案,包括设计总平面图、平面图、立面图、剖面图、园亭透视效果图、设计说明等,并做好工程预算方案。

2.制作成果展板一幅。

3.制作规划汇报 PPT 一份。

八、考核与报告

样表略。

>> 练习与思考

1. 园林建筑有哪些类型？
2. 亭可分为哪些类型？亭有什么特点和作用？设置亭时应注意哪些问题？
3. 什么是廊？它有什么作用？可分为哪些类型？
4. 园桥有哪些类型？它的设计要点是什么？

任务四　园林建筑小品设计

>> 教学目标

熟悉园林建筑小品的类型和特征，掌握主要园林建筑小品在园林绿地中的设置要点。

>> 任务描述

了解园林建筑小品的类型，明确园林建筑小品的设计内容。

>> 任务准备

1. 现场勘查，了解相关情况　到设计现场实地勘查，熟悉设计环境，调查当地的地形、地质、地貌、水文、土壤、气候等自然条件，了解园林建筑小品的位置、规模、特点等方面信息，作为建筑小品设计的指导与依据。

2. 收集基础图纸资料　实地考察测量园林小品所在位置的地形，在室内进行绘制；或通过其他途径收集园林小品所在区域的局部布局详图等。

>> 任务分析

一、园林建筑小品的内容及类型

园林中体量小巧、功能简明、造型别致、富有情趣、选址恰当的精美建筑物，称为"园林建筑小品"。园林建筑小品是园林环境中不可缺少的组成要素，其内容丰富，在园林中起到点缀环境、活跃景色、烘托气氛、加深意境的作用。园林建筑小品根据功能可分为五类。

1. 供休息的小品　供休息的小品包括各种造型的花架、靠背园椅、凳、桌和遮阳的伞、罩等。常结合环境，用自然块石或混凝土做成仿石、仿树墩的凳、桌；利用花坛、花台边缘的矮墙和地下通气孔道来作椅、凳等；围绕大树基部设椅凳，既可供休息，又能供纳凉。

2. 装饰性小品　装饰性小品包括各种固定的和可移动的花钵、饰瓶等，可以经常更换花卉;还包括装饰性的雕塑、日晷、香炉、水缸,各种景墙(如九龙壁)、景门、景窗等,它们可在园林中起点缀作用。

3. 结合照明的小品　结合照合的小品包括园灯的基座、灯柱、灯头、灯具等,它们都有很强的装饰作用。

4. 展示性小品　展示性小品包括各种布告板、导游图板、指路标牌以及动物园、植物园和文物古建筑的说明牌、阅报栏、图片画廊等,它们都对游人有宣传、教育的作用。

5. 服务性小品　服务性小品包括为游人提供服务的饮水泉、洗手池、公用电话亭、时钟塔等;用于保护园林设施的栏杆、格子垣、花坛绿地的边缘装饰等;供保持环境卫生的废物箱等。

二、园林建筑小品设计要点

园林建筑小品具有精美、灵巧和多样化的特点,在设计创作时可以做到"景到随机,不拘一格",在有限空间得其天趣。园林建筑小品在园林中不仅是实用设施,而且可作为点缀风景的景观小品。因此,在设计园林建筑小品时既有园林建筑技术的要求,又有造型艺术和空间组合上的美感要求。一般在设计和应用时应遵循以下几点。

1. 巧于立意　园林建筑小品作为园林中局部主体景物,具有相对独立的意境,应具有一定的思想内涵,才能产生感染力。如我国园林中常在庭院的白粉墙前置玲珑山石、几竿修竹,粉墙花影恰似一幅花鸟国画,很有感染力。

2. 突出特色　园林建筑小品应突出地方特色、园林特色及单体的工艺特色,使其有独特的格调,切忌生搬硬套,产生雷同。

3. 融于自然　园林建筑小品要使人工与自然浑然一体,追求自然又精于人工。虽由人作却宛如天开是设计者们的匠心之处。如在老榕树下,塑以树根造型的园凳,似在一片林木中自然形成的断根树桩,可达到以假乱真的程度。

4. 注重体量　园林建筑小品作为园林景观的陪衬,一般在体量上力求与环境相适宜。如在大广场中设巨型灯具,有明灯高照的效果,而在小林荫曲径旁只宜设小型园灯,造型应精致;又如喷泉、花池等,都应根据所处的空间大小确定其相应的体量。

5. 因需设计　绝大多数园林建筑小品都有实用意义,因此除满足美观效果外,还应符合实用功能及技术上的要求。如园林栏杆具有各种使用目的,对于各种园林栏杆的高度也就有不同的要求;又如围墙,需要根据围护及其他技术上的要求来确定其高度。

》》任务实施

一、花架的设计

花架是园林中攀缘植物的棚架,它既具有廊、亭的遮阴、休息、赏景、导游、划分空间等功能,又比廊更接近自然,可融合于环境之中。花架在现代园林中除供植物攀缘外,有时也取其形式轻盈的特点,以点缀园林建筑的某些墙段或檐头,使之更加活泼和具有园林的性格。

另外,花架本身优美的外形,也对环境起到装饰作用。

1. 花架的形式。

(1)按平面形状分。花架的平面形式很多,主要有直线形、曲线形、三边形、四边形、五边形、六边形、八边形、圆形、扇形以及它们的变形图案花架。一般来讲,直线形和曲线形花架占地面积较大,适合布置在较大的园林空间中,往往以植物为主体形成遮阴覆盖,供游人坐歇、观景。几何形体花架体积不宜过大,应轻巧通透,施工方便,经济美观,占地面积较小,能够灵活布置。

(2)按结构特点分。

①简支式花架。简支式花架又称"单片式花架",这种花架是最简单的网格式,多用于曲折错落的地形,由两根支柱、一根横梁组成,显得稳定,常用来点缀园林空间、划分景区或用作障景。其作用是为攀缘植物提供支架,高度可根据需要而定,在长度上可以任意延长,材料可以选用木条或钢铁,一般布置在较小的环境内,如庭院。

②挑梁式花架。挑梁式花架分单挑梁式花架和双挑梁式花架。为突出构图中心,可以花坛、水池、湖面为中心而布置成圆环弧形的花架。这种花架在园林中一般作为独立观赏的景物,在造型上要求较高,类似于一座亭子,顶盖由攀缘植物的叶与蔓组成,架条从中心向外放射,形式舒展新颖、别具风韵。

③直廊式花架。这种花架先立柱,再沿柱子排列方向布置梁,在两排梁上按照一定的间距布置花架条,两端向外挑出悬臂。在柱与梁之间布置坐凳或花窗隔断,不但可为游人提供休息场所,还具有良好的装饰效果(图4-4-1)。

④组合式花架。一般是直廊式花架与亭、景墙或独立式花架相结合,取得对比又统一的构图效果。常以亭、榭建筑为实,而以花架立面为虚,突出虚实变化中的协调,形成一种更具有观赏性的组合式建筑。这种组合要求结合实际,安排好个体之间的位置,并在体量上注意平衡。

图4-4-1 直廊式花架

(3)按建设材料分。

①竹木花架。竹木花架制作简便,富有质感,肌理也很自然。竹子轻巧美观,刮风下雨时不容易磨损,但易腐烂、倒塌,使用时间不长久。木花架在南方和北方均适用,加工方便,造型轻巧,但不如竹子结实,人为地倚靠或摇晃都很容易使之倒塌,下雨时下部易腐烂,使用寿命短(图4-4-2)。

图4-4-2 木质花架

②砖石花架。花架的柱子用砖块、石板、石块等砌成虚实对比的样式,砖石加工方便,有天然的感觉。花架纵横梁可用混凝土斩假石或条石制成,朴实浑厚,别具一格。

③钢筋混凝土花架。全部用钢筋混凝土塑造,可以现浇也可以预制,面层可用水磨石、大理石或马赛克饰面,也可用真石漆喷涂。

④金属花架。利用圆钢、扁钢等金属制作而成,这些材料可任意弯曲,易于加工,或者将废物重新利用,既经济又美观。由于花架荷载不大,可以使用空心管材。

2. 花架的设计要点。

(1)花架的位置选择。花架的位置选择较灵活,在公园隅角、水边、园路一侧、道路转弯处、建筑旁边等都可设立。在形式上可与亭廊、建筑组合,也可单独设立于草坪之上。

①附建式花架:属于建筑的一部分,是建筑空间的延续。它应保持建筑自身统一的比例与尺度,在功能上除供植物攀缘或设桌凳供游人休息外,也可以只起装饰作用。

②独立式花架:它可以设置在花丛中,也可以在草坪边,使庭院空间有起有伏,增加平坦空间的层次,有时亦可傍山临池,随势弯曲。花架如同廊道,也可起到组织游览路线和组织观赏景点的作用。

布置花架时一方面要格调清新,另一方面要注意与周围建筑和绿化栽培在风格上保持统一。

(2)花架的选材。恰当地选择所需材料是花架设计的重要环节,选材既要考虑与园林环境协调统一,又要考虑满足功能要求。如在公园、庭院等较注重自然景观的地方,多采用石质材料、木质材料、仿塑材料等,在形态上顺其自然,以便与环境融为一体。各种材料可单独制作,也可以混合使用,如石制柱墩,由钢材、木材制成的横杆等。选择花架材料应本着就地取材、耐用、适用、美观的原则。就地取材既能体现地方特色,又能降低造价,达到减少成本的目的。花架的造型和风格与所选用的材料有密切的关系,各种材料的质地、纹理、色彩和加工工艺等不同,也就形成了各种不同的造型特色和风格。

(3)花架的造型设计。最常见的花架形式是梁架式,也就是人们所熟悉的葡萄架。半边列柱半边墙垣的花架,其造园趣味类似于半边廊,在墙上亦可以开设景窗,使意境更为含蓄。

图 4-4-3 单排柱花架

此外,新的花架形式还有单排柱花架、单柱式花架及圆形花架。单排柱花架仍然保持廊的造园特征,它在组织空间和疏导人流方面具有同样的作用,但在造型上更加轻盈自由(图 4-4-3)。单柱式花架很像一座亭子,只不过顶盖是由攀缘植物的叶与蔓组成。

花架的设计往往同其他小品相结合,形成一组内容丰富的小品建筑,如布置坐凳供人小憩,在墙面开设景窗、漏花窗,柱间嵌以花墙,周围点缀叠石小池等,以形成吸引游人的景点。

(4)花架尺度与空间。花架是由相同单元的"间"所组成的,其特点是有规律的重复和有组织的变化,从而形成一定的韵律,产生美感。其尺度要与所在空间和观赏距离相适应,观赏距离远则尺度大,反之亦然。一般花架正方形截面柱边长为150~250mm,长方形截面柱边长不大于400mm,其长宽比为1:(1.2~1.5)。柱高控制在2.5~2.8m之间。适宜的尺度能给人以易于亲近的感觉,便于近距离观赏藤蔓植物,花架过低有压抑沉闷之感,过高则有遥不可及之感。

花架开间一般设计在3~4m之间,太大时构件显得笨拙臃肿,每个开间的尺寸应大体相等。由于施工或其他原因而需要进行更改时,一般可在拐角处进行增减。古典花架横向净宽在1.2~1.5m之间,现在一些花架横向净宽常在2~3m之间,以满足游人客流量增长的需要。

(5)花架与植物配置。花架上的植物配置也是营造花架不可忽视的问题,需要充分了解植物的生态习性和观赏部位,进行合理栽植。种植池可放在架内,也可放在架外,有的植物可以种在地面,有的可以高置。一般情况下,一个花架配置一种攀缘植物,也可以配置2~3种植物进行相互补充,各种攀缘植物的观赏价值和生长要求不尽相同,从而可以构成繁花似锦、硕果累累的植物景观,既可以赏花观果,又能提供纳凉游憩的场所,既美化了环境,又改善了生态。花架植物常采用缠绕类和卷须类攀缘植物。

①缠绕类。缠绕类攀缘植物的茎细长,主枝或徒长枝幼时以螺旋状缠绕支持物向上伸展,攀缘能力一般较强,常能缠绕较粗的柱状物体而上升,是花架的优良绿化材料。常用的有紫藤、常春油麻藤、蝙蝠葛、金银花、南蛇藤、杠柳、三叶木通、啤酒花、牵牛花、茑萝等。

②卷须类。卷须类攀缘植物的茎不旋转缠绕,以枝、叶的变态形式卷须或叶柄、花序轴等卷曲攀缠他物而向上生长。卷须类植物一般只能卷缠较细的柱状体。常用的有蓳叶蛇葡萄、铁线莲、葡萄、葫芦等。

总之,花架的植物材料选择要考虑花架的遮阴和景观作用两个方面,多选用藤本蔓生并且具有一定观赏价值的植物,如常春藤、络石、紫藤、凌霄、地锦、南蛇藤、五味子、木香等。也可考虑有一定经济价值的植物,如葡萄、金银花、猕猴桃等。

3.设计花架注意要点　　花架不但在绿荫掩映下要好看、好用,在落叶之后也要好看、好用。因此,要把花架作为一件艺术品而不仅是构筑物来设计,应注意比例尺寸、选材和必要的装饰。

(1)花架体形不宜太大。太大了不易做得轻巧,太高了不易荫蔽而显空旷,应尽量接近自然。

(2)花架的四周,一般都较为通透开敞,除了作支承的墙、柱,没有围墙门窗。花架的上下(铺地和檐口)两个平面,也并不一定要对称和相似,可以自由伸缩交叉,相互引伸,使花架置身于园林之内,融汇于自然之中,不受阻隔。

(3)要根据攀缘植物的特点、环境来构思花架的形体;根据攀缘植物的生物学特性来设计花架的构造、选择材料等。各种攀缘植物的观赏价值和生长要求不尽相同,设计花架前要有所了解。

二、景门的设计

景门是指在景墙上安装、连通各景区的园门。景门因不用门扇,故又有"门洞"之称。景门具有引导游览、分割和联系空间、增加空间层次、点缀装饰墙面的作用。景门在设计时要把握如下要点。

1. 形状与环境要协调　景门的形状多样,在分隔主要景区的景墙上,常用简洁而直径较大的圆景门和八角景门,便于流通。在廊和小庭院、小空间的墙上,多用尺寸较小的长方形、秋叶形、瓶形、葫芦形等形状小巧的景门(图 4-4-4)。

2. 景门的宽度和高度　景门的宽度一般供 2~3 人同行即可。因此宽度在 1.8~1.9m 之间,供单股人流穿过的景门宽度不小于 0.7m,高度不低于 1.9m。

3. 景门形成框景　景门要设置在观赏园林景观的最佳位置,形成框景(图 4-4-5)。

图 4-4-4　景门的形状

图 4-4-5　景门形成框景

三、景窗的设计

景窗在建筑上具有采光、通风、联系空间的作用,同时构成框景和漏景。

1. 景窗的类型　景窗有空窗和漏花窗两类。空窗又称"什锦窗",突出的是窗的外部轮廓形状(图 4-4-6);漏花窗又分为花纹式和主题式两种窗型,花纹式漏花窗表现的是美丽的图案(图 4-4-7),主题式漏花窗表现的是某一种文化主题(图 4-4-8)。

图 4-4-6　什锦窗

图 4-4-7　花纹式漏花窗

图 4-4-8　主题式漏花窗

2. 设计要点　景窗的尺度与环境要协调，一般尺度为 0.3m×0.5m 或 0.3m×1.6m。主题式漏花窗与建筑物的意境内容要相适应。

四、景墙的设计

景墙是指园林中的墙垣，或称"园墙"。其主要功能是分隔空间，还有组织导游、衬托景观、装饰美化及遮挡视线的作用。景墙是园林空间构图的一个重要因素，多以其精巧的造型而点缀园林之中，成为景物之一。

景墙的形式按材料分有云墙（图 4-4-9）、梯形墙、漏明墙、白粉墙、钢筋混凝土花格墙、虎皮石墙、竹篱笆墙等。其建造材料丰富，施工简便。《园冶》中说，"宜石宜砖，宜漏宜磨，各有所制。"

图 4-4-9　云　墙

景墙的设计要点是：

1. 位置的选择　一般来讲，景墙设在景物变化的交界处，地形、地貌变化的交界处以及空间大小变化的交界处，通过景墙的设置使墙内外的景观效果迥然不同，可增加空间的变化。

2. 材料的选择　一般采用就地取材的方式，既能体现地方特色，又具备经济优势。

3. 构造要求。

(1) 墙体的基础部分必须尽量设置在土壤冰冻线以下，以防冻胀破坏。

(2) 墙厚与选用的材料及景墙的设计高度有关，应参考墙体设计的建筑模数。

(3) 若要在墙面开设门洞、漏窗或者设置花格、装饰等，一般用预制的构件，在施工过程中应事先加以考虑，如做预留孔等。

五、园桌、园椅、园凳的设计

园椅、园凳是供游人坐息、赏景用的，一般布置在人流较多、景色优美的地方，如树荫下、水体边、路边、广场中、花架下等。有时还可设置园桌,供游人休息娱乐使用。同时,这些桌椅本身的艺术造型也能装点园林景色。园桌、园椅、园凳在设计时要注意以下几点。

1. 基本尺寸　园椅、园凳的高度宜在30cm左右,不宜太高,否则游人在坐息时会有不安全感。园椅、园凳的基本尺寸见表4-4-1。

表4-4-1　园椅、园凳的尺寸规定　　　　　　　　　　　　　单位:cm

使用对象	高	宽	长
成人	37～43	40～45	180～200
儿童	30～35	35～40	40～60
兼用	35～40	38～43	120～150

2. 形式　园椅、园凳要求造型美观,舒适耐用,构造简单,易清洁,耐日晒雨淋。其图案、色彩、风格要与环境相协调。常见形式有直线长方形、方形、曲线环形、圆形、直线加曲线形、仿生形与模拟形等。此外还有多边形或组合形(图4-4-10)。

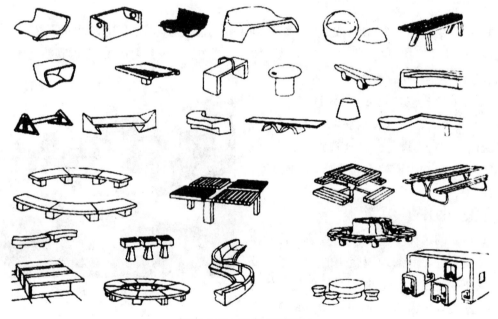

图4-4-10　园桌、园凳形式

3. 材料　园桌、园椅、园凳可用多种材料制作,有木、竹材料,还有钢铁、铝合金、钢筋混凝土、塑胶以及石材、陶、瓷等。有些材料制作的桌椅还必须用油漆、树脂涂抹,或用瓷砖、马赛克等装饰表面,用实木材料做防腐处理,用金属做防锈处理。桌椅的色彩要与周围环境相协调。

4. 位置和数量要求。

(1)能满足人的心理习惯和活动规律的要求,即方便性和私密性的要求。

(2)应设在园林中有特色的地段,面向风景,视线良好,有较好的活动区域。

(3)尽量设在树荫下,以增加游人的舒适感(图4-4-11)。

(4)数量应根据人流量来定,游人密集处应多设。

六、雕塑的设计

雕塑是具有强烈感染力的一种造型艺术。雕塑在现代国内外园林景观营造中起着重要的作用,既丰富了人们的精神生活,又反映出时代精神和地域文化的特征。世界上许多优秀的雕塑都成为城市标志和象征的载体。

图4-4-11 设在树荫下的园椅

1. 雕塑的类型。

(1)按雕塑的形式分类。

①圆雕。圆雕是对形象进行全方位立体塑造的雕塑,具有强烈的体积感和空间感,可以从不同角度进行观赏。

②浮雕。浮雕是对形象从某一角度进行立体塑造的雕塑,是介于圆雕和绘画之间的一种表现形式,它依附于特定的体面上,一般只能从正面或侧面来观看。

③透雕。在浮雕画面上保留有形象的部分,挖去衬底部分,形成有虚有实、虚实相间的雕塑即透雕。透雕具有空间流通、光影变化丰富、形象清晰的特点。

(2)按雕塑的功能作用分类。

①纪念性雕塑。所谓"纪念性雕塑",是以历史上或现实生活中的人或事件为主题制作的雕塑,也可以是为了某种共同观念的永久纪念,用于纪念重要的人物和重大历史事件。这类雕塑一般用在户外,以雕塑的整体形象为主体,在环境景观中处于中心或主导的地位,起到控制和统帅全部环境的作用,因此所有环境要素和平面布局都必须服从环境的总立意(图4-4-12)。

②主题性雕塑。顾名思义,主题性雕塑是某个特定地点、环境、建筑的主题说明,它必须与这些环境有机地结合起来,并点明主题,甚至升华主题,使观众明显地感到这一环境的特性。它具有纪念、教育、美化、说明等意义。主题性雕塑揭示了城市建筑和建筑环境的主题。主题性雕塑与环境有机结合,能弥补环境缺乏表意的不足,达到表现鲜明的环境特征和主题的目的(图4-4-13)。

图4-4-12 纪念性雕塑

图4-4-13 主题性雕塑

③装饰性雕塑。装饰性雕塑是雕塑中数量比较大的一个类型,它不仅要求有鲜明的主题思想,而且强调环境中的视觉美感,要求给人以美的享受和情操的陶冶,并符合环境自身的特点,成为环境的有机组成部分,给人以视觉享受(图4-4-14)。

④功能性雕塑。功能性雕塑是一种实用雕塑,它在美化环境的同时,也丰富了我们的环境,启迪了我们的思维,让我们在生活的细节中真真切切地感受美。功能性雕塑的首要目的是实用,比如公园的垃圾箱、休息座椅等(图4-4-15)。

图4-4-14　装饰性雕塑

图4-4-15　功能性雕塑(座椅)

2.雕塑的设计要点。

(1)注意整体性。注意雕塑自身的材料、布局、造型的整体性,其次是与环境空间、文化传统相统一。

(2)体现时代感。雕塑的立意应反映当今时代主题,形式能体现地域人文精神。雕塑的制作材料包括大理石、汉白玉石、花岗岩和混凝土、金属等。

(3)注重与配景的有机结合。雕塑要与其他景观小品相结合。雕塑一般设立在园林主轴线上或风景透视线的范围内,也可设立于广场、草坪、桥畔、山麓、堤坝旁等。雕塑既可孤立设置,也可与水池、喷泉等搭配。有时,雕塑后方可密植常绿树丛作为衬托,使所塑形象的主题更加鲜明突出。

七、其他园林小品的设计

1.园灯　园灯种类繁多,主要包括草坪灯、广场灯、景观灯、庭院灯、射灯等灯饰小品。园林内需设置园灯的地点很多,如园林出入口、广场、道旁、桥梁、建筑物、花坛、踏步、平台、雕塑、喷泉、水池等地,均可设灯。

园灯属于园林中的照明设备,能点缀黑夜的景色,又可起到装饰作用。因此,各类园灯不仅在照明质量与光源选择上有一定要求,而且对灯头、灯杆、灯座造型等都要加以考虑。园灯的造型要与环境相协调(图4-4-16)。

图4-4-16　园灯的造型

2. 栏杆　栏杆是装饰性很强的装饰性小品之一,多附于建筑物,一般设在山体蹬道的两侧、广场的四周、花坛的边缘、草地的周围、游步道的两边等地段,起到保护、隔离的作用。有的台地栏杆可做成坐凳形式,既可用于防护又可供座休息。

制造栏杆的材料有木、石、砖、钢筋混凝土和钢材等。木栏杆一般用于室内,室外宜用砖、石建造的栏杆。钢制栏杆轻巧玲珑,但易生锈,防护较麻烦,每年要刷油漆,可用铸铁代替。钢筋混凝土栏杆坚固耐用,且可预制装饰性花纹,装配方便,维护管理简单。石制栏杆坚实、牢固,又可精雕细刻,增强艺术性,但造价较昂贵。此外,还可用钢、木、砖及混凝土等组合制作栏杆。

栏杆的造型须与环境协调。在雄伟的建筑环境内,须配坚实且具庄重感的栏杆(图4-4-17);而在花坛边缘或园路边可配灵活轻巧、生动活泼的修饰性栏杆。

栏杆的高度随不同环境和不同功能要求而有较大的变化,一般为15～120cm。例如,防护性栏杆的高度为85～95cm;广场花坛旁栏杆的高度不宜超过 30cm;设在水边、坡地的栏杆高度为60～85cm;而在悬崖上装置栏杆,其高度则需远远超过

图 4-4-17　栏　杆

人体的重心,一般应为110～120cm;坐凳式栏杆的高度以40～45cm 为宜。

3. 导游牌、宣传廊　导游牌、宣传廊是在园林中引导游览,对游客宣传教育、普及科学知识与技术的园林设施。它具有形式灵活多样、体型轻巧玲珑、占地少、造价低廉和美化环境等特点,适于在各类园林绿地中布置。

为了获得较好的引导、宣传效果,这类设施多放置在游人停留较多之处。如广场的出入口、大广场与道路交叉口、建筑物前、亭廊附近、凳椅旁等。此外,这类设施还可与挡土墙、围墙相结合,或与花坛、花台相结合。

导游牌宜立于人流必经之处,但又不可妨碍行人来往,故应设在人流路线之外,牌前留有一定空地,作为观看的空间。该处地面必须平坦,并且有绿树遮阴,以便游人轻松地阅读。一般人的视线高度为1.4～1.5m,宣传牌的浏览面应置于人的视线高度范围内,上下边线宜在1.2～2.2m之间,可供一般人平视阅读(图4-4-18)。

宣传廊主要由支架、板框、檐口和灯光设备组成。支架为主要承重结构。板框附在支架上,作为装饰展品之用。板框外一般加装玻璃,

图 4-4-18　导游牌

借以保护展品。檐口可防雨水渗漏。顶板应有 5%的坡度向后倾斜,以便雨水向后方排去。

灯光设备通常隐藏于挑檐内部或框壁四周。为了避免直接光源发出眩光，可用毛玻璃遮盖，或使用乳白灯罩，使光线散射。

4. 垃圾箱　垃圾箱主要设置于休息观光通道两侧，主要形式有固定型、移动型、依托型等。在力求造型简洁的同时，要考虑便于清扫，尽量不设置在裸露土地和草坪上，因为这些地方不易清扫，而应有规划地安置在指定地点，并将垃圾箱置于光洁硬质的地坪上，以便于洗刷清扫（图4-4-19）。

图4-4-19　垃圾箱

实例分析

芜湖市鸠兹广场雕塑小品案例分析

芜湖市鸠兹广场位于芜湖市中心区。广场依山（赭山）面湖（镜湖），临路（北京路）傍街（芜湖中山路步行街），位置优越，视野开阔，环境优美，承载着芜湖市悠久的文化历史内涵，是反映芜湖市过去、现在与未来的最富艺术魅力与文化品位的城市"客厅"，是芜湖市中心的一颗璀璨的明珠。

1. 主题雕塑——鸠兹鸟　广场中心拔地而起、高33m、重95吨的青铜主题雕塑"鸠兹鸟"由我国著名画家韩美林先生设计，为目前国内最高的城市铜雕塑。它以长江古文化的部落图腾鸠兹鸟为原型加以夸张制作，九只鸠兹鸟更是用写实和夸张相结合

图4-4-20　主题雕塑——鸠兹鸟

的艺术手法，以"鸠"为主体，个个栩栩如生，给人遐想和思索。鸠鸟振翅，象征着芜湖人民傲视苍穹，励精图治，自强不息的奋斗精神，寓意芜湖这一古老祥福之地，在社会主义建设的今天，已成为一颗正在冉冉升起的明珠（图4-4-20）。

2. 文化浮雕　鸠兹广场北侧最富鲜明个性和独特魅力的当属历史文化长廊，其前12根立柱分别镌刻着繁昌人字洞、南陵古铜冶、吴楚长岸之战、干将莫邪炼剑、李白与天门山、沈括与万春圩、张孝祥与镜湖、芜湖浆染、芜湖铁画、芜湖米市、渡江第一船、芜湖长江大桥等浮雕。

广场南侧湖畔竖立着6根望柱浮雕，刻有古代圣贤勤勉好学的传说故事。诸如愚公移山、盘古开天地、女娲补天、夸父追日、断织劝学、囊萤映雪、司

图4-4-21　广场柱浮雕

马光砸缸、曹冲称象、张良纳履、凿壁借光、悬梁刺股、铁杵磨针、闻鸡起舞等（图4-4-21）。这些文化浮雕荟萃鸠兹人文，是对芜湖悠久历史和灿烂文化的集中承载。

任务实训

花架的设计

一、实训目的
1. 了解花架的设计手法、常见花架的类型及花架建造设计常用的材料。
2. 掌握园林花架的设计方法和步骤。
3. 学会花架平面图、立面图、剖面图的表现方法及花架效果图的制作方法。

二、实训内容
1. 考察当地园林绿地中的花架,收集中外优秀的花架设计实例,进行案例评析。
2. 在校园内建一花架,地形自选自测,建筑面积为 30~60m²,材料、结构、形式不限。或根据有关参考图,进行模拟设计。

三、实训方式
模拟训练法:根据授课教师或本校园测绘的基本地形参考图进行模拟设计。

四、实训步骤与方法
1. 现场勘查,了解相关情况 到设计现场实地勘查,熟悉设计环境,调查当地的地形、地质、地貌、水文、土壤、气候等自然条件,了解花架的位置、规模、特点等方面信息,作为花架设计的指导与依据。

2. 收集基础图纸资料 实地考察测量花架所在位置的地形,在室内绘制,或通过其他途径收集花架所在区域的局部布局详图等。

3. 设计、制图 利用 CAD 绘图软件绘制花架的平面图、立面图、剖面图(2 号绘图纸、1∶100 的总平面图、1∶50 的花架平面图、1∶50 的花架立面图和剖面图)。利用 3Dmax 或 SketchUp 等计算机应用软件绘制花架透视效果图(也可手绘表现)。最后做成成果展板,作为设计成果,并评定成绩。

4. 方案汇报 将上述成果做成规划汇报 PPT,让老师代表建设方(甲方),同学们自己代表设计单位(乙方),向老师模拟汇报设计方案。

五、实训要求
1. 设计要求。

(1)构思立意新颖,主题明确,即可传承历史文化,可体现现代风格,创作出富有地方特色、场所点强烈的城市节点空间,能够很好地表达所处环境的人文内涵。

(2)符合场地特点要求,布局合理,巧而得体,精而合宜,具有一定的独创性、经济性和可行性。

(3)根据攀缘植物的特点、环境来构思花架的形体,要顺其自然,不破坏原有风貌,做到涉门成趣,得景随形。

(4)充分体现对"人"的关怀与对环境的尊重,有实用性、安全性和人性化设计理念,倡导绿色低碳环保,运用新技术、新材料。

2.图纸要求　根据指定设计环境,自主命题,完成一套花架设计方案。具体要求如下:能满足施工要求;图面构图合理,清洁美观;线条流畅;图例、比例、指北针、设计说明、文字和尺寸标注、图幅等要素齐全,符合制图规范。

六、工具材料

测量仪器、绘图工具等。

七、实训成果

(1)完成一套花架设计方案,包括设计总平面图、平面图、立面图、剖面图、花架透视效果图、设计说明,并做好工程预算方案。

(2)制作成果展板一幅。

(3)制作规划汇报PPT一份。

八、考核与报告

样表略。

练习与思考

1.园林建筑小品有哪些类型？其作用有哪些？
2.花架、景门、景窗、景墙和栏杆各有哪些设计要点？
3.园椅、园桌、园凳在设计上有哪些要求？
4.雕塑有哪些类型？
5.园林中常见的其他小品还有哪些？

任务五　园林树木造景设计

教学目标

掌握乔灌木树种种植设计的方式。

任务描述

了解乔灌木树种种植设计的特点,掌握乔灌木树种在园林中的配置方式。

任务准备

一、了解植物在园林中的地位

植物是构成园林景观的主要素材,有了植物,城市规划艺术和建筑艺术才能得到充分表现。由乔木、灌木和草本植物等所创造的景观空间,在空间、时间及色彩上带给景观的变化,都是极为丰富和无与伦比的。它既可以充分发挥植物本身形体曲线和色彩的自然美,又可以在人们欣赏自然美的同时提供有益于人类生存和生活的生态环境。所以从城镇生态平衡和美化城镇环境角度来看,园林植物是园林中最主要的物质要素。

二、了解植物景观配置的基本要素

植物景观配置有四大要素:颜色、大小、线条与质地、形状与形态。

1. **植物颜色** 颜色可以改变真实物体的三维视觉大小,引导人们的视线,增加景观深度。暖色调如红色、黄色、橘红色等,让物体显得更显眼突出,使物体在视觉上趋近;冷色调如绿色、蓝色、紫色等,让物体在视觉上趋远;灰色、黑色属中性颜色,最适合做亮色调的背景底色。

2. **植物大小** 植物大小是植物要素特征中最直接最现实的空间特征。比如乔木和灌木的体量就明显不同。植物大小是一个具有变化特征的要素,所有植物设计必须从两方面考虑:一是植物成熟时的大小,二是植物初植时的大小。

3. **植物线条与质地** 几何线条与形状是一种植物景观配置的组织手法。直线表现强烈的方向性、运动性,所以人们常用竖直或水平线状的植物群来引导人们的视线。曲线使景观带有更多自然、温和、飘逸的感觉。

质地是植物外在所具有的粗糙或精细表象和整体气质的综合,它是植物大小、表面视觉、叶枝形态等的综合表现。

4. **植物形状与形态** 树冠的形状常见的有球形、伞形、垂枝形、尖塔形、圆锥形、圆柱形、自由形等(图4-5-1)。

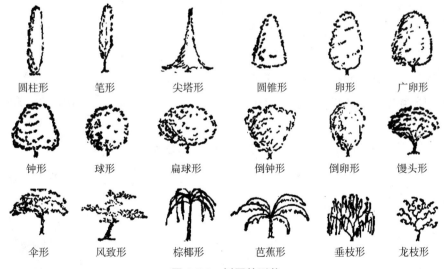

图 4-5-1 树冠的形状

植物间也存在形态协调问题,比如香樟与水杉、垂柳与龙柏种植在一起就很不协调,因为它们之间形态差别很大。原则上,形状极端的树木应作孤植而不作群植。

三、了解植物配置与造景的美学原理

1. 多样统一性 多样统一性亦称"变化与统一"。在园林植物配置时,树形、色彩、线条、质地及比例都要有一定的差异和变化,但它们之间又要保持一定的相似性,这样,会显得既生动活泼,又和谐统一。运用重复的手法最能体现植物景观的统一性。

2. 对比与调和 对比与调和是艺术构图的重要手段之一。园林景观更需要有对比。

(1)形象的对比与调和。在植物造景中,乔木的高大和灌木的矮宽、树木的尖塔形树冠与卵形树冠有着明显的对比,但它们都是植物,从树冠上看,其本身又是调和的。

(2)体量的对比与调和。如合欢与金钟花对比,在体量上有很大差别,但它们的姿态又都是调和的。

(3)色彩的对比与调和。红色和绿色为互补色,黄色与紫色为互补色,蓝色和橙色为互补色。

此外,还有明暗的对比与调和、虚实的对比与调和、开闭的对比与调和、高低的对比与调和等。

3. 韵律与节奏 一种树等距离排列称为"简单韵律";两种树木,尤其是一种乔木与一种灌木相间排列,或带状花坛中不同花色分段交替重复等,可产生活泼的交替韵律;园中景物中连续重复的部分作规则性的逐级增减变化,还会形成渐变韵律(图4-5-2)。

图 4-5-2 交替韵律

4. 均衡与稳定 这是植物配植时的一种布局方法。在平面上表示位置关系适当就是均衡,在立面上表示轻重关系适宜就是稳定。

一般色彩浓重、体量庞大、数量繁多、质地粗厚、枝叶茂密的植物种类给人沉重的感觉;相反,色彩素淡、体量小巧、数量简少、质地细柔、枝叶疏朗的植物种类则给人轻盈的感觉。

根据周围环境,在配植时分为规则式均衡(对称式)和自然式均衡(不对称式)(图4-5-3)。

图 4-5-3 自然式均衡

5. 主体与从属 主体与从属也就是重点与一般的关系。在植物造景中,必须有主体或主体部分,而把其余部分置于一般或从属地位。一般地,乔木是主体,灌木、草本处于从属地位。

在园林中,突出主景的方法主要有轴心或重心位置法和对比法。

6. 比例与尺度　所谓"比例",就是指园林中各景物之间的比例关系,而"尺度"是指景物与人之间的比例关系。这两种关系属于人们感觉上、经验上的审美概念,不一定能用数字来表示。

一般对于大型景物来说,最佳视距应为景物高度的 3.3 倍,小型景物约为 1.7 倍。对景物宽度来说,最佳视距应为景物宽度的 1.2 倍。

四、了解园林树木的类型

园林树木是在城市各类园林绿地及风景区栽植应用的各种木本(具有木质茎)植物,包括乔木、灌木和藤木。

1. 乔木　乔木指有明显直立的主干而且上部有分枝,茎干高度在 5m 以上的木本植物。根据其高度又可分为大乔木、中乔木和小乔木。

(1)小乔木:茎干高度为 5～8m,如紫叶桃、日本晚樱等。

(2)中乔木:茎干高度为 8～15m,如白玉兰、合欢等。

(3)大乔木:茎干高度在 15m 以上,如雪松、水杉等。

2. 灌木　灌木指无明显主干,或茎干高度在 5m 以下的木本植物。根据其高度又可分为大灌木和小灌木。

(1)大灌木:高度大于 1.5m,如千头柏、紫荆等。

(2)小灌木:高度小于 1.5m,如胡枝子、六月雪等。

3. 藤木　藤木指茎蔓柔软,只能依附他物支撑而上的木质藤本植物。根据其依附方式又可分为缠绕藤木和攀缘藤木。

(1)缠绕藤木。缠绕藤木指靠自身茎蔓缠绕他物而上的藤木。如向左缠绕的紫藤、南蛇藤,向右缠绕的金银花等。

(2)攀缘藤木。攀缘藤木是指靠卷须等变态器官攀缘他物而上的藤木。如靠卷须攀缘的葡萄,靠气根攀缘的凌霄花,靠吸盘攀缘的爬山虎,靠钩刺攀缘的蔷薇,靠叶柄攀缘的铁线莲等。

》任务分析

一、乔灌木树种的特点

乔灌木都是直立性的木本植物,在园林绿化综合功能中作用显著,居于主导地位,在园林绿地中所占比重较大,是园林植物种植中最基本和最重要的组成部分。

乔木是园林绿化的骨架。乔木树冠高大,寿命较长,树冠占据空间大,而树干占据的空间小,因此不大妨碍游人在树下活动。乔木的形体、姿态富有变化,枝叶的分布比较通透,有很好的遮阴效果,在改善小气候和环境卫生方面有显著作用。乔木在造景上能构成多种多样、丰富多彩的美景,从郁郁葱葱的林海、优美的树丛,到千姿百态的孤立树,都能形成美丽的风景画面。在园林中乔木既可以作为主景,也可以组成空间和分离空间,还可以起到增加空间层次和屏障视线的作用。因乔木有高大的树冠和庞大的根系,故一般要求种植地点有较大的空间和较深厚的土壤。

灌木树冠矮小,寿命较短,枝叶浓密丰满,多呈丛生状,常具有鲜艳美丽的花朵和果实;其形体和姿态也有很多变化,在防尘、防风沙、护坡和防止水土流失方面有显著作用,在造景上可以增加树木在高低层次方面的变化,可作为乔木的陪衬,也可以突出表现灌木在花、果、叶观赏上的效果;耐阴的灌木与大乔木、小乔木和地被植物配合起来可成为主体绿化的重要组成部分。灌木树冠虽然占据空间不大,但对人们活动的空间范围影响较大,可用来组织和分隔较小的空间,阻挡较低的视线。由于灌木树冠小、根系有限,因此对种植地点的空间要求不大,土层也不需要很厚。

二、树木种植设计的一般原则

1. 科学性——适地适树 适地适树是指在种植设计时应当根据当地气候、土壤等各种生境条件来选择能够健壮生长的树种。在进行树木配置与造景时,首先应满足树木的生态要求,使植物生长正常,通常的做法是选用乡土树种;其次应合理配置,在平面上要有合理的种植密度,在竖向设计上也要考虑树木的生物学特性和生态学特性,注意喜光与耐阴、速生与慢生、深根性与浅根性等不同类型树木的合理搭配。

2. 功能性——满足游憩需求 园林绿地内的树木应当能够起到遮阴避雨、障丑显美等作用,因此,在树木配置时应充分考虑其服务游人的功能。比如在园桌椅旁应设计大乔木遮阴,坐凳后应设计灌木进行空间围合等。

3. 艺术性——满足景观需求 园林绿地不仅要有实用功能,更需要优美的艺术布局,这就需要设计者能够因地制宜地进行树木配置,使之形成不同的景观,给人以视觉、听觉、嗅觉上的美感。树木在一年之中随着季节的变化,其形态和色彩也会不断发生变化。我们可以利用树木的季相变化以及姿态、色彩、气味、声响等观赏特性,构成四季变幻的观形、赏色、闻香、听声等景观。

4. 经济性——园林结合生产 在园林重要的景点和建筑物的朝阳处,可配置一些名贵的树种,还可种植一些观果、观叶的经济林木,形成"果树上路、药材进园",可产生一定的经济效益。虽然我们提倡园林结合生产,但产生经济效益只是次要目的,园林观赏、产生社会效益才是主要目的。

三、植物景观配置设计的基本流程

第一步:整体植物景观类型的布局。植物景观类型是指植物群体配置在一起显现出来的外在表象类型,如密林、线状行道树、孤立大树、灌木丛林、绿篱、地被、花丛、花境、草坪等。

第二步:各植物景观类型中植物个体的选择与布局。

第三步:植物种类和品种的选择。

第四步:植物规格和数量的确定,如树木初植干径、冠径、株高、具体株数的确定。

任务实施

一、园林树木规则式造景设计

(一)对植

对植是指用两株或两丛相似的树木,按照一定的轴线关系作相互对称或均衡的种植方式。对植主要应用于公园、绿地、建筑、道路、广场等的出入口处,具有引导、强调等礼仪性作用,同时可结合遮阴、休息,在空间构图上作为配景(图4-5-4)。

在规则式种植中,利用同一树种、同一规格的树木依主体景物的中轴线作对称布置,两树的连线与轴线垂直并被轴线等分。规则式种植一般采用树冠整齐的树种。对植一般以常绿植物为主,配以春季或夏季开花、秋季挂果或变色的落叶植物;在道路、广场出入口处对植时要注意不能影响交通;对植植物作为配景时要能反映出园林绿地或建设设施的特点。

图4-5-4　规则式对植

(二)行列栽植

行列栽植简称"行植"或"列植",是指乔灌木按一定的株行距成排地种植。根据行内株距是否变化,可分为等行等距和等行不等距两种类型。行列栽植形成的景观比较整齐、单纯,气势大,是规则式园林绿地中应用最多的基本栽植形式,一般应用于道路旁、广场中、广场周围、较大型建筑周围、院墙旁、防护林等处,具有施工、管理方便等优点(图4-5-5)。

图4-5-5　行列栽植

行列栽植宜选用树冠体形比较整齐的树种,如圆形、卵圆形、倒卵形、塔形、圆柱形等,而不选用枝叶稀疏、树冠不整齐的树种。行距取决于树种的特点、苗木规格和园林主要用途,一般乔木高为5~8m,灌木高为1~5m。

(三)绿篱及绿墙

将灌木或小乔木以近距离的株行距密植成单行或双行,形成紧密结合的规则种植形式,称为"绿篱"或"绿墙"(图4-5-6)。

1. 绿篱及绿墙的类型。

(1)根据高度可分为绿墙(160cm以上)、高绿篱(120～160cm)、绿篱(50～120cm)和矮绿篱(50cm以下)。

(2)根据功能要求与观赏要求可分为常绿绿篱、花篱、观果篱、刺篱、落叶篱、蔓篱与编篱等。

2. 绿篱的作用与功能。

(1)防范与围护作用。园林中常以绿篱作防范的边界,可用刺篱、高篱或绿篱内加铁丝刺网。绿篱可以组织游人的游览路线,按照所指的路线参观游览。不希望游人通过的地方可用绿篱围起来。

图 4-5-6 绿 墙

(2)分隔空间和屏障视线。园林中常用绿篱或绿墙进行分区和屏障视线,分隔不同功能的空间,多用常绿树组成高于视线的绿墙。比如在公园中,可以用绿墙把儿童游戏场、露天剧场、运动场与安静休息区分隔开来,减少互相干扰。在混合式园林布局中,也可用绿墙将局部规则式的空间与自然式布局隔离,使强烈对比、风格不同的布局形式得到缓和。

(3)作为规则式园林的区划线。规则式园林中多用中篱作分界线,以矮篱作为花境的边缘,并用矮篱作花坛和观赏草坪的图案花纹。

(4)作为花境、喷泉、雕像的背景。园林中可用常绿树修剪成各种形式的绿墙,作为喷泉和雕像的背景,其高度一般要与喷泉和雕像的高度相称,以选用没有反光的暗绿色树种为宜;作为花境背景的绿墙,一般均为常绿的高篱及中篱。

(5)美化挡土墙。在各种绿地中,不同高度的两块高地之间通常设有挡土墙,为避免其立面上的枯燥,常在挡土墙的前方栽植绿篱,把挡土墙的立面美化起来。

3. 绿篱的种植密度 绿篱的种植密度根据使用目的、不同树种、苗木规格和种植地带的宽度而定。矮绿篱和一般绿篱的株距为30～50cm,行距为40～60cm,双行式绿篱成三角形排列。绿墙的株距为1～1.5m,行距为1.5～2m。

(四)色块与色带

色块是将色叶树木紧密栽植成所设计的图形,并按设计高度修剪的种植类型。如果长宽比大于4:1则称为"色带"。色块与色带一般应用于广场、街道、坡地、立体交叉等绿地。

园林色彩大多数来自于植物的配置,而色彩又是最能引起视觉美感的因素。植物的色彩十分丰富,因此园林植物的色彩配置是园林植物设计中不能忽视的。园林绿地中的色彩由各种大小色块拼接而成,色块无论大小,都各有其艺术效果,但是为了体现色彩构图之美,就必须对色块的效果有所了解,才能使园林构图达到最佳效果。

1. 色块的体量 色块的大小可以直接影响整个园林的对比和协调,对全园的情趣好坏起决定性作用。在园林景观中,同一色相的色块大小不同,给人的感觉和效果也不同。一般在植物种植设计时,明色、弱色、精度低的植物色块宜大,反之,暗色、强色、精度高的色块宜小,这样才会让观赏者在视觉上感到舒适。

2. 色块的浓淡　一般大面积的色块宜用淡色,小面积的色块宜用浓色,它们相配在一起具有画龙点睛的作用。互成对比的色块宜于近观,有加重景色的效果,若远眺则效果减弱。属于暖色系的色块,通常比较抢眼,若在其旁边配以冷色系的色块,则必须种植较大面积,才能给人以平衡的感觉。所以路边的色带,内容常相同,以维持色块在感觉上的平衡;而草坪、水面旁的色带常用暖色调的色叶树木,布置出动人的景致。

3. 色块的排列与集散　色块的排列决定了园林的形式,例如模纹花坛的各色团块,整形修剪的绿篱,整形的绿色草坪、花坛等大大小小的整齐色彩排列,都显示了不同的景致。从美学的角度出发,渐变的色块排列,使色彩在对比反复的韵律美中形成多样统一的整体和谐。另外,色块的集中与分散也是表现色彩效果的重要手段之一,一般集中则效果加重,分散则效果减弱。当然,色块的大小、浓淡、排列、集散等在植物种植设计中,应首先考虑遵循植物配色理论、人们欣赏习惯和美学原理,这样才能使色叶树种设计美不胜收。

二、园林树木自然式造景设计

(一)孤植

孤植是指乔木的孤立种植类型,孤植的树又称"孤立树"、"独赏树"、"标本树"、"赏形树"或"独植树"。有时在特定的条件下,也可以是两株或三株树紧密栽植,组成一个单元。但必须是同一树种,株距不超过1.5m,远看起来和单株栽植的效果相同。孤立树下不得配置灌木。种植孤立树主要是构图艺术上的需要。孤立树作为局部空旷地段的主景,同时也可以遮阴。孤植是单形体的树木形态与色彩的景观表现形式(图4-5-7)。

图 4-5-7　孤　植

1. 孤植树应具备的条件　孤立树作为主景是用以反映自然界个体植株充分生长发育的景观,外观上要挺拔繁茂,雄伟壮观。

(1)植株的形体美而较大,枝叶茂密,树冠开阔,或是姿态优美、奇特,具有特殊观赏价值。

(2)植株生长健壮,寿命很长,能经受住重大自然灾害,宜选用当地乡土树种中久经考验的高大树种。

(3)树木不含毒素,没有带污染性并易脱落的花果,以免伤害游人或妨害游人的活动。

2. 孤植树栽植位置的选择　孤立树在园林种植树木的比例虽然很小,却有相当重要的作用。孤植树作为园林构图主景,应布置在突出位置。

(1) 孤植树种植的地点应比较开阔,不仅要有足够的生长空间,而且要有比较合适的观赏视距和观赏点。最好有天空、水面、草地等色彩既单纯又有丰富变化的景物环境作背景,以衬托孤植树在形体、姿态、色彩方面的特色。

(2) 孤植树种植的位置应与周围环境保持整体统一。孤植树可以种植在开朗的草地、河边、湖畔,也可以种植在高地、山岗上,还可以种植在公园前广场的边缘以及园林建筑组成的院落中。

(3) 孤植树可栽植于开阔的大草坪或林中空地的构图重心上。一般适宜的观赏视距为树木高度的 4 倍左右。可在开朗的空间布置孤植树,亦可将两株或三株树紧密种植在一起,如同具有丛生树干的一株树,以增强其雄伟感,满足风景构图的需要。

(4) 孤植树在自然式园林中可作为交点树、诱导树种植在桥头、园路或河道、溪流的转折处,或假山蹬道口及园林局部的入口部分,用于引导游人进入另一景区。

(5) 孤植树在园林风景构图中,也常作配景应用,如作山石、建筑的配景。此类孤植树的姿态、色彩要与所陪衬的主景协调。

(6) 为尽快达到孤植树的景观效果,最好选胸径在 8cm 以上的大树,能利用原有古树名木更好。只有小树可供选用时,要选用速生快长树,同时设计出两套孤植树方案,近期选择速生树木为孤植树,同时安排慢生树木等,为远期孤植树栽入留出适合位置。

(二)对植

对植一般设置在绿地或建筑的出入口。在自然式种植中,对植虽不对称,但左右是均衡的。自然式园林的进口两旁、桥头、蹬道石阶的两旁、河道的进口两边、闭锁空间的进口、建筑物的门口,都需要有自然式的进口栽植和引导栽植。自然式对植是以主体景物中轴线为支点获得均衡关系,分布在构图中轴线两侧的树木必须是同一树种,但大小和姿态必须不同,动势要向中轴线集中,大树与中轴线的垂直距离要近,小树则要远,两树栽植点连成的直线,不得与中轴线成直角相交。一般乔木距建筑物墙面要

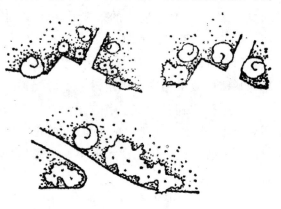

图 4-5-8 自然式对植

在 5m 以上,小乔木和灌木距建筑物墙面要在 2m 以上(图 4-5-8)。

(三)丛植

丛植通常是由 2~19 株乔木或乔灌木组合种植而成的种植类型。配置树丛的地面可以是自然植被或是草地、草花地,也可以配置山石或台地。树丛是园林绿地中重点布置的一种种植类型。它以反映树木群体美的综合形象为主,但这种群体美的形象又是通过个体之间的组合来体现的,彼此之间有统一的联系又有各自的变化,互相对比,互相衬托。

1. 丛植树木的选择 选择组成树丛的单株树木的标准与孤植树相似,必须挑选在荫蔽、

树姿、色彩、芳香等方面有特殊价值的树木。树丛的组织通常是由两株乃至十几株乔木构成的。树丛中如加入灌木时,可多达19株。将树木成丛种植在一起,是按形式美的构图规律,既表现树木群体美,又烘托树木个体美的丛状组合形式。在形态上有高低、远近的层次变化;色彩上有基调、主调与配调之分。群体的疏密错落布局形成明显的空间划属关系,随着观赏视点的变换和植物季相的演变,树丛的群体组合形态、色彩等景象表现也随之变化。

2. 丛植的树丛类型 树丛可以分为单纯树丛及混交树丛两类。荫蔽的树丛最好采用单纯树丛形式,一般不用灌木或少用灌木配植,以树冠开展的高大乔木为宜。而作为构图艺术上主景、引导、配景用的树丛,则多采用乔灌木混交树丛。

3. 丛植在园林上的作用 树丛作为主景时,宜用针阔叶混植的树丛,观赏效果特别好,可配置在大草坪中央、水边、河旁、岛上或土丘山岗上,作为主景的焦点。在中国古典山水园林中,树丛与岩石组合常设置在粉墙的前方、走廊和房屋的角隅,组成一定意境的树石小景。

树丛作为引导使用时,多布置在进口、路叉和弯曲道路处,把风景游览道路固定成曲线,引导游人按设计安排的路线欣赏丰富多彩的园林景色,另外,也可以用作小路分歧的标志或遮蔽小路的前景,达到峰回路转又一景的效果。

树丛设计必须以当地的自然条件和总的设计意图为依据,用的树种少但要选得准,充分掌握植株的生物学特性及个体之间的相互影响,使植株在生长空间、光照、通风、温度、湿度和根系生长发育方面都得到适合的条件,这样才能保持树丛的稳定,达到理想效果。

4. 丛植的配置形式 丛植的配植形式有两株配植、三株配植、四株配植、五株配植……直至十几株树的配植。

(1)两株配植。两树相配在构图上应符合多样统一的原理,必须既调和又对比,二者成为对立统一体。两株配合的要点为:

①树种要相同,但树木的大小、姿态应当有明显区别。

②动势要互相呼应。

③两株树木之间的距离不大于两树冠半径之和(图4-5-9)。

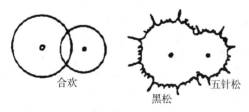

图 4-5-9 两株配植

(2)三株配植。三株配植的要点为:

①最好选用同一树种或形态极相似的两个树种。

②三株树木大小、姿态应有所不同。

③栽植点不在同一直线上,一般要求平面为不等边三角形。

④一大一小者近、中者稍远较为自然。

三株配合时,如果选用两个树种,最好同为乔木、灌木、常绿树、落叶树,其中大、中者为一种树,距离稍远,小者为另一种树,与大者靠近。两组树相互之间的关系为2:1(图4-5-10)。

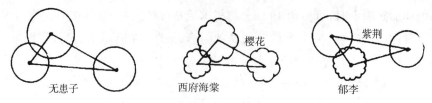

图 4-5-10　三株配植

(3)四株配植。四株树可分为3:1或2:2两组,组成不等边三角形或四边形,单株为一组者选中偏大者为好。若选用两种树,应一种树三株,另一种树一株,一株者为中、小号树,配植于三株一组中(图4-5-11)。

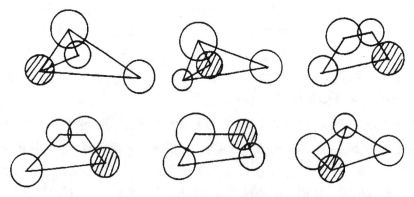

图 4-5-11　四株配植

(4)五株配植。五株树可分为3:2或4:1两组,任何三株树栽植点都不能在同一直线上。若用两种树,株数少的两株树应分植于两组中(图4-5-12)。

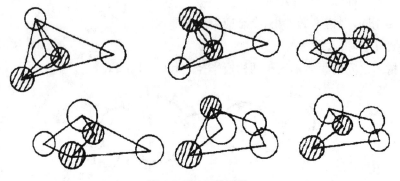

图 4-5-12　五株配植

(5)六株以上的配植。由两株、三株、四株、五株等几个基本配合形式相互组合而成。不同功能树丛的树种配置要求不同。荫蔽树丛最好采用同一树种,用草地覆盖地面,并设天然山石作为坐石或安置石桌、石凳。观赏树丛可用两种以上乔木和灌木组成。

(四)群植

群植的单株树木数量一般在20株以上。群植组成景观称为"树群"。它所表现的主要为群体美,树群也像孤立树和树丛一样,是构图上的主景之一。因此树群应该布置在有足够距离的开阔场地上,如靠近林缘的大草坪、宽广的林中空地、水中的小岛屿、宽广水面的水滨、小山坡、土丘等。树群主要立面的前方,至少在树群高度的4倍、树群宽度的1.5倍距离上留出空地,以便游人欣赏。

群植规模不宜太大,在构图上要四面空旷,树群内的每株树木在群体的外貌上都要起一定作用。树群的组合方式最好采用郁闭式。树群内通常不允许游人进入,游人也不便进入,因而一般不作为遮阴休息之用。

树群可以分为单纯树群和混交树群两类。单纯树群由一种树木组成,可以选用宿根性花卉作为地被植物。树群的主要形式是混交树群。混交树群分为五个部分,即乔木层、亚乔木层、大灌木层、小灌木层及多年生草本植被。其中每一层都要显露出来,其显露的部分应该是该植物观赏特征突出的部分。乔木层选用的树种的树冠姿态要特别丰富,使整个树群的天际线富于变化;亚乔木层选用的树种,最好开花繁茂,或是有美丽的叶色;灌木应以花木为主;草本覆盖植物应以多年生野生花卉为主,树群下的土面不能暴露。树群组合的基本原则为:高度采光的乔木层应该分布在中央,亚乔木在四周,大灌木、小灌木在外缘。

树群内植物的栽植距离要有疏密变化,构成不等边三角形,切忌成行、成排、成带地栽植,常绿、落叶、观叶、观花的树木应用复层混交及小块混交与点状混交相结合的方式。树群的外貌要有高低起伏变化,要注意四季的季相变化和美观。

(五)林带

林带在园林中用途很广,可屏障视线,分隔园林空间,可作背景,可遮阴,还可防风、防尘、防噪音等。自然式林带就是带状的树群,长宽比为4∶1左右,一般长轴为4以上,短轴为1。

自然式林带内,树木栽植不能成行成排,各树木之间的栽植距离也要各不相等,天际线有起伏变化,外缘有曲折。林带也由乔木、亚乔木、大灌木、小灌木、多年生草本植物组成。

林带属于连续风景的构图,构图的欣赏是随游人前进而演进的,所以林带构图中要有主调、基调和配调,有变化和节奏,主调要随季节交替而交替。当林带分布在河滨两岸、道路两侧时,应成为复式构图,左右的林带不要求对称,但要考虑对应效果。

林带可以是单纯林,也可以是混交林,要视其功能和效果的要求而定。乔木与灌木、落叶树木与常绿树木混交种植,在林带的功能上也能较好地起到防尘和隔音效果。防护林带的树木配置可根据要求进行树种选择和搭配,种植形式均采用成行成排的形式。

(六)林植

凡成片、成块大量栽植乔灌木,构成林地或森林景观的称为"林植"或"树林"。林植多用于大面积公园安静区、风景游览区或休养、疗养区卫生防护林带。树林可分密林和疏林两种,密林的郁闭度为0.7~1.0,疏林的郁闭度为0.4~0.7,密林和疏林都有纯林和混交林。密林纯林应选用最富有观赏价值而生长健壮的地方树种。密林混交林具有多层结构,如林带结构,大面积混交密林多采用片状或带状混交,小面积混交密林多采用小片状或点状混交,常选择绿树与落叶树混交。密林的栽植密度为株行距2~3m。

疏林多与草地结合,构成"疏林草地",夏天可遮阴,冬天有阳光,草坪空地供游息、活动,林内景色变化多姿,深受游人喜爱。疏林的树种应有较高的观赏价值,生长健壮,树冠疏朗开展,四季有景可观。

》》实例分析

合肥市某居住小区景观设计说明

一、项目基地概况

合肥市某居住小区位于合肥市庐阳区青阳北路,总面积为 36 万 m^2,规划住宅用地占 58%,道路用地占 12%,公共建筑用地占 16%,公共绿地占 14%;总建筑面积为 57 万 m^2,规划居住人口 14 万,绿地率为 41%。小区地形原状总体为西南高,东北低,中南部略高。

二、总体景观设计

"运动、健康、文明"是设计方案的主题,"龙韵天宫"代表了规划设计方案最主要的形态意向。通过地形营造、形态意向、中轴线节奏、植物的色彩、景观体验、生态思想以及人文精神等创意,使居住小区成为景观丰富的生态家园。

三、分项景观设计(节选)

(三)植被系统设计要点

1. 大型乔木的运用　整个小区植被系统中大型乔木是视线的焦点,由于移植大型乔木成本很大,大型乔木重点设计在主要景观区的视线焦点处,用作各组团的"标点"树种。

2. 礼仪性植物的布置　在大门入口处、组团绿地的入口处、幼儿园和学校的入口处,设计一些由色叶树种为主组成的模纹绿地,作为礼仪性植物布置。

3. 标志性植物的布置　各组团绿地根据其在整个景观中所处的位置,分别设计具有一定文化内涵、寓意深刻的标志性植物。同时结合季相变化,分别配置不同花相、花期、花色、叶色的植物。以此增加小区的可标识性,给居民留下强烈的印象。

4. 主要车行道两旁植物的布置。

(1)金牛路(南北向)。

①上层乔木:香樟、广玉兰。

②中层小乔木、花灌木:鸡爪槭、石榴。

③下层绿篱:石楠球、红花檵木、黄杨。

(2)高牛路(东西向)。

①上层乔木:栾树、无患子。

②中层小乔木、花灌木:桂花、丁香。

③下层绿篱:海桐、黄杨、十大功劳。

(3)蟠龙路(南北转东西向)。

①上层乔木:广玉兰、龙爪柳。

②中层小乔木:龙爪槐、夹竹桃。

③下层绿篱或色块：龙柏球、红花檵木、金叶女贞。

5. 中央绿地的植物布置　植被体系以落叶树种为主，配以常绿树种，突出季节性的色彩变化，考虑花形及色彩的搭配。

①上层乔木：水杉、枫香、乌桕、悬铃木、七叶树、枳椇、木荷、广玉兰、棕榈。

②中层小乔木和花灌木：白玉兰、碧桃、杜鹃、迎春、日本晚樱、海棠、红枫、山茶、枇杷。

③下层宿根花卉及地被植物：鸢尾、麦冬、石蒜、马蹄金、马尼拉。

6. 水系周边的植物布置。

①上层乔木：池杉、垂柳、龙爪柳、旱柳。

②中层小乔木和花灌木：女贞、栀子、海仙花、木绣球、绣线菊、金钟花。

③下层宿根花卉及地被植物：黄菖蒲、鸢尾、萱草、结缕草。

7. 组团绿地植物的布置　小区各组团绿地按东西南北分布，设计以春夏秋冬季相变化为主的植物群落。

(1)"云蒸""霞蔚"组团以春色叶、春季花卉为主。

①上层主要乔木：香椿、木莲。

②陪衬乔木：红叶李、鸡爪槭。

③小乔木及花灌木：桃、樱花、牡丹、紫荆、含笑。

(2)"风和"组团以夏季开花植物为主。

①上层主要乔木：广玉兰、楸树。

②陪衬乔木：合欢、棕榈。

③小乔木及花灌木：雪柳、木槿、栀子、龙柏。

(3)"日丽"组团以秋色叶和秋季开花植物为主。

①上层主要乔木：银杏、梧桐。

②陪衬乔木：鹅掌楸、枫香。

③小乔木及花灌木：桂花、紫薇、南天竹、火棘。

(4)"天朗"组团以冬季开花结果植物为主。

①上层主要乔木：红果冬青、雪松。

②陪衬乔木：梅花、枇杷。

③小乔木及花灌木：结香、山茶、腊梅、龙游梅。

8. 宅间绿地植物的布置　常绿和落叶树种等量配置，以满足冬季采光和夏季遮阴的需求，同时考虑了树种有花及香味，以提供良好的视觉和嗅觉空间。

①上层主要乔木：七叶树、广玉兰、银杏、火炬松。

②陪衬乔木：棕榈、梓树、元宝枫、木莲。

③小乔木及花灌木：紫荆、红枫、月季、桂花、石楠、紫薇、含笑、海桐、山茶。

宅间空间较大的地方设计有利于居民活动的草坪，可以安排耐践踏的马尼拉草，也可以设计人工植草网。宅旁绿地、建筑物周边设计低矮的色块色带灌木，形成住宅周边绿化群。

任务实训

乔灌木树种的配置设计观察分析

一、实训目的

掌握园林植物中乔灌木树种的配置要点,学会绘制树木配置平面图。

二、实训内容

1. 乔灌木树种的列植表现技法。
2. 乔灌木树种的丛植表现技法。

三、方法步骤

1. 由指导教师讲解本次实训观察的目的和要求。
2. 全班集体跟随指导教师到校园附近公园观察绿地中树木配置的现状。
3. 分别绘制绿地中乔灌木树种的列植和丛植平面图。
4. 实训小结。

四、工具材料

测量仪器、绘图工具等。

五、基本要求

1. 在观察过程中要充分了解树木列植与丛植的特点,掌握树木列植与丛植的表现规律。
2. 绘图时不分组,要求独立完成,在绘图前可分小组进行讨论。
3. 应用园林制图中平面图表达方法,完成图形的绘制等内容。

六、考核与报告

样表略。

练习与思考

1. 自然式种植乔灌木包括哪几种种植形式,各有什么作用?设计上要注意哪些要点?
2. 规则式种植乔灌木包括哪几种形式,各有什么特点?
3. 色块、色带的主要种植材料有哪些?

任务六　草本花卉造景设计

教学目标

掌握草本花卉在园林中的配置方式、种类及设计方法。

任务描述

掌握草本花卉在园林中的配置方式,学会花坛和花境的设计方法。

任务准备

一、了解草本花卉在园林中的作用

草本花卉通常凭借其花、果、叶、茎的形态、色泽和芳香而受人欢迎。它与树木一样,不仅是营造生态环境的重要材料,而且是造就多彩景观时必不可少的植物。草本花卉以其鲜艳亮丽的色彩,创造五彩缤纷的空间氛围,它常常成为植物景观中的视觉焦点。在现实生产中,由于草本花卉种类繁多、生育周期短、易培养更换,因此它在城市的美化中更适宜配合节日庆典、各种大型活动等来营造气氛。具体来说,草本花卉在城市园林绿化中的作用有四点。

1.具有群体视觉功能 在城市园林绿化设计中,草本花卉是环境中具有生命的色彩,也是自然色彩的主要来源。用草本花卉进行群体种植与搭配,可以在点、块、片、带、丛等不同的形式上有效地发挥草本花卉群体的美观效果,使季相更丰富,往往能达到让观赏者耳目一新、流连忘返的良好效果。草本花卉美丽的色彩和细腻的质感,使其形成细致景观,常常作前景或近景,形成美丽的色彩景观。低矮的花卉可以丰富树木的下层空间,出现在俯视视觉中,又不紧贴地面,与人较亲近,其颜色和形态的不断变化,可以带来活跃的气氛,打破环境的凝滞感或沉闷感。

2.具有改善城市环境功能 与园林树木相同,草本花卉可以散发花香、释放挥发性杀菌物、滞尘、清新空气、营造鸟语花香的愉悦环境。草本花卉适应性非常强,有的可以种植在城市广场绿地中,充分吸收阳光,最大限度地利用自然雨水;有的可以在大树和灌木底下进行栽培,生长状况也很好。草本花卉在城市园林中与木本植物和草坪合理搭配,可形成生态效益良好的人工植物群落,能够有效改善城市环境以及提高城市生态效益。

3.具有应用方便的特点 草本花卉个体小,生态习性差异大,受地域限制小,除露地栽培外,盆栽也较容易,便于在各种气候和环境条件下使用,尤其是在不便使用乔木、灌木的环境中应用;生命周期短,便于更换;花期控制相对容易,可根据需要调控开花时间,很快形成漂亮的植物景观;可临时设置,便于移动;花卉的应用方式灵活多变;有花坛、花境、花带、花群、花丛、种植钵等多种应用方式,景观各不相同,可以展示丰富的园林植物景观。

4.具有一定的经济价值 许多草本花卉都有一定的经济价值。有些种类,如鸡冠花、桔梗、荷花、芍药等,它们的根、茎、叶或花能入药,是很好的药用植物;有些种类,如春兰、惠兰、珠兰等,它们花香馥郁,可用于熏茶;有些种类,如晚香玉等,能提取芳香油、香精等;还有很多种花卉可供食用,如菊花、百合、金针菜、菊花脑等;也有的是造纸、制麻的原料。随着社会消费水平的不断提高,花卉的商品价值也越来越大。

二、了解草本花卉的基本类型

1. 依据植物色彩的不同划分，草本花卉可以分为红色、黄色、蓝色、白色等四个色系。红色系中比较常见的花卉有鸡冠花、一串红、荷兰菊、石竹、金鱼草、红色的矮牵牛花等；黄色系中比较常见的花卉有美人蕉、黄色的三色堇、万寿菊等；蓝色系中比较常见的花卉有蓝星花、蓝色的矮牵牛花、鸢尾花、彩叶草、矮牵牛、羽衣甘蓝等；白色系中比较常见的花卉有白色的矮牵牛花、白色的三色堇、鸡冠花等。

2. 依据植物开花花期不同划分，草本花卉可以分为不同月份、不同季节的草本花卉品种。有的草本花卉常年开花，如不同颜色的矮牵牛花、孔雀草等；有的草本花卉要在适合的季节才开花，如石竹、金鱼草、四季秋、海棠、万寿菊等。

3. 依据植物生长习性的不同划分，草本花卉可分为一年生花卉，如百日草、凤仙花等；二年生花卉，如须苞石竹、洋地黄等；宿根花卉，如菊花、风铃、桔梗、麦冬等；球根花卉，如唐菖蒲、仙客来、小苍兰等。

三、了解草本花卉在园林中的设计类型

草本花卉是园林绿地中最常见的花卉种类，常用它们设计成花坛、花境、花丛、花台等，一些蔓性花卉还可装饰柱、廊、篱及棚架。

（一）花坛

花坛是在具有几何形轮廓的植床内，种植各种不同色彩的花卉，运用花卉的群体效果来体现图案纹样或观赏盛花时绚丽景观的一种花卉应用形式。

现代花坛式样极为丰富，某些设计形式已远远超过了花坛的最初含义。目前花坛的类型可按下述分类。

1. 依花材分类。

（1）花丛式花坛。花丛式花坛也叫"盛花花坛"，是以欣赏花卉本身或群体的华丽色彩为主题的花坛，表现盛花时群体的色彩美或绚丽的图案景观。花丛式花坛一般应选用高矮一致、开花整齐繁茂、花期较长的草本花卉植物，所采用的花卉可以是同一品种，也可用几个品种有机地组合在一起构成简单的图案。

（2）模纹花坛。模纹花坛又称"图案式花坛"，是利用不同色彩的观叶或花叶兼美的植物，组成华丽的图案、纹样或文字等的花坛。它通常需利用修剪措施以保证纹样的清晰。它的优点在于观赏期长，模纹花坛的材料通常选用生长期长、生长缓慢、枝叶茂盛、耐修剪的植物。模纹花坛主要有毛毡花坛、浮雕花坛和彩结花坛等形式。

毛毡花坛是由各种观叶植物组成的精美的装饰图案，一般将植物修剪成同一高度，表面平整，宛如华丽的地毯。浮雕花坛是依花坛纹样变化、植物高度不同、部分纹样凸起或凹陷制作而成，凸出的纹样多由常绿小灌木组成，凹陷面多栽植低矮的草本植物，也可以通过修剪使同种植物因高度不同而呈现凸凹，整体上具有浮雕的效果。彩结花坛是指花坛内纹样

模仿绸带编成的绳结式样,图案的线条粗细一致,并以草坪、砾石或卵石为底色。

现代花坛常见两种类型相结合的花坛形式。例如在规则或几何形植床中,中间为盛花布置形式,边缘用模纹式;在主体花坛中,中间为模纹式,基部为水平的盛花式。

2. 依空间位置分类。

(1)平面花坛。花坛表面与地面平行,主要观赏花坛的平面效果,包括沉床花坛或高出地面的花坛。

(2)斜面花坛。花坛设置在斜坡或阶地上,也可以布置在建筑的台阶两旁或台阶上,花坛表面为斜面,是主要的观赏面。

(3)立体花坛。立体花坛是图案式花坛的立体发展或立体构型。它是以竹木或钢筋为骨架的泥制造型,在其表面种植五彩草而形成的一种立体装饰物。它是植草与造型的结合,形同雕塑,观赏效果很好。花坛向空间伸展,具有竖向景观,是一种超出花坛原有含义的布置形式,以四面观为主,包括造型花坛、标牌花坛等形式。

造型花坛是用模纹花坛的手法,运用五色草或小菊等草本植物制成各种造型物,如动物、花篮、花瓶等,前面或四周用平面装饰。

标牌花坛是用植物材料组成竖向牌式花坛,多为一面观赏。

3. 依花坛的组合分类。

(1)独立花坛。独立花坛即单体花坛,常作为局部构图的主体,一般布置在轴线的焦点,广场、公园入口,公路交叉口或大型建筑前的广场上。独立花坛的面积不宜过大,若需要较大面积,须与雕塑喷泉或树丛等结合布置(图 4-6-1)。

(2)花坛群。花坛群是由两个以上的单体花坛组成一个不可分割的构图整体。花坛群应具有统一的底色,以突出其整体感。花坛群还可以结合喷泉和雕塑布置,后者可作为花坛群的构图中心,也可作为装饰。花坛群的构图中心可以采用独立花坛,也可以采用水池、喷泉、雕像来代替。组成花坛群的各花坛之间常用道路、草皮等互相联系,可允许游人入内,有时还可设置座椅、花架供游人休息、观赏(图 4-6-2)。

(3)花坛组。花坛组是指在同一环境中设置多个花坛,与花坛群的不同之处在于,花坛组中各个单体花坛之间的联系不是非常紧密。如沿路布置的多个带状花坛,建筑物前作基础装饰的

1.海桐 2.微型月季 3.孔雀草 4.一串花 5.千日红

图 4-6-1 独立花坛

图 4-6-2 花坛群

数个小花坛等。花坛组常设置于城市的大型建筑广场上,或设置于大规模整齐的规则园林里,它的构图中心大多用水池、大型喷泉、雕塑或纪念性建筑物。

(4)带状花坛。外形为狭长形,宽 1m 以上,长度是宽度的 4 倍以上的花坛称为"带状花坛"。带状花坛可作为主景或配景,常设置于道路的中央或两旁,也可作为建筑物的基部装饰和广场、草地的边饰物(图 4-6-3)。

双面观赏带状花坛(夏秋开花)
1.半支莲　2.孔雀草　3.紫色鸭跖草　4.美女樱　5.福禄考

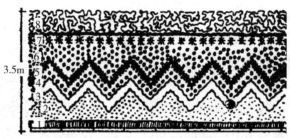

单面观赏带状花坛(春夏开花)
1.雏菊　2.锦团石竹　3.滨菊　4.一串红　5.金鱼草　6.麦秆菊　7.玉带草　8.大叶黄杨

图 4-6-3　带状花坛

(5)连续花坛群。由许多独立花坛或带状花坛呈直线排列成一行,组成一个有节奏的不可分割的构图整体,这种花坛称为"连续花坛群"。连续花坛群常布置于道路或游乐休息的林荫路和纵长广场的长轴线上,多用水池、喷泉、雕塑等来强调连续景观的起始与终结。在宽阔的石阶坡道的中央也可设置连续花坛群。

(6)连续花坛组群。由多个花坛群呈直线排成一行或数行,或由数行联系的花坛群排列起来,组成一个沿直线方向演进、具有节奏、不可分割的构图整体的花坛组群,称为"连续花坛组群"。连续花坛组群常结合连续喷泉群、连续水池群、连续雕塑群等进行统一设计。

(二)花境

花境是以树丛、树群、绿篱、矮墙或建筑物作背景,以多年生花卉为主的带状自然式布置的植物群落。它是模拟自然界中林地边缘地带多种野生花卉交错生长的状态,运用艺术手法提炼、设计而成的一种花卉应用形式。

1.花境的类型。

(1)从设计形式上分,花境主要有三类。

①单面观赏花境。常以建筑物、矮墙、树丛、绿篱等为背景,前面为低矮的边缘植物,整

体上前低后高,供一面观赏(图 4-6-4)。

平面设计图　　　　　　　　　　效果图

图 4-6-4　单面观赏花境

②双面观赏花境。这种花境没有背景,多设置在草坪上或树丛间,植物种植方式是中间高两侧低,供两面观赏(图 4-6-5)。

平面图　　　　　　效果图　　　　　　种植设计图

图 4-6-5　双面观赏花境

③对应式花境。在园路的两侧、草坪中央或建筑物周围设置相对应的两个花境,这两个花境呈左右二列式。对应式花境在设计上统一考虑,作为一组景观,多采用拟对称的手法,以求有节奏和变化。

(2)从植物选材上分,花境可分为三种。

①宿根花卉花境。花境全部由可露地过冬的宿根花卉组成。

②混合式花境。花境种植材料以耐寒的宿根花卉为主,配置少量的花灌木、球根花卉或一、二年生花卉。这种花境季相分明,色彩丰富,应用较多。

③专类花卉花境。专类花卉花境是由同属不同种类或同种不同品种植物为主要种植材料构成的花境。用作专类花境材料的花卉要求花期、株形、花色等有较丰富的变化,从而体现花境的特点,如百合类花境、鸢尾类花境、菊花花境等。

2.花境的作用与位置　花境可设置在公园、风景区、街心绿地、家庭花园及林荫路旁。它是一种带状布置方式,因此可在小环境中充分利用边角、条带等地段,营造出较大的空间氛围,是林缘、墙基、草坪边缘、路边坡地、挡土墙等的装饰。花境的带状式布置还可起到分隔空间和引导游览路线的作用。

任务分析

一、城市园林绿化中草本花卉的选择标准分析

园林绿化中草本花卉的选择,应具备以下条件。

1. 注重草本花卉的观赏性能　园林绿化中的草本花卉要尽量满足鲜艳的色彩、丰富的品种、较强的丛生性、较少的病虫害、较为整齐或修剪较好的花冠、较长的开花时间、较强的适应性、适合多次移植、适合露地栽培和规模化生产、较低的成本、较为稳定的性状,从而从整体上提高其观赏性。

2. 与城市整体环境的协调性　由于地域和气候的原因,我国城市园林绿地的性质和功能不尽相同,这就对城市园林中草本花卉提出了不同的要求。在草本花卉的设计搭配中主要表现为:选用适合本城市气候与环境的草本花卉种类,并与整体的园林风格和城市环境相协调。

3. 符合园林艺术设计的规律　草本花卉的选择必须建立在园林艺术规律设计的基础上,为园林艺术的整体效果服务,进而起到其应有的观赏作用。因此,在草本花卉的搭配设计时,必须和园林绿地的布局关系保持一致,协调一年四季花卉的颜色,与当地的环境产生交相辉映的良好效果。

二、草本花卉搭配在园林中的应用要点分析

1. 培养土的配制　由于草本花卉在培育时的盆体体积和数量有限,花卉根系的生长也就相应受到影响。理想的培养土应当为肥力较为充分、土质较为松软的土壤,要保证良好的通风性能和排水性能,具有较为适宜的酸碱度,进而能很好地保湿供肥。

2. 播种与管理　点播时要用种粒较大的种子。播种后的盖土厚度必须充分考虑种粒的大小以及种子本身的好光习性。通常,小粒种子覆土以看不到种子为宜。覆土过厚会导致供氧不足,使种子不容易顺利萌发;种子吸水不足会导致幼芽出土不顺利。

3. 后期养护与管理　草本花卉种类繁多,具有较强的适应能力,且便于栽培,成本低。为了保持草本花卉的绿化效果,在后期的养护与管理中一定要做好施肥、除草和病虫害防治等工作。必须合理调节水肥,提高园区内植物的通风透光效果,及时中耕除草,清除枯枝败叶。病虫害防治应以"预防为主,防治为本"为原则。另外,农药的喷洒应当交替进行,避免连续使用农药。

4. 植物搭配与互补　草本花卉在园林绿化中的搭配与其他植物景观设计大同小异。花期大部分都在50天左右。在园林绿化中,草本花卉适合在低层植物群落中进行混搭。例如,花叶美人蕉与孔雀草组合:孔雀草高度一般为40cm左右,花叶美人蕉高度一般为1m左右。我们可以在花叶美人蕉的周围种植一圈孔雀草。花叶美人蕉的叶色为黄绿色,孔雀草的叶色为深绿色,比花叶美人蕉的叶色要深一些,从而能形成一种对照,进而形成两层观赏结构,远观与近看都比较适合。

》》任务实施

一、花坛的设计

花坛在环境中可作为主景,也可作为配景。在设计时应注意其风格、体量、形状、色彩等各方面的因素。

花坛的设置首先应在风格、体量、形状等方面与周围环境保持协调,其次才考虑花坛自身的特色。

花坛的体量、大小应与广场、出入口及周围建筑的高低成比例。一般不应超过广场面积的 1/3,不小于 1/5。在出入口设置花坛以既美观又不妨碍游人路线为原则,在高度上不可遮住出入口的视线。

花坛的外部轮廓也应与建筑物边线、相邻的路边和广场的形状协调一致。

花坛要求经常保持鲜艳的色彩和整齐的轮廓。因此,应多选用植株低矮、生长整齐、花期集中、株丛紧密且花色艳丽(或观叶)的种类。花坛中心宜选用较高大且整齐的花卉材料,如美人蕉、地肤、洋地黄、高金鱼草等;也可选用树木种类,如苏铁、蒲葵、凤尾兰及修剪的球形黄杨、龙柏等。花坛的边缘也常用矮小的灌木绿篱或常绿草本植物作镶边栽植,如雀舌黄杨、红花檵木、葱兰、沿阶草等。具体来说,常见的几种花坛设计如下。

(一)花丛花坛的设计

1. 植物选择　以种类繁多、色彩丰富、成本较低的一、二年生花卉作为花坛的主要材料。球根花卉也是花丛花坛的优良材料,其色彩艳丽、开花整齐,但成本较高。

适合作花丛花坛的花卉应株丛紧密、着花繁茂。理想的植物材料在盛花时应完全覆盖枝叶,要求花期较长,开放一致,至少保持一个季节的观赏期。如为球根花卉,要求栽植后花期一致,花色明亮鲜艳,有丰富的色彩变化,纯色搭配及组合比复色混植更为理想,更能体现色彩美。

不同种花卉群体配合时,除考虑花色外,也要考虑使花的质感相协调,才能获得较好的效果。

2. 色彩设计　花丛花坛表现的主题是花卉群体的色彩美,因此一般要求花卉具有鲜明、艳丽的特点。如果有台座,花坛色彩还要与台座的颜色相协调。其配色方法有:

(1)对比色应用。这种配色较活泼且明快。深色调的对比较强烈,给人兴奋感;浅色调的对比配合效果较理想,对比不那么强烈,柔和而又鲜明。如堇紫色+浅黄色(堇紫色三色堇+黄色三色堇、藿香蓟+黄早菊、荷兰菊+三色堇),绿色+红色(地肤+星红鸡冠花)等。

(2)暖色调应用。这种配色鲜艳、热烈而庄重,常在大型花坛中应用。暖色调花卉色彩不鲜明时可加白色用以调剂。如红色+黄色或红色+白色+黄色(黄早菊+白早菊+一串红或一品红、金盏菊或黄三色堇+白雏菊或白色三色堇+红色美女樱)。

(3)同色调应用。这种配色不常用,适用于小面积花坛及花坛组,起装饰作用,不作主景。

色彩设计中还要注意以下一些问题:

(1)一个花坛配色不宜太多。配色多而复杂时难以表现群体的花色效果,会显得杂乱。一般花坛中有2~3种花卉颜色,大型花坛中的花卉颜色也不要超过5种。

(2)在花坛色彩搭配中要注意颜色对人的视觉及心理的影响。

(3)花坛的色彩要和它的作用结合起来进行考虑。

(4)花卉色彩不同于调色板上的色彩,需要在实践中对花卉的色彩仔细观察,才能正确应用。同为红色的花卉,如天竺葵、一串红、一品红等,在明度上有差别,分别与黄早菊配用,效果不同。一品红红色较稳重,一串红较鲜明,而天竺葵较艳丽,后两种花卉直接与黄早菊配合,也有明快的效果,而在一品红与黄早菊中加入白色的花卉才会有较好的效果。同样,黄、紫、粉等各色花在不同花卉中的明度、饱和度也不相同。

3. 图案设计 花坛外部轮廓主要是几何图形或几何图形的组合。花坛大小要适度,一般观赏轴线为8~10m。

现代建筑的外形趋于多样化、曲线化,在外形多变的建筑物前设置花坛,可用流线或折线构成外轮廓,对称、拟对称或自然等形式均可,以求与环境协调。

花坛内部图案要简洁,轮廓明显。忌在有限的面积上设计繁琐的图案,要求有大色块的效果。

花丛花坛可以是某一季节观赏的花坛,如春季花坛、夏季花坛等,至少保持一个季节内有较好的观赏效果。但设计时可同时提出多季观赏的实施方案,可用同一图案更换花材,也可另设方案,一个季节花坛景观结束后立即更换下季材料,完成花坛季节交替。

(二)模纹花坛的设计

1. 植物选择 模纹花坛材料应符合下述要求:

(1)以生长缓慢的多年生植物为主,如五色苋、白草、尖叶红叶苋等。

(2)以枝叶细小、株丛紧密、萌蘖性强、耐修剪的观叶植物为主。

2. 色彩设计 模纹花坛的色彩设计应以图案纹样为依据,用植物的色彩突出纹样,使之清晰而精美。

3. 图案设计 模纹花坛以突出内部纹样精美华丽为主,因而植床的外轮廓以线条简洁为宜,可参考盛花花坛中较简单的外形图案。

内部纹样可较盛花花坛精细复杂些,但点缀及纹样不可过于窄细。以红绿草类为例,不可窄于5cm,一年生草本花卉以能栽植2株为限。设计条纹过窄则难以表现图案,纹样粗且宽时色彩才会鲜明,使图案清晰。

(1)内部图案可选择的内容较广泛,如依照某些工艺品的花纹、卷云等,设计成毯状花纹;用文字或文字与纹样组合构成图案,如国旗、国徽、会徽等。

(2)时钟花坛:用植物材料作时钟表盘,中心安置电动时钟,指针高出花坛之上,可正确指示时间,设在斜坡上观赏效果好(图4-6-6)。

(3)日历花坛:用植物材料组成"年""月""日"或"星期"等字样,中间留出空位,用其他材料制成具体的数字填于空位,每日更换。日历花坛也宜设于斜坡上。

(三)立体花坛的设计

1. 标牌花坛　花坛以东、西两向观赏效果好;南向光照过强,影响视觉;北向逆光,纹样暗淡,装饰效果差。

图4-6-6　时钟花坛

一是用五色苋等观叶植物作为表现字体及纹样的材料,栽种在的15cm×40cm×70cm的扁平塑料箱内。完成整体图样的设计后,每箱依照设计图案中所涉及的内容扦插植物材料,各箱拼组在一起则构成总体图样。然后,把塑料箱依图案固定在竖起(可垂直,也可为斜面)的钢木架上,形成立面景观。

二是以花丛花坛的材料为主,表现字体或色彩,多为盆栽或直接种植在架子内。架子以阶式一面观为主,呈圆台或棱台样阶式的架子可作四面观。用钢架或砖及木板制成架子,然后将花盆依图案设计摆放其上,或栽植于种植槽式阶梯架内,形成立面景观。

设计立体花坛时要注意高度与环境协调。除个别场合利用立体花坛作屏障外,一般应将花坛置于人的视觉观赏范围内。此外,花坛高度要与花坛面积成比例。以四面观圆形花坛为例,一般花坛高度为花坛直径的1/6~1/4较好。设计时还应注意,各种形式的立面花坛不应露出架子及种植箱或花盆,以充分展示植物材料的色彩或组成的图案。

第三,还要考虑实施的可能性及安全性,如钢木架的承重能力及安全问题等。

2. 造型花坛　造型物的形象依环境及花坛主题来设计,可为花篮、花瓶、动物、图徽及建筑小品等,色彩应与环境的格调、气氛相吻合,比例也要与环境协调。

(四)花坛设计图绘制

运用小钢笔、水粉、水彩、彩笔等绘制花坛设计图均可。

1. 环境总平面图　应标出花坛所在环境的道路、建筑边界线、广场及绿地等,并绘出花坛平面轮廓。依面积大小,通常可选用1:100或1:1000的比例。

2. 花坛平面图　应表明花坛的图案纹样及所用植物材料。绘出花坛的图案后,用阿拉伯数字或符号在图上依纹样使用的花卉,从花坛内部向外依次编号,并与图旁的植物材料表相对应,表内项目包括花卉的中文名、拉丁学名、株高、花色、花期、用花量等,以便于阅图。若花坛用花随季节变化需要轮换,也应在平面图及材料表中予以绘制或说明。

3. 立面效果图　用来展示及说明花坛的效果及景观。花坛中某些局部,如造型物等细部,在必要时需绘出立面放大图,其比例及尺寸应准确,为制作及施工提供可靠数据。立体阶式花坛还可绘出阶梯架的侧剖面图。

4. 设计说明书　简述花坛的主题、构思,并说明设计图中难以表现的内容、对植物材料的要求以及花坛建成后的一些养护管理要求。

（五）花坛用苗量的计算

花丛花坛用苗量的计算公式为：

总用苗量（株数）＝A 花卉设计栽植总面积/(A 花卉栽植株距×行距)＋B 花卉设计栽植总面积/(B 花卉栽植株距×行距)＋……

公式中株行距以冠幅大小为依据，以不露地面为准。

实际用苗量算出后，要根据花圃及施工条件留出 5%～15% 的耗损量。花坛总用苗量的计算为：[A＋A×(5%～15%)]＋[B＋B×(5%～10%)]＋……

二、花境的设计

花境的形式应因地制宜地选择，通常依游人视线的方向设立单面观赏的花境，以树丛、绿篱、墙垣或建筑物为背景，近游人一侧植物低矮，向远侧逐渐增高，宽度为 3～4cm。双面观赏的花境，中间植物高，两侧植物渐低，宽为 4～8m，常布置于两条步行道路之间或草地上、树丛间。

花境中应选择适应性强的植物，可选择露地越冬、花期长或花叶兼备的花卉种类。

绘制花境设计图时可用小钢笔画墨线图，也可用水彩、水粉方式绘制。

1. 花境位置图　用平面图表示，标出花境周围环境，如建筑物、道路、草坪及花境所在位置。依环境大小可选用 1∶100～1∶500 的比例绘制。

2. 花境平面图　绘出花境边缘线、背景和内部种植区域，以流畅曲线表示，避免出现死角，以求花卉种植后呈现自然状态。在种植区内编号或直接注明植物，编号后需附植物材料表，表中包括植物名称、株高、花期、花色等项目。可选用 1∶50～1∶100 的比例绘制（图 4-6-7）。

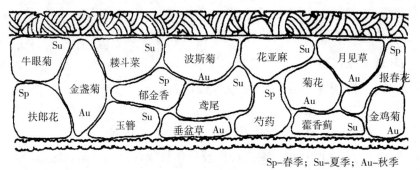

Sp-春季；Su-夏季；Au-秋季

图 4-6-7　花境平面图

3. 花境立面效果图　可以一季景观为例绘制，也可分别绘出各季景观。可选用 1∶100～1∶200 的比例绘制。此外，如果需要，还可绘制花境种植施工图及花境设计说明书。种植图可选用 1∶20～1∶50 的比例绘制。说明书可简述作者创作意图及管理要求等，并对图中难以表达的内容作说明。

三、活动花坛的应用

活动花坛是与前述的具有固定植床的固定性花坛相对而言的。在花圃内，依设计意图把花卉栽种在预制的种植钵（种植箱）内，待花开时运送到城市广场、道路两旁和其他建筑物前进行装点。这种形式不仅便于施工，还可迅速形成景观（图 4-6-8）。

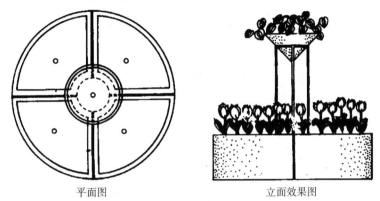

图 4-6-8　组合式活动花坛

活动花坛与固定式花坛相比，具有三大优点：一是施工快捷、保证质量。由于活动花坛的栽植及养护工作大部分是在圃地内进行，施工不会妨碍交通和污染街景，同时花坛内的植物材料能保证质量，即使有不合格的花苗，也能事先补植或更换，从而提高了景观效果。二是活动花坛可以按季节进行更换，为城市景观增加新鲜感。三是种植钵便于移动，也可重新组合，因此，可依陈设位置不同提高装饰效果。

1. 种植钵设计　　总体上要求造型美观，纹饰以简洁的灰、白色调为宜，突出花卉的色彩美。同时还应考虑质地轻便易于移动，既可以单独陈放又能拼组和搭配应用。制作材料有玻璃钢、泡沫砖和混凝土等。此外，还有用原木和防腐木条做种植箱的外装饰，更富有自然情趣。

从造型上看，种植钵有圆形、方形、高脚杯形，以及由数个种植钵拼组成的六角形、八角形和菱形等（图 4-6-9）。

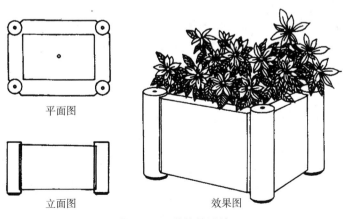

图 4-6-9　种植钵设计

2. 花卉种植设计。

(1) 选择应时的花卉作为种植材料。

(2) 用几个单体的种植钵拼组成的活动花坛,可以选用同种花卉不同色彩的园艺品种进行色块构图,或选用不同种类但在花型、株高等方面相近的花卉做色彩构图,均能收到良好的效果。

(3) 花卉的形态和质感与种植钵的造型应该协调,色彩上应该有对比,才能更好地发挥装饰效果。

随着现代材料的发展,活动花坛的设计形式呈现出了多种多样的变化,除了种植钵以外,还有花柱、花球、花墙等多种形式,可以应节日或各种活动的需要,布置在街头、灯柱等地方。

实例分析

合肥市高新区黄山路街头公园广场国庆花坛设计说明

一、黄山路街头公园广场基本情况

合肥市高新区黄山路街头公园广场位于黄山路北侧,整个广场景观由花坛、树坛、铺装广场和花架构成。花坛紧临黄山路,花架围合在广场南侧。

二、花坛设计主题和构思

本次设计的是节日花坛。节日花坛是在节日期间,在城市广场、公园或街头绿地中,营造节日气氛的花坛,它作为城市绿化的一种形式,与种植绿化一起构筑城市的美好环境。节日花坛要展现的是植物艺术美,烘托渲染欢乐、喜庆、祥和的节日气氛。本次设计采用多种形式,既有以展示造型艺术为主题的立体花坛,也有以展示花卉的图案色彩艺术为主题的平面花坛。

本次设计是国庆节日花坛,主题为"日月同辉",寓意"祖国万岁"。

三、设计方案

1. 平面花坛设计　平面花坛总体形状为元宝形,占地面积约 $280m^2$,设计方案一为太阳初升,分别用红色矮牵牛表示太阳,用紫色、白色矮牵牛和黄色万寿菊表示太阳的光芒。

为了表现高新区科技特点和节日后花坛图案的更替,另做了三个预备方案供参考(图4-6-10)。

2. 立体花坛设计　在广场中心和东西两侧,分别设计了颜色艳丽的花球和花柱来表达我们的祖国蒸蒸日上。

广场中心的花球由三个花柱托起,花球用专用塑料板插塑料花盆制作,花盆内种植红色矮牵牛,球上的黄色旋带用万寿菊显示。托球的花柱选用钢构件,外围用花盆摆放形成花柱。

广场两侧的花柱用塑料板插塑料花盆制作,花盆内种植红色、紫色、粉色矮牵牛,插出螺旋向上的曲线。

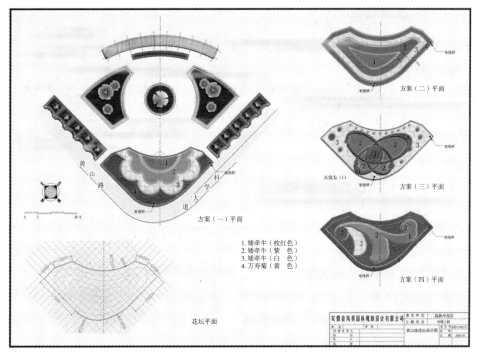

图 4-6-10　国庆花坛平面设计图

在广场中心花球基部用一串红、万寿菊种植成花丛花坛。广场两侧的花柱的基部用四季秋海棠种植成花丛花坛（图 4-6-11）。

四、花坛栽植后的养护管理

花坛的艺术效果、设计和施工技术水平只是一个方面。能否保证植株生长健壮、开花繁茂、色彩艳丽，很大程度上取决于日后的养护管理。

1. 浇水　花苗栽好后，在生长过程中要

图 4-6-11　国庆花坛效果图

不断浇水，以补充土中水分。浇水的时间、次数、水量则应根据气候条件及季节的变化灵活掌握。如有条件还应喷水，特别是对立体花坛，要经常进行叶面喷水。

2. 施肥　草花所需要的肥料主要来自整地时所施入的基肥。在定植的生长过程中，也可根据需要，进行几次追肥。追肥时，千万注意不要污染花、叶。施肥后应及时浇水。

3. 中耕除草　花坛内的杂草与花苗争肥、争水，既妨碍花苗的生长，又影响观瞻。所以，发现杂草就要及时清除。另外，为了保持土壤疏松，有利花苗生长，还应经常中耕、松土。但中耕深度要适当，不要损伤花根。中耕后的杂草及残花败叶要及时清除掉。

4. 修剪　为控制花苗的植株高度，促使茎部分蘖，保证花丛茂密、健壮以及保持花坛整洁、美观，应随时清除残花败叶，一般在开花时期每周剪除残花 2～3 次。

任务实训

节日花坛的设计

一、实训目的

掌握各种花卉在花坛中配置的基本规律和绘制花坛设计图的步骤,学会花坛设计图的制作方法。

二、实训内容

1. 实地考查测量,绘制现状图。
2. 设计独立花坛(花丛花坛、模纹花坛、立体花坛、混合花坛均可)。
3. 绘制设计图,编制花卉配置表。

三、方法步骤

1. 由指导教师讲解本次实训的目的和要求。
2. 通过多媒体观看国庆花坛的实例。
3. 全班集体跟随指导教师到校园现场测量一个花坛。
4. 现场观察花坛周围的环境,了解土壤等现状。
5. 绘制花坛平面图。
6. 实训小结。

四、工具材料

测量仪器、绘图工具等。

五、基本要求

1. 根据所测量的学校花坛尺寸,设计一种独立花坛,绘制出平面图(1∶100),计算出用花量。
2. 图面表现能力强,设计深度能满足施工的需要,线条流畅,构图合理,清洁美观,图例、文字标注、图幅等符合制图规范。
3. 设计说明语言流畅,言简意赅,能准确地对图纸进行补充说明,体现设计意图。
4. 设计时不分组,要求独立完成。
5. 实训结束时尚未完成图纸和说明的,要在课后当天及时完成。

六、考核与报告

样表略。

练习与思考

1. 花坛有哪些类型?如何设计?
2. 什么是花境?在园林中如何布置?
3. 花卉还有哪些布置形式?一般应用在什么地方?

任务七　草坪、地被植物和水生植物造景设计

教学目标

掌握草坪、地被植物和水生植物的造景设计要点。

任务描述

明确草坪、地被植物和水生植物在园林中的配置方式,掌握草坪、地被和水生植物的设计要点。

任务准备

一、了解草坪的类型

草坪的类型可以根据其园林用途、营造形式来分类。

(一)根据草坪在园林中的用途分类

1. 观赏草坪　这类草坪主要供装饰美化,不供入内游憩。如铺设在广场雕像、喷泉周围和纪念物前等处,作为景前装饰或陪衬景观。因此,观赏草坪对草种的要求是返青早、枯黄迟、观赏性高,对耐踩性则要求不高。一般选用低矮、纤细、绿期长的草坪植物。有时也可适当混种一些植株低矮、花叶细小、适应性强、有适度自播能力的草花,形成观花草坪。

2. 游憩草坪　游憩草坪是供人们散步、休息、游戏及户外活动用的草坪。这类草坪在绿地中没有固定的形状,面积大小不等,管理粗放,一般多铺装在大型绿地之中,在公园内应用最多。其次在植物园、动物园、名胜古迹园、游乐园、风景疗养度假区内建植,也可在机关、学校、医院等地内建植。草种要求耐践踏,茎叶不污染衣服,高度以控制在8~10cm为宜;最好是具有匍匐茎的草种,生长后草坪表面平整。游泳日光浴场的草坪,要求茎叶柔软而草层较厚,对耐踩性要求可略低(图4-7-1)。在面积较大、

图 4-7-1　游憩草坪

游人践踏频率不高的局部,游憩草坪也可布置成嵌花草坪。

3. 体育运动草坪　供体育活动用的草坪,如足球场、网球场、高尔夫球场、武术场等正规练习及比赛场地所用的草坪。对草种的要求是更耐践踏而表面极为平整,草的高度要控制在4~6cm,要有一定的均匀弹性;其他要求与游憩草坪的要求相似。

4. 固土护坡草坪　此类草坪要求适应性强,根系深广,固土能力强。在栽种护坡植物的地段上,通常不供游人活动,故对地上部分生长的高度等无特殊要求;对航空港如机场跑道四周的植物覆盖物,除了有上述要求外,还要求低矮、能吸尘、消声并抗碳氢化合物等废气。

(二) 根据草坪植物的组合分类

1. 单纯草坪　由一种草本植物组成,例如草地早熟禾草坪、结缕草草坪、狗牙根草坪等。在我国北方,多选用野牛草、草地早熟禾、结缕草等植物来铺设单一草坪。在我国南方,则选用马尼拉草、中华结缕草、假俭草、地毯草、草地早熟禾、高羊茅等。单一草坪内草本植物生长整齐、美观、低矮、稠密、叶色等一致,养护管理要求精细。

2. 混合草坪　这种草坪由几种禾本科多年生草本植物混合播种而形成,或由禾本科多年生草本植物与其他草本植物混合播种而形成。可按草坪功能、性质、抗性和人们的要求,合理地按比例配比混合,以提高草坪效果。例如,在我国北方用草地早熟禾＋紫羊茅＋多年生黑麦草,在我国南方用狗牙根、地毯草或结缕草,可混入多年生黑麦草等。

3. 缀花草坪　在以禾本科植物为主体的草坪或草地上(混合的或单纯的),配置一些开花艳丽的多年生草本植物,称为"缀花草坪"。如在草地上,可自然疏落地点缀番红花、水仙、鸢尾、石蒜、丛生福禄考、马蔺、玉簪、葱兰、韭兰、二月兰、红花酢浆草、紫花地丁等草本和球根植物。这些草本和球根花卉分布有疏有密,自然错落,有时发叶,有时开花,有时花与叶均隐没于草地之中,地面上只见一片草地,远望绿茵似毯,别具风趣。这些植物的种植数量一般不超过草地总面积的1/3。但主要用于游憩草坪、观赏草坪及护岸护坡草地上,在游憩草坪上,球根花卉主要布置在人流量较少的地方,供人休息欣赏。

(三) 根据草坪的营造形式分类

1. 规则式草坪　规则式草坪表面平整,外形为整齐的几何轮廓。它常和规则式园林布局相配合,设置在规则的场合,如花坛、花境、道路的边缘装饰。有时也将它铺植在纪念塔、亭榭或其他建筑物周围,起衬托作用(图 4-7-2)。

2. 自然式草坪　自然式草坪表面起伏,外形轮廓曲直自然。这种形式多设置在森林公园或风景区空旷、半空旷地段。自然式草坪在现代园林中的应用越来越多。

图 4-7-2　规则式草坪

二、了解地被植物的类型

(一) 按生态环境分类

1. 阳性地被植物类　指在全日照的空旷地上生长的植物,如常夏石竹、半支莲、鸢尾、百里香、紫茉莉等。一般来说,它们只有在阳光充足的条件下才能正常生长,保持花叶茂盛,在半阴处则生长不良,在遮阴处种植会自然死亡。

2. 阴性地被植物类 指在建筑物密集的阴影处或郁闭度高的树丛下生长的植物,如虎耳草、金钱草、玉簪、金毛蕨、蛇莓、蝴蝶花、白芨、桃叶珊瑚、砂仁等。这类植物在日照不足的遮阴处仍能正常生长,在全日照条件下,反而会叶色发黄,甚至叶的先端出现焦枯等现象。

3. 半阴性地被植物类 指在稀疏的林下或林缘处以及其他阳光不足之处生长的植物,如诸葛菜、蔓长春花、石蒜、细叶麦冬、八角金盘、常春藤等。此类植物在半阴处生长良好,在全日照条件下及阴影处均生长欠佳。

(二)按观赏特点区分类

1. 常绿地被植物类 此类指四季常青的地被植物,如铺地柏、石菖蒲、麦冬、葱兰、常春藤等。这类植物无明显的休眠期,一般在春季交替换叶。

常绿地被植物主要栽培在黄河以南地区。我国北方冬季寒冷,一般阔叶类地被植物在室外露地栽培时,越冬十分困难。

2. 观叶地被植物类 此类指有特殊的叶色与叶姿,可供人欣赏的地被植物,如八角金盘、菲白竹、车前草等。

3. 观花地被植物类 此类指花期长、花色艳丽的低矮植物,在其开花期以花取胜,如金鸡菊、诸葛菜、红花酢浆草、洋地黄、矮花美人蕉、郁金香、红花韭兰、花毛茛、金苞花、石蒜等(图4-7-3)。

图4-7-3 观花地被植物(郁金香)

(三)按地被植物种类分类

1. 草本地被植物类 草本地被植物在实际中应用最广泛,其中又以多年生宿根、球根类草本地被植物最受人们欢迎,如鸢尾、葱兰、麦冬、水仙、石蒜等。有些一、二年生草本地被植物,如春播紫茉莉、秋播二月兰等,因具有自播能力,连年萌生,持续不衰,因此,同样能起到宿根草本地被植物的作用。

2. 藤本地被植物类 此类植物一般多作垂直绿化应用,如铁线莲、常春藤、络石藤等。这些植物中多数具有耐阴的特性,因此在实际应用中很有发展前途(图4-7-4)。

图4-7-4 藤本地被植物(锦蔓长春)

3. 蕨类地被植物类 蕨类植物如贯众、铁线蕨、凤尾蕨等,大多数喜阴湿环境,是园林绿地林下的优良耐阴地被材料。

4. 矮竹地被植物类 在竹类资源中,茎秆比较低矮、养护管理粗放的矮竹中,有少数品种类型已开始应用于绿地假山园、岩石园中,作为地被植物利用,如菲白竹、箬竹、倭竹、鹅毛竹、菲黄竹、凤尾竹、翠竹等。

5.矮灌木地被植物类　在矮灌木中,一些枝叶茂密、丛生性强的植物,以及呈匍匐状生长、铺地速度快的植物,不失为优良的地被材料,如熊掌木、平枝栒子、爬行卫矛、铺地柏等。另外,一些极耐修剪的植物,如六月雪、枸骨等,只要能控制其高度,也可作为地被植物应用。

(四)按地被植物在园林中所处的环境分类

1.空旷地被植物类　此类指在阳光充足的宽阔场地上栽培的地被植物,一般多选择观花类的植物,如郁金香、美女樱、常夏石竹、福禄考等。

2.林缘地被植物类　此类指在树林边缘或稀疏树丛下配植的地被植物,可选择适宜在这种半阴的环境中生长的植物,如二月兰、石蒜、细叶麦冬、蛇莓等。

3.疏林地被植物类　此类指在树林间隙或稀疏树丛下配植的地被植物,可选择适宜在这种半阴的环境中生长的植物,如络石、扶芳藤等。

4.林下地被植物类　此类指在乔木和灌木层基部、郁闭度很高的林下栽培的耐阴地被植物,如玉簪、虎耳草、白芨、桃叶珊瑚等。

5.坡地地被植物类　此类指在土坡、河岸边种植的地被植物,主要起到防止冲刷、保持水土的作用,应选择抗性强、根系发达、蔓延迅速的种类,如小冠花、苔草、莎草等。

6.岩石地被植物类　此类指覆盖于山石缝间的地被植物景观,是一种大面积的岩石园式地被植物。如常春藤、爬山虎等可覆盖于岩石上;石菖蒲、野菊花等可散植于山石之间。若阳光充足,可选择色彩鲜艳的低矮宿根花卉,景观异常美丽。有时可模仿高山草甸的景观,配植观花地被植物,形成五彩斑斓的地毯式景观。

三、了解水生植物的类型

根据水生植物的生活方式与形态,一般将其分为以下几大类。

1.挺水型水生植物　挺水型水生植物植株高大,花色艳丽,绝大多数有茎、叶之分;直立挺拔,下部或基部沉于水中,根或地茎扎入泥中生长发育,上部植株挺出水面。挺水型植物种类繁多,常见的有莲、黄花鸢尾、千屈菜、菖蒲、香蒲、慈姑等(图4-7-5)。

图4-7-5　挺水型植物(莲)

2.浮叶型水生植物　浮叶型水生植物的根状茎发达,花大、色艳,无明显的地上茎或茎细弱不能直立,而它们的体内通常贮藏有大量的气体,使叶片或植株能漂浮于水面上。常见种类有王莲、睡莲、萍蓬草、芡实、荇菜等。

3.漂浮型水生植物　漂浮型水生植物种类较少,这类植株的根不生于泥中,株体漂浮于水面上,随水流、风浪四处漂泊,多数以观叶为主,可为池水提供装饰和绿荫。因为它们既能吸收水里的矿物质,又能遮蔽射入水中的阳光,所以能够抑制水藻的生长。常见种类有绿萍、红浮萍、水浮莲、凤眼莲等。漂浮型水生植物的生长速度很快,能很快地提供水面的遮盖装饰。但有些种类生长、繁衍得特别迅速,可能会成为水中一害,如水葫芦等。所以需要定期用网捞出一些,否则它们就会覆盖整个水面。另外,不要将这类植物引入面积较大的池塘,因为将这类植物从大池塘中除去会非常困难。

4. 沉水型水生植物　沉水型水生植物的根茎生于泥中,整个植株沉入水体,通气组织特别发达,利于在水中空气极度缺乏的环境中进行气体交换;叶多为狭长形或丝状,植株的各部分均能吸收水中的养分,而在水下弱光的条件下也能正常生长发育;对水质有一定的要求,因为水质会影响其对弱光的利用;花小,花期短,以观叶为主。它们能够在白天制造氧气,有利于平衡水中的化学成分和促进鱼类的生长。常见种类有金鱼藻、黄花狸藻、狐尾藻等。

》任务分析

一、草坪、地被植物和水生植物在园林中的作用

草坪是由人工建植或人工养护管理,起着保护、绿化、美化环境作用和人类活动利用的低矮草地。草坪是现代园林绿地中不可缺少的要素,它除了具有多种改善环境的功能外,在园林绿地中还具有独特的艺术功能。它不仅可以独立成景,而且可以将园林中不同色彩的植物、山石、水体、建筑等要素统一于以其为底色的园林景观之中,使园林更具艺术效果。在园林艺术上,它把树木花草、道路、建筑、山丘及水面等各个风景要素更好地联系与统一起来;在功能上,为游人提供了广阔的活动场地,并能防止水土流失、减少尘土、湿润空气及缓和阳光辐射热。

地被植物是指园林中高度不超过30cm的低矮、爬蔓的植物。园林地被植物种类丰富,观赏性状多样,具有丰富的季相变化,通过地被植物的衬托,园林中山石、建筑以及高大的植物才会更为醒目。同时,园林地被植物可以协调各种景观元素,加强园林景观效果。与草坪相比,地被植物具有更为显著的环境效益和景观功能。

水生植物不仅限于植物体全部或大部分在水中生活的沉水植物、浮水植物和挺水植物,也包括适应于沼泽或低湿环境生长的沼生和湿生植物。园林的水面有了水生植物,整个园林景色才显得生动。此外,多种多样的水生植物在水体的净化卫生与生产利用上都有很大的作用。

二、草坪景观设计原则

草坪作为城市人们生活休憩、体育活动的一个重要绿色空间和重要场所,其景观构图设计显得特别重要,要求设计出一个能使草坪与自然界各种绿色植物、地形地貌相结合的草坪景观艺术设计。

1. 因地制宜、结合地形地貌　因为草坪是开阔的空间和绿地,因此草坪的景观设计一定

要掌握因地制宜、结合地形地貌的原则进行设计。还要充分考虑草坪的使用功能和草坪所在位置的地形、地势、地貌、气候、水源等自然条件而进行设计。

2. 以人为本、结合专业功能用途　草坪建成后是一个长期使用的绿色空间，是一个长期存在的绿色景点，是一个长期使用的活动场所。因此，它的景观设计必须遵循"以人为本、以专业功能用途为主"的设计原则。以绿色草坪为主，结合其他绿色植物，如与花卉植物、草本植物、地被植物、乔木、灌木等配合，突出绿色空间生机勃勃、盎然神韵、视野开阔的景观。同时还要考虑人的个性化追求。从以人为本的需求角度分析，首先是指人对环境的需要，人对草坪功能的需要，城市对草坪绿色景点的需求，从而符合人与草坪、人与环境、人与自然融为一体的景观设计艺术原则。

三、地被植物景观设计原则

地被植物本身具有不同的观赏特点，在园林中还可以通过地被植物单种栽植，不同种之间的配植，地被植物与乔木、灌木的搭配及地被植物与草坪的搭配等形成不同的景观效果。

1. 根据当地的环境条件选择适宜的种类　地被植物景观设计的成功与否取决于种类的选择是否适宜当地的气候条件及建植地段的环境因子。因此，为了达到最佳效果和减少养护管理费用，尽可能在当地的乡土植物或野生植物中选择适宜的种类，可收到事半功倍的效果。

2. 建立稳定的地被植物群落　地被植物与灌木、乔木等搭配时，宜选择合适的群落组合。种类之间不仅要在景观效果上互为补充，在生物学习性和生态习性上也要彼此相融。如深根性的乔木下宜栽植根系分布较浅的地被植物，遮阴的林下宜配植耐阴性强的地被植物；当两种地被植物混栽时，切忌一种匍匐性强、蔓延快，另一种却没有匍匐茎，这样会导致长势强的植物侵吞掉另外一种，难以建立稳定的群落。因此园林中长势强的地被植物常单种栽植，而两种混栽时宜选择长势相近的种类。

3. 遵循和谐统一的艺术规律　地被植物的观赏性状需与环境相协调。如在尺度大的空间使用枝叶较大的地被植物种类，而在尺度较小的空间配置枝叶细小的种类，才能保持地被植物景观与周围景观协调。由于地被植物本身具有丰富的季相变化，而且通常是作为园林中其他景观元素的背景，所以地被植物混栽配置的种类宜少不宜多，种类太多会显得杂乱，通常单植一种。若为了延长观赏效果而需混栽，则种类宜少，而且在观赏性状上互为补充，如生长期与休眠期互补或花期不同。或者一种为观叶植物，终年常绿，另一种为观花植物，互相衬托，可提高景观效果。

四、水生植物景观设计原则

1. 根据水生植物特点选择种植地点　水生植物因种类的不同，在低湿或沼泽地以及1m左右深的浅水中都可生长，少数可在2～3m或更深的水中生长。因此，必须按水生植物对水深的要求筑砌栽培槽来布置，也可用缸架设于水中。在不需栽植水生植物的地方，水应较深，以防水生植物自然蔓延，影响了设计景观，并妨碍对水中倒影的欣赏。多数水生植物需要在静水或稍有流动的水中生长,但有些必须在流水中如在溪涧中才能成活,这在布置上也应予以注意。

2. 结合园林景观布置相应的水生植物　水生植物常植于湖水边用于点缀风景,也常作为规则式水池的主景;在园林中也可专设一区,创造溪涧、喷泉、跌水、瀑布等水景,汇于池沼湖泊,栽种多种水生植物,布置成水景园或沼泽园;在有大片自然水域的风景区,也可结合风景的需要,栽种大量既可观赏又有经济效益的水生植物。

>> 任务实施

一、草坪景观设计

(一)草坪景观构图的要求

在进行草坪的景观设计时,一定要首先考虑草坪的设计类型、规模(面积)大小,结合地形起伏变化等因素,还要考虑草坪与周围景物景点的协调,才能使草坪形成视野广阔的绿色景观。同时,还要在草坪范围内进行设计,加插由一定图案组成的草花、地被植物、小灌木等。这些园林植物尽量选择色彩斑斓、开花鲜艳、内容丰富的品种。

1. 草坪的景观设计立意须以草坪为主,突出草坪的开阔绿色主景。同时再配植其他有色彩的园林植物,体现草坪的优美、开阔、色彩斑斓、内容丰富的主题意境。

2. 草坪景观的主景是园林中的草坪。顾名思义,一定要坚持以草坪为主的原则,不能随意加种其他植物,避免失去草坪的意义。

3. 注意保持草坪的开阔视野空间,草坪空间带给人们一种视野开阔、心旷神怡、胸怀若谷的感觉。所以,在设计草坪景观时,一定要保持草坪的开阔空间,千万不要在草坪空间,特别是中间开阔地面随意种植其他植物(图 4-7-6)。

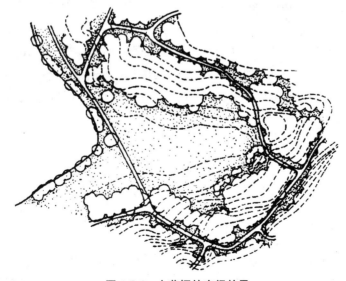

图 4-7-6　大草坪的空间效果

(二)草坪草种的选择

园林草坪草种的选择十分重要,它的主要任务是满足游憩活动和专业体育运动的场所需要。正因为这两个需要,在选择草坪草种时,要考虑其耐踩踏的性能。同时,还要考虑由于草坪占地面积比较大,不可能经常性、大规模地人工淋水,所以在选择草坪草种的时候,必须选择有很好抗旱性能的草种。在南方,由于高温多雨,水土流失较为严重,其草坪草种一定要选择那些能保持水土、根茎发达,特别是能够横向生长、匍匐茎发达的草种。

1. 草坪常用的草种　草坪草种主要以禾本科和莎草科植物为主。这些植物的特点是耐践踏、耐修剪、适应性强、萌发力强、生命力强。但是,由于我国地域辽阔,各地气候差异大、温差大、湿度差异大,所以,在选择种植草坪草的时候,应考虑对草坪种类的选择。我国地域通常是以黄河、长江、珠江三大河流所流经的流域地区来划分。黄河流域气候比较干燥,风沙也大,空气干旱,水分较少,土壤结构松散,缺水缺肥。因此在种植草坪时,应选择耐旱、抗旱、抗病性强的草种,如狗牙根草、野牛草、高羊茅草、紫羊茅草、黑麦草等草种。在长江流域,气候比较温暖,水分较多,风沙少,空气较湿润。所以,在种植草坪草时,应选择耐湿、容易修剪、回青快的草种,如细苔草、地毯草、三叶草、马蹄金草、两耳草等草种。在珠江流域,气候湿暖多雨,夏季炎热,空气湿润,属亚热带气候,土壤结构比较紧密,养分含量较高。这种气候有利于草坪的生长,使草种长势迅速,所以,应选择那流草、结缕草、天鹅绒草(细叶结缕草)、铁线草、夏威草等草种。

2. 掌握草坪草种的植物学特性　草坪植物是组成草坪的物质基础,是适应性较强的矮叶性禾本科多年生或一年生、二年生植物,具有爬地生长的匍匐茎或具有较强分生能力的根状茎,犹如蜈蚣一样长出"百足",称为"不定根"。它的分枝能力强,而且再生能力也强。如果将其蔓根切成数段,铺在地上,浇上适宜水分,就能生根长叶。度过寒冷季节或经过修剪后的草坪植物,只要留下它的根状茎(匍匐茎),在春天或回暖天气,有适宜的水分、温度时,同样能迅速长出叶子,回青特别快。

3. 草坪植物必须与种植环境协调一致　草坪植物必须与草坪的种植环境、周围环境、立地条件相匹配。同时,还要考虑栽植场地的地形起伏变化、高低落差变化。注意排灌系统的走向,切忌积水,适宜的排水坡度约为2%。在庭院草坪设计中为了防止水渗入地下室,坡度的方向要背向房屋。为了便于地表水顺利排出场地中心,大型草坪应中心略高、四面略低,呈辐射状,以利于排水。

另外,在铺设以草坪为主的绿地时,还要选用一些一年生、二年生的草本花卉,特别是开花的草花,因为这些植物有着绚丽的色彩和诱人的香味,可使草坪显得更加美丽。

二、地被植物景观设计

地被植物的种类多样性、色彩丰富性和景观季相性能将园林中的乔木、灌木、草花以及其他造景因素调和成色彩纷呈、高低错落的多层立体空间,营造出优美多样的植物景观,从而能软化园林硬质景观,烘托与点缀主体景观。在地被植物景观设计中,需要注意以下几点。

(一)地被植物的选择标准

1. 要因地制宜,选择适合本地环境气候的乡土植物。

2. 植株低矮,按株高一般分为 30cm 以下、50cm 左右、70cm 左右等几种,一般不超过 100cm。

3. 绿叶期较长,植丛能覆盖地面,具有一定的防护作用。

4. 生长迅速,繁殖容易。

5. 适应性强,抗干旱、耐病虫害、抗瘠薄,有利于粗放管理。

(二)地被植物的配置

1. 了解立地条件和地被植物特性　立地条件是指种植地的气候特征、土壤理化性状(主要是酸碱度)、光照强度、湿度情况等。地被植物的特性是指其生长高度、绿叶期、花期、适应性等。例如,杜鹃花是大家公认的优良木本地被材料,它具有枝繁叶茂、花朵绚丽的特点,深受人们喜欢。但杜鹃花是酸性土指示植物,在土壤 pH 大于 7 的地方,栽植以后生长不良,甚至短期内就会死亡。

2. 区别园林绿地不同的性质和功能

(1)各类公园既有开阔的草地,又有高大的林带;既有规则式的花坛,又有自然的花境;既有供人散步、游戏、活动的场所,又有供人欣赏的封闭式树坛。因此,就要因物景需要,恰当地选用不同的地被植物来配置。如在规则式布局中,选择的地被植物应是植株整齐一致、花序顶生或是耐修剪的品种;如在自然式的环境中,则可以选择一些植株高低错落、花色多样的品种,使群落呈现活泼自然的野趣。总之,地被植物的配置应考虑与周围环境的协调。

(2)在街心绿地上,为考虑交通安全,一般均要求选用矮生的植物,以不遮挡视线为宜。

(3)在医院、疗养院等绿地上,应考虑种植较大面积的地被植物,能为病员提供良好的活动场所,并使人感到整齐舒适,心情开朗,有益健康;地被植物应对减少尘土、减少病菌的传播、净化空气有特殊作用。

(4)在自来水厂、精密仪器厂等绿地上,应尽量考虑多种地被植物,覆盖裸露的土地,保证车间空气的净化,提高产品的质量。

(5)在工矿企业,特别是在一些对环境有特殊要求的工厂内,也要根据需要种植地被植物。如在噪声大的车间附近,不仅要选择枝叶密集、树形较高大的乔灌木种类,而且要选择适当高些的地被植物,组成较密的树墙,可以减少噪声对环境的干扰。在有污染的工厂内,除了考虑地被植物的一般特性外,还要考虑植物对有害气体的抵抗能力。如紫茉莉能抗二氧化硫、氯化氢;葱兰能抗氟化氢、氯化氢;狗牙根、野牛草、结缕草、鸢尾、地肤、石竹、凤仙、万寿菊等草本植物能抗二氧化硫;萱草、虎耳草能抗氟化氢;美人蕉能抗二氧化硫、三氧化硫、氟化氢、氯化氢等多种有害气体。美人蕉的花期长,花朵大而美丽,管理方便,在一些工厂中广泛栽植,即使受到污染也能不断从基部萌发新芽,长出新叶,陆续开花。

(6)在郊区公路旁的林荫道边,绿化条件较差,应选择一些对水肥要求不高、病虫害少、易于管理、适应性强的种类;或结合放牧采用营养丰富而又耐踩踏的草类,如黑麦草、紫羊茅、白花三叶草等,既能覆盖地面,减少冲刷,又能提供少量牧草。

3. 高度搭配适当　人工群落一般由乔灌木及草本层组成。为了使群落层次分明,有较强的艺术感染力,在上层乔灌木分枝点较高且较简洁,或种植地开阔、上层乔灌木又不十分茂密时,下面选用的地被植物可适当高一些;反之,上层乔灌木分枝点较低或球形植株种植地面积较小时,则应选用较低矮的地被植物种类;在花坛边,地被植物应选一些更矮的匍匐种类,使其与花坛植物有立面层次。所以,配置地被植物只能使群落层次分明,突出主体,起衬托作用,绝不能主次不分或喧宾夺主。

4. 色彩协调、四季有景　地被植物与上层乔木同样有各种不同的叶色、花色和果色,如能使之错落有致,则可形成丰富的季相变化。一些落叶树冬季枝叶凋零,可选择一些常绿或冬绿的种类,如麦冬、长叶车前、二月兰、洋甘菊等作地被植物,使其充满生机。其中二月兰、洋甘菊、地中海三叶草等在早春时节开放出成片花朵,使人赏心悦目。在一些常绿树丛下,则可选用一些耐阴、开花的地被植物,如玉簪、白芨、紫花酢浆草等,成片栽植,以丰富色彩。

在广玉兰、桂花等叶色深绿的乔木下,可配置成片叶色或花色较浅的地被植物作陪衬,如铁扁担、菊花脑、桃叶珊瑚、萱草等。而在叶色黄绿的水杉林下,则可配置一些叶色深绿的常绿地被植物作陪衬,如麦冬、石菖蒲等,使层次清晰,更加美丽。

整个群落还应注意色彩的相互交替或互补。当上层乔木为开花植物时,还应同时考虑地被植物开花的色彩。根据设计要求可以考虑同期开花,也可以考虑花期前后错开。如紫荆的紫色花盛开时,下层配以成片开鲜黄色花的花毛茛,色彩明快,相互协调;红色或白色的紫薇花盛开时,下层配以紫茉莉,能同时开放多种色彩的花朵,形成一个五彩缤纷的艳丽树丛。

(三)地被植物的种植设计

1. 树坛中的地被植物　树坛一般处于半阴状态,适合大多数植物生长。如果树坛裸露地面积不大,应尽量采用单一的地被材料进行种植;如果面积较大,可采用两种以上的地被材料混种或轮作,但不能采用过多种类种植,以免显得杂乱。在树坛栽植耐阴、耐湿的蕨类植物,可终年常绿,整齐茂密,生机盎然,使杂草无法生长,可大大减少除草人工。

2. 林下和林缘地被植物　林下往往郁闭度高,环境阴湿,必须选择耐阴性强的地被材料,如叶麦冬、石蒜等。在一些郁闭度较高的树林下可种植吉祥草、常春藤(图4-7-7);在一些松

图4-7-7　林下地被植物

林、樟树林和杂木林下,苍竹、箬竹、橐吾、细辛及蕨类植物生长良好,种后可自然繁衍,形成较稳定的群落。

林缘地被植物也可由林下地被延伸种植,与草地或道路相接,使乔木与之自然过渡,充分体现景色的完整性。

3. 路旁地被植物　路旁随着季节的变化,经常用蜀葵、秋葵、鸡冠等植物组成花境或花径,使原来比较单调、空旷的道路丰富起来。尽管这些花境或花径常用一些绿篱、绿墙、常绿树丛作背景,但也不可忽视地被植物的栽植。一些像葱兰、韭莲、鸢尾、萱草等花色艳丽的开花植物如能栽植其中,可使花径与道路、背景、周围景物有机地衔接起来。

所选用的路旁地被植物一般以多年生宿根、球根植物为主。种植时,要成片种植,覆盖地面,同时注意高矮和色彩搭配。

4. 雕塑与喷水池边地被植物　水池、雕塑是具有装饰性的建筑,它们能组织周围的景色,起点缀作用。人们在用高大色浓的乔木作为水池、雕塑背景的同时,还在周围留有一定的观赏空间。在此如能适当种植一些低矮、整齐的地被植物用以衬托,则会使主体更为突出。

三、水生植物景观设计

(一) 水面景观

要根据环境选择水生植物种类。在湖、池中通过配植浮水植物、飘浮植物及适宜的挺水植物,遵循上述艺术构图原理,在水面可形成美丽的景观。1m 以上深度的水体以浮水植物为宜,如水浮莲、红浮萍、绿浮萍等。配植时注意植物在形态、质地等观赏性状上的协调和对比,尤其是植物和水面的比例要控制在 1:3 范围之内;水面不宜种满,要有疏有密、有断有续。较大水面上可种植单一的荷花或芦苇、菖蒲等;为控制水生植物生长范围,一般应设水生植物栽植床。

(二) 岸边景观

水景园的岸边景观主要由湿生的乔灌木及挺水植物组成。乔木的枝干不仅可以形成框景、透景等特殊的景观效果,不同形态的乔木还可组成丰富的天际线,或与水平面形成对比,或与岸边建筑相配植,组成强烈的景观效果。岸边的灌木或柔条拂水,或临水相照,成为水景的重要组成内容。岸边的挺水植物虽然多数矮小,但亭亭玉立,或与水岸搭配并呈大小群丛,点缀池旁桥头,极富自然情趣。线条构图是岸边植物景观最重要的表现内容。

(三) 沼泽景观

自然界沼泽地分布着多种多样的沼生植物,成为湿地景观中最独特和丰富的内容。在西方的园林水景中有专门供人游览的沼泽园。其内布置各种沼生植物,姿态娟秀,色彩淡雅,分布自然,野趣尤浓。游人可沿岸游览,欣赏大自然的美景,其乐无穷。在面积较大的沼泽园中,种植沼生的乔、灌、草等多种植物,并设置汀步或铺设栈道,引导游人进入沼泽园的深处,去欣赏奇妙的沼生植物或湿生乔木的气根、板根等奇特景观。在小型水景园中,除了在岸边种植沼生植物外,也常结合水池构筑沼园或沼床,栽培沼生植物,丰富水景园的观赏内容。沼园或沼床的形状一般与水池相协调,即规则式水池配以规则式沼床,自然式水池配以自然式沼床(图4-7-8)。

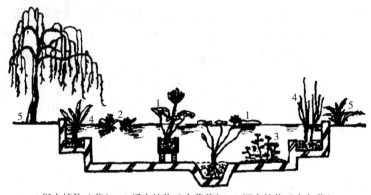

1.挺水植物(莲)　2.浮水植物(水葫芦)　3.沉水植物(金鱼藻)
4.沼生植物(香蒲)　5.水旁植物(垂柳、蕨类)

图4-7-8　水生植物造景示意图

(四)滩涂景观

滩涂是湖、河、海等水边的浅平之地。在园林水景中可以再现自然的滩涂景观,结合湿生植物的配植,带给游人回归自然的审美感受。有时将滩涂和园路相结合,让人在经过时不仅能看到滩涂,而且须跳跃而过,顿觉妙趣横生,意味无穷。

》》实例分析

杭州园林植物造景特色

　　杭州园林中植物景观给人另一深刻的印象就是各种大小不等的草坪。大草坪开阔平坦,气魄大,如柳浪闻莺的草坪面积为35000m²、花港公园大草坪面积为16400m²、孤山后的草坪面积为4080m²、西泠印社西边的山坡草坪面积为5680m²。小草坪常寓于大草坪中或配植成单独的草坪空间,如植物园山水园旁封闭小草坪。花港公园内蒋庄庭园小草坪也给人以安逸宁静、小巧舒适的享受。这些草坪的组织都是通过植物及地形进行空间的分隔。草坪周围配植乔灌木,以其树冠从立面上划分了植物空间。高低起伏的地形,不但增加了乔灌木立面的高度,也增添了天际线的变化。大草坪开敞,满足游人活动和眺望,故以乔木分隔空间时要注意开朗的要求,在大草坪内可配植孤立树、树丛,甚至高低错落、季相丰富的树群,也可配植大片宿根植物。花港大草坪的雪松树丛和樱花、灵隐草坪的枫香孤立树、西泠印社草坪的杏花林、孤山草坪后的麻栎林及林下成片的杜鹃都成为这些草坪主要的特色。此外,如榉树、银杏、乌桕、红枫、各种槭树都是草坪上优良的秋叶树种。大草坪内可用树丛、树群再分割成若干封闭式小草坪,如花港和柳浪闻莺大草坪中的雪松树群,就组成了雪松空间小草坪,既可让游人安静休息,又留出透视线供赏景用。为增添安静感,小草坪宜以乔木、花灌木复层配植来分隔,既遮挡了视线,又在小空间内形成花团锦簇的景观。

广泛应用地被植物是杭州园林植物造景的重要组成部分之一。在一些公园、风景点的空旷地、山坡、林下、岸边和路旁广泛栽种地被植物,大大丰富了园林的色彩和景观,兼具绿化和美化的效果。根据路面宽度与周围环境,园路两旁选种一些与立地环境相适应、花色鲜艳又常绿的葱兰、韭兰、鸢尾等地被植物,成片群植或小丛栽种。将原来比较单调、空旷的园路用地被植物搭配成高低错落、色彩丰富的花径或花境,使之与周围景物协调地衔接起来。花港公园的园路两旁栽种金针菜、鸢尾、沿阶草;植物园百草园内小径两旁,浓荫蔽天,选用耐阴的苍竹镶边,终年保持油绿,茸茸可爱。此外,在规则式或自然式种植乔灌木的树坛内种植地被植物也较普遍。树坛内由于乔灌木数量多,遮阴面积大,一般光照条件较差,故常选用耐半阴的地被植物种类,并求得与上木的色彩和姿态配植得当,才能生气盎然,得自然之趣。如孤山博物馆前的鸡爪槭树坛内,种植耐半阴的紫酢浆草,在春秋二季,花叶并茂,艳丽多彩。黄龙洞庭园中的桧柏树池内,一片茂密的沿阶草覆盖裸露土面,与周围石板路面相接,使人感到清新而和谐。花港公园牡丹园的白皮松下,自然覆盖着洋常春藤,生长强健而致密。在一些自然种植的孤立木下配置地被植物,一般都是自然地种植于树干基部周围,这样更能增添自然风趣。

杭州有大片疏林,林下环境阴湿,配植上地被植物不但能保护水土,利于林木生长,同时能增加层次,提高环境效益,加深景观,体现出亚热带地区自然群落分层结构和植物配植的自然美。疏林下耐阴的植物资源相当丰富,有篙竹属、苦竹属、杜鹃属、水栀子、虎刺、杜茎山、紫金牛、百两金、尾尖山茶、络石、中华常春藤、小叶青凤藤、珍珠莲、寒莓等灌木及藤本植物,以及吉祥草、阔叶麦冬、石菖蒲、石蒜属、金针菜、苍竹、蝴蝶花、沿阶草、春兰、金钱草、各种蕨类等草本植物。如保俶塔、虎跑泉、云栖竹径等风景点林下和山坡上的裸露地面用箬竹覆盖,形成单一优势,控制地面,减少了杂草生长;植物园内疏林下,大量种植宽叶麦冬;在黄杉林下,光照强度仅为全日照的1/28~1/9,飘拂苔草不但生长良好,而且很耐干旱,为耐阴、耐旱的优良地被植物;花港公园一片疏林下,土壤瘠薄,坚实而干旱,光照强度为全日照的1/16~1/10,连沿阶草都不易生长,而石蒜却能生长良好;在香樟、油柿、朴树、榔榆等树种组成的混交林下,光照强度为全日照的1/23~1/7,紫酢浆草开花生长良好;虎跑泉疏林下光照强度分别为空旷地全日照的1/40~1/8,沿阶草生长良好;三潭印月的河柳与常绿的构骨树下,光照强度只为空旷地的1/10,耐阴的吉祥草生长异常茂盛,四季常青,入冬果熟,经久不凋,在林缘种植不同高度的地被植物,可以使之更添自然情趣。如花港公园某林缘处种植菲白竹,在乔木与草地之间交接自然,起到过渡作用,增添深度感。

杭州园林地被植物应用之所以取得如此大的成绩,主要是取材于乡土地被植物种类,合理地按其生态习性配植。这些种类或掘取于西湖山区,或购自附近郊县农民,这种就地挖取、收购的方式,可避免长途运输,既经济又容易使植物成活。同时,乡土地被植物最能体现本地区植被特色,可保持较长时期的相对稳定,具有事半功倍的效果。但就地取材中,必须注意适当挖取,挖大留小,保护种源。此外,园林工作者还充分利用一些暂时处于野生状态的地被植物,如马蹄金、金钱草、过路黄、黄毛耳草、早熟禾等来覆盖裸露地面。如花港公园有意将白皮松及广玉兰树下多年生野生草本地被马蹄金保护起来,使之蔓延成片生长,取得了良好效果。为进一步美化地面,今后还可发展观花地被植物,尤其是多年生宿根地被植物,如落新妇、白及、秋牡丹、大花金鸡菊、金鸡菊、耧斗菜、桔梗类、石蒜类、水仙类、雪滴花、雪钟花、绵枣儿类、紫菀类,还可增添自播繁衍能力强的洋甘菊、蛇目菊等,以及观叶的万年青、石菖蒲、大吴风草、爬行卫矛和蕨类植物等,不断增加地被植物种类,把大地装点得更加美丽。

(节选自《植物造景》)

任务实训

园林植物与环境配合设计

一、实训目的

了解园林植物与园林其他组成要素的关系,掌握园林植物与其他园林组成要素的配置要点,学会绘制园林植物配置图。

二、实训内容

1. 实地观察园林植物与园林中山水地貌、道路广场、建筑构筑物的关系。
2. 绘制园林植物配置平面图。

三、方法步骤

1. 由指导教师讲解本次实训的目的和要求。
2. 全班集体跟随指导教师到校园观察园林植物与园林中山水地貌、道路广场、建筑构筑物的关系。
3. 绘制园林植物配置平面图。
4. 实训小结。

四、工具材料

测量仪器、绘图工具等。

五、基本要求

1. 根据模拟园林平面图,分别在道路出入口、道路边、建筑物旁配置园林植物,绘制出平面图(比例为1∶100)。
2. 图面表现能力强,线条流畅,构图合理,清洁美观,图例、文字标注、图幅符合制图规范。
3. 设计说明语言流畅,言简意赅,能准确地对图纸补充说明,体现设计意图。
4. 设计时不分组,要求独立完成。
5. 实训结束时尚未完成图纸和说明的,要在课后当天及时完成。

六、考核与报告

样表略。

》练习与思考

1. 草坪有哪些类型和造景设计要点?
2. 地被植物有哪些类型和造景设计要点?
3. 水生植物有哪些类型和造景设计要点?

项目五
专项园林绿地规划设计

任务一　道路绿地规划设计

▶▶ 教学目标

能够进行道路绿带和小型街头小游园的景观设计。

▶▶ 任务描述

1. 了解道路绿地的基础知识。
2. 掌握道路绿地设计的原则。
3. 学会各种类型道路绿地的设计。

▶▶ 任务准备

1. 基地自然条件的调查　为满足种植设计苗木的生态习性和生长特性，必须对基地气候、土壤、空气质量等自然条件进行充分调查。

2. 社会环境调查　调查道路所在地的历史、人文、风俗习惯等方面的情况。

3. 设计条件或绿地现状的调查　通过现场踏查，明确规划设计范围，收集设计资料，掌握绿地现状，绘制相关现状图等。

▶▶ 任务分析

一、了解道路横断面布置形式

城市道路横断面，是指垂直于道路中心线方向的断面，通常由车行道、人行道、绿带和分车带等部分组成。道路绿地横断面布置形式是道路规划设计所采用的主要模式，它能反映路型和宽度特征。目前常用的布置形式有一板二带式、二板三带式、三板四带式、四板五带式和其他形式。

1. 一板二带式　即一条车行道，两条绿带，它是最常见的道路绿地形式。优点是：简单整齐，用地少，管理方便。缺点是：当车行道过宽时行道树的遮阴效果较差，相对单调，而且不利于机动车辆与非机动车辆混合行驶时的交通管理。一板二带式多用于城市支路或次要道路(图5-1-1)。

图5-1-1　一板二带式

2.二板三带式　即两条车行道,三条绿带。优点是:解决了对向车流相互干扰的问题,且生态效益显著,景观较好。缺点是:机动车辆和非机动车辆同向混合行驶的安全隐患较大。故此类型道路适用于机动车多、夜晚交通量大而非机动车少的道路,如高速公路和入城道路(图5-1-2)。

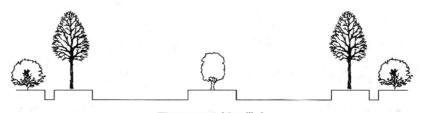

图5-1-2　二板三带式

3.三板四带式　即三条车行道,四条绿带。优点是:绿化量大,夏季遮阴效果好,组织交通方便、安全可靠,便于行人过街,利于夜间行车,解决了各种车辆混合互相干扰的问题。缺点是:此种道路形式占地面积大。但是这种道路形式是城市道路绿地较理想的形式,尤其适合在机动车、非机动车流量较大的区域使用(图5-1-3)。

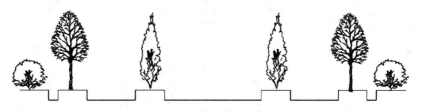

图5-1-3　三板四带式

4.四板五带式　即四条车行道,五条绿化带。优点是:机动车与非机动车均形成上行、下行各行其道,互不干扰,行车速度和安全都有保障。缺点是:用地面积大,建设投资高。若城市道路交通繁忙,而用地又比较紧张时,则可以通过用栏杆或隔离墩分隔来节约用地(图5-1-4)。

图5-1-4　四板五带式

5. 其他形式 根据现状和地形的限制,按道路所处地理位置、环境条件特点,因地制宜设置绿带,可形成许多特殊的道路横断面设计形式,如山道、滨河林荫路等。

现在随着经济的发展、交通状况的改变,传统的道路横断面形式已经表现出越来越多的缺陷。设计者必须从实际出发,因地制宜,选择合适的道路横断面,不能片面追求形式,讲求气派。在街道狭窄、交通量大、只允许在街道的一侧种植行道树时,就应当从行人的遮阴和树木生长对日照条件的要求的角度来考虑,不能片面追求整齐对称,减少车行道数目。如果街道上不能种植行道树时,可以采取特殊的绿化方式,如摆设盆栽植物、垂直绿化等。

二、道路绿地设计的专用术语

城市道路绿地设计专用术语是与城市道路绿地相关的一些专门术语(图5-1-5)。

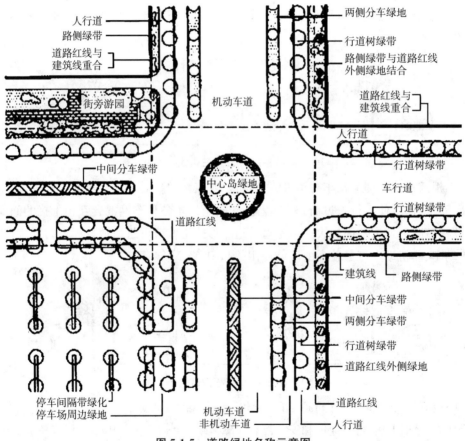

图5-1-5 道路绿地名称示意图

1. **道路红线** 在城市规划图纸上划分出的建筑用地与道路用地的界线。常以红色线条表示,故称"道路红线"。道路红线是街面或建筑范围的法定分界线,是线路划分的重要依据。

2. **道路分级** 道路分类的主要依据是道路的位置、作用和性质,是决定道路宽度和线型设计的主要指标。目前我国城市道路大都按三级划分:主干道(全市性干道)、次干道(区域性干道)、支路(居住区或街坊道路)。

3. 道路总宽度　也叫"路幅宽度",即规划建筑线(道路红线)之间的宽度。道路总宽度是道路用地范围,包括横断面各组成部分用地的总称。

4. 道路绿地　道路及广场用地范围内可进行绿化的用地。道路绿地分为道路绿带、交通岛绿地、广场绿地和停车场绿地。

5. 道路绿带　道路红线范围内的带状绿地。道路绿带分为分车绿带、行道树绿带和路侧绿带。

6. 分车绿带　车行道之间可以绿化的分隔带。其中位于上下机动车道之间的为分车绿带;位于机动车与非机动车道之间或同方向机动车道之间的为两侧分车绿带。

7. 行道树绿带　布设在人行道与车行道之间,以种植行道树为主的绿带。

8. 路侧绿带　在道路侧方,布设在人行道边缘至道路红线之间的绿带。

9. 交通岛绿地　可绿化的交通岛用地。交通岛绿地分为中心岛绿地、导向岛绿地和立体交叉绿岛。中心岛绿地指位于交叉路口上可以绿化的中心岛用地;导向岛绿地指位于交叉路口上可绿化的导向岛用地;立体交叉绿岛指互通式立体交叉干道与匝道围合的绿化用地。

10. 广场、停车场绿地　广场、停车场用地范围内的绿化用地。

11. 道路绿地率　道路红线范围内各种绿带宽度之和占总宽度的百分比。

12. 园林景观路　在城市重点路段,强调沿线绿化景观,体现城市风貌、绿化特色的道路。

13. 装饰绿地　以装点、美化街景为主,不让行人进入的绿地。

14. 开放式绿地　绿地中铺设游步道、设置坐凳等,供行人进入游览休息的绿地。

15. 通透式配置　绿地上配植的树木在距相邻机动车道路面高度 0.9~3.0m 之间的范围内,其树冠不遮挡驾驶员视线的配置方式。

三、道路绿地的类型

道路绿地是城市道路环境中的重要景观元素。城市道路绿化以"线"的形式使城市绿地连成一个整体,可以美化街景,衬托和改善城市面貌。因此,道路绿地的形式直接关系到人们对城市的印象。现代化大城市有很多不同性质的道路,其道路绿地的形式、类型也因此丰富多彩。根据不同的种植目的,城市道路绿地可分为功能种植与景观种植两大类。

(一)功能种植

功能种植是通过绿化种植来达到功能上的效果,如防眩光、视线诱导、防风、防火、防雪、隔声、遮蔽地面的植被覆盖等。但道路的绿化功能并非唯一的要求,不论采取何种形式都应考虑多方面的效果,如视觉上的效果,使其成为街景艺术的组成部分。主要的功能种植类型有以下几种。

1. 遮蔽式种植　遮蔽式种植是考虑把视线的某一个方向加以遮挡,以免见其全貌。如街道某一处景观不好,需要加以遮挡;城市的挡土墙或其他构造物影响道路景观时,可以种上一些树木或攀缘植物加以遮挡。

2.遮阴式种植　我国许多地区夏天比较炎热,街道上的温度也很高,所以遮阴树的种植十分重要。

3.装饰种植　装饰种植可以用在建筑用地周围或道路绿化带、分隔带两侧做局部的间隔与装饰之用。它的功能是作为分界线的标志,防止行人穿过、遮挡视线、调节通风、防尘、调节局部日照等。

4.地被种植　使用地被植物覆盖地表面,如地坪等,可以防尘、防土、防止雨水对地表的冲刷,在北方还有防冰冻作用。由于地表面性质发生改变,对小气候也有一定影响。地被的宜人绿色可以调节道路环境的景色,同时减少反光,不眩目,如与花坛的鲜花相对比,则色彩效果更好。

5.其他　如防音、防风、防雪种植等。

(二)景观种植

从道路环境的美学观点出发,从树种、树形、种植方式等方面来研究绿化与道路,建筑协调的整体艺术效果使绿地成为道路环境中有机组成的一部分。景观栽植主要是从绿地的景观角度来考虑栽植形式,可分为以下几种。

1.密林式种植　沿路两侧浓茂的树林主要以乔木为主,配以灌木和地被植物,封闭了道路。这种形式一般用于城乡交界处、环绕城市或结合河湖布置,尤其在夏季浓荫密布,具有良好的生态效果。

2.自然式种植　这种绿地方式主要用于造园、路边休息所、街心、路边公园等。自然式的绿地形式模拟自然景色,具有高低、浓密和各种形体的变化,比较自由,主要根据地形与环境来决定。这种形式能很好地与附近景物配合,增强街道的空间变化,但夏季遮阴效果不如整齐式的行道树。

3.花园式种植　沿道路外侧布置成大小不同的绿化空间,有广场,有绿荫,并设置必要的园林设施,如桌椅、亭廊等,供行人和附近居民逗留小憩和散步。这种形式布局灵活、用地经济,具有一定的实用性和绿化功能性。

4.田园式种植　道路两侧的园林植物都在视线下,大都种植草坪,空间全面敞开。在郊区直接与农田、菜园相连;在城市边缘也可与苗圃、果园相邻。这种形式开朗、自然,富有乡土气息,视线良好,主要用于城市公路、铁路、高速干道的绿化。

5.滨河式种植　道路的一面临水,空间开阔,环境优美,是市民游憩的良好场所。在水面不十分宽阔、对岸又无风景时,滨河绿地可布置得较为简单,树木种植成行,岸边设置栏杆,树间安放座椅,供游人休憩。如水面宽阔,沿岸风光绚丽,对岸风景点较多,沿水边就应设置较宽阔的绿地,布置游人步道、草坪、花坛、座椅等园林设施。游人步道应尽量靠近水边,或设置小型广场和临水平台,满足人们的亲水感和对观景的要求。

6.简易式种植　沿道路两侧各种一行乔木或灌木,形成"一条路,两行树"的形式。它在街道绿地中是最简单、最原始的形式。

四、道路绿地设计原则

城市道路绿地除了要满足最基本的交通运输功能外,还应该充分发挥其在改善城市环境和丰富城市景观中的作用;体现出城市的地方性、艺术性和相应的人文关怀,避免绿化影响交通安全,保证绿化植物的生存环境,使道路绿化规划设计规范化。故道路绿化设计应遵循如下基本原则。

(一)安全性原则

城市道路绿化设计首先应该强调的就是安全性,所有的设计必须在满足安全性的条件下进行。在考虑安全性的时候主要注意以下两个方面。

1. 符合行车视线要求。

(1)在道路交叉口,种植设计需要先调查其地形、环境特点,并了解"安全视距"的概念。所谓"安全视距",是指行车司机发觉对方来车后立即刹车而恰好能安全停车的距离。为了保证行车安全,道路交叉口转弯处必须空出一定距离,使司机在这段距离内能看到对面特别是侧方来往的车辆,并有充分的刹车和停车时间,而不致发生撞车事故。根据两条相交道路的两个最短视距,可在交叉口平面图上绘出一个三角形,称为"视距三角形"(图5-1-6)。在此三角形内不能有建筑物、构筑物、广告牌以及树木等遮挡司机视线的地面物。在视距三角形内种植植物时,其高度不得超过0.7m,宜选择低矮灌木、丛生花草种植。视距的大小根据道路允许的行驶速度、道路的坡度、路面质量情况来定,一般采用30～35m的安全视距。

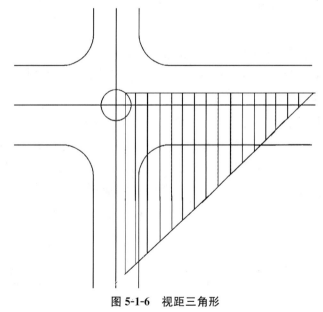

图 5-1-6 视距三角形

(2)在弯道外侧的树木应沿边缘整齐连续种植,预告道路线型变化,引导司机行车视线。

2. 符合行车净空要求　在道路设计中要提供一定宽度和高度的范围,为车辆运行保证空间,树木不得进入该空间。具体范围应根据道路交通设计部门提供的数据确定。

(二)生态性原则

道路绿化设计在进行树种选择时应充分考虑当地的自然条件和社会条件,做到"适地适树"。适地适树,通俗地说,就是把树木栽在适合的环境条件下,也就是使树木生态习性与园林栽植地生境条件相适应,达到树和地的统一,使树木生长健壮,充分发挥其园林功能。植物伴生是自然界中乔木、灌木、地被植物等相伴生长在一起的现象,可形成植物群落景观。伴生植物生长分布的相互位置与各自的生态习性相适应。道路绿地为了使有限的绿地发挥最大的生态效益及营造多层次植物景观,采用人工植物群落配置形式时,要符合植物伴生的生态习性要求。

(三)实用性原则

1. 最大限度地发挥道路绿地的生态功能和对环境的保护作用　道路绿化的主要功能是遮阳、滤尘、减噪、防眩光、改善道路两侧的环境质量和美化城市等。以乔木为主,乔、灌、地被植物相结合的道路绿化的防护效果最好,景观层次丰富,能更好地发挥其作用。

2. 保护道路绿地内的古树名木　道路绿地的设计要保护好道路绿地范围内的古树名木,可依据《城市绿化条例》和地方法规或规定进行保留和保护。

(四)以人为本原则

道路上的行人、车辆中的人都是在动态过程中观赏街景的,由于各自的交通目的和交通手段的不同,产生了不同的行为规律和视觉特性,设计应以人为本,要考虑道路上的行人、车辆中的人的行为规律和视觉规律。

(五)协调性原则

一般来讲,在进行道路绿地设计时,应对这条道路所在地的社会环境和人文环境以及道路周围环境进行调查。根据调查资料完成道路绿化设计整体的立意构思,从而更好地满足道路绿化的景观要求和功能要求。

1. 设计角度　道路绿地应该考虑与街道上的附属设施相协调。要合理安排道路绿化与市政公用设施、地上架空线、地下管线及其他设施的空间位置,使其各得其所,减少矛盾。

2. 景观角度　道路绿化要符合美学的要求,处理好区域景观与整体景观的关系。道路绿化要与街景中其他元素相协调,与地形、沿街建筑等紧密结合,与城市自然景色、历史文物以及现代建筑有机地联系在一起,创造有特色、有时代感的城市环境。

(六)近期效果和远期效果相结合

在道路绿化设计中要做到近期效果和远期效果相结合。道路绿化要达到设计意图和实现完善的效果常常需要几年甚至十几年的时间,所以设计时要有发展观念和长远眼光。主要是在树种的选择上应该注意速生树与慢生树相结合。

》》任务实施

城市道路绿地种植设计包括人行道绿化带的设计、分车绿带的设计、街头小游园的设计和其他形式道路绿地的设计。

一、人行道绿化带的设计

从车行道边缘至建筑红线之间的绿地统称为"人行道绿化带",它是道路绿化中的重要组成部分,在道路绿地中往往占较大的比例。它包括行道树绿带、路侧绿带及基础绿带等。

(一)行道树绿带设计

行道树绿带是指位于人行道上以大乔木为主,主要起遮阳和美化作用的绿带。行道树绿带的宽度应根据道路的性质、类别、对绿地的功能要求以及立地条件等综合因素来决定,但不应小于1.5m。

1.行道树的种植形式　根据行道树的种植方式不同可将其分为树带式和树池式。

(1)树带式。树带式是指在人行道和车行道之间留出一条不加铺装的种植带,一般在交通量小、行人不多的情况下适用。种植带的宽度不小于1.5m,以4~6m为宜。可种植乔木、灌木、草花。为防行人踩入,影响空气和水分渗透,边缘一般高出人行道6~10cm,树带可在适当的距离留出铺装过道,便于人流通行或汽车停站。

(2)树池式。树池式是指在几何形的种植池内种植行道树。一般在交通量比较大,行人多而人行道较狭窄的道路上适用。一般树池以方形居多,以(1.2~1.5)m×(1.2~1.5)m为宜,长宽之比不超过1:2;圆形树池直径不小于1.5m(图5-1-7)。

方形　　　　　圆形　　　　　长方形

图 5-1-7　常用树池形式示意图

为防止行人踩踏池土,保证行道树的正常生长,一般把树池周边做得高于人行道路面,或者与人行道高度持平,上盖铁花盖板,以减少行人对池土的踩踏,或植以地被草坪或散置卵石于池中,以增加透气效果。

2.行道树树种的选择条件。

(1)能适应当地生长环境,移植时成活率高,生长迅速而壮健的树种(最好是乡土树种)。

(2)能适应粗放管理,对土壤、水分、肥料要求不高,耐修剪、病虫害少的树种。

(3)树干端直、树形端正、树冠优美、冠大荫浓、遮阴效果好的树种。

(4)发叶早、落叶迟的树种。

(5)深根性、无刺、花果无毒、无臭味、无飞毛、根蘖少的树种。

(6)适应城市生态环境、树龄长、对烟尘和风害等抗性强的树种。

3.行道树种植设计应注意的问题。

(1)行道树绿带种植应以行道树为主,并与乔木、灌木、地被植物相结合,形成连续的绿带。在行人多的路段,行道树绿带不能连续种植时,行道树之间宜采用透气性路面铺装。

(2)行道树定植株距应以其树种壮年期冠幅为准,最小种植株距为4m。行道树树干中心至路缘石外侧最小距离以0.75m为宜。

(3)种植行道树苗木的胸径:快长树不得小于5cm,慢长树不宜小于8cm。一般胸径以12~15cm为宜。

(4)在道路交叉口视距三角形范围内,行道树绿带应采用通透式配置。

4.行道树的定干高度和株距。

(1)定干高度。定干高度应视其功能要求、交通状况、道路性质、道路宽度、行道树距车行道距离、树木分枝角度而定。树干分枝角度大者,干高不小于3.5m;分枝角度小者,不能小于2m,否则影响交通。

(2)株距。株距一般以5~8m为宜。

(二)路侧绿带和基础绿带设计

当街道具有一定的宽度,人行道绿化带也就相应地增宽,这时人行道绿化带上除布置行道树外,还有一定宽度的地方可供绿化,这就是路侧绿带。若绿化带与建筑相连,则称为"基础绿带"。

路侧绿带宽度在2.5m以上时,可考虑种植一行乔木和一行灌木;宽度大于6m时可考虑种植两行乔木,或将大乔木、小乔木和灌木以复层方式种植;宽度在8m以上时,根据周围环境条件,既可以设计成封闭式绿地也可以设计成开放式绿地,以提高绿地的功能和街景的艺术效果(图5-1-8,图5-1-9)。

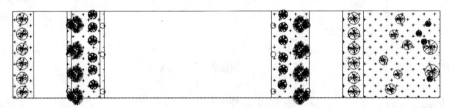

图 5-1-8　封闭式路侧绿化带

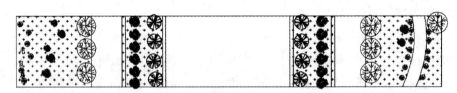

图 5-1-9　开放式路侧绿化带

基础绿带的主要作用是保护建筑内部的环境及人的活动不受外界干扰。基础绿带内可种灌木、绿篱及攀缘植物以美化建筑物。种植时一定要保证种植点与建筑物的最小距离,保证室内的通风和采光。

二、分车绿带的设计

在分车带上进行绿化,称为"分车绿带",也称"隔离绿带"。分车带宽度依车行道性质和街道总宽度而定,一般分车带宽度为 4.5～6.0m,最窄的为 1.2～1.5m。

(一)分车绿带的设计原则

1. 分车绿带的植物配置应形式简洁,树形整齐,排列一致。乔木树干中心至机动车道路缘石外侧距离不宜小于 0.75m。从安全角度考虑,分车绿带的设计不宜过分华丽和复杂,在进行分车绿带设计时,常用简单的图案或者利用数字来表达设计主题。

2. 中央分车绿带应阻挡相向行驶车辆的眩光,在距相邻机动车道路面高度 0.6～1.5m 的范围内,配置植物的树冠应常年枝叶茂密,其株距不得大于冠幅的 5 倍。另外,中央分车绿带一般宽度较大,而且经常作为城市道路中的重点来处理,因此在设计时应突出景观性。

3. 两侧分车绿带宽度大于或等于 1.5m 时,应以种植乔木为主,并以乔木、灌木、地被植物相结合为宜。其两侧乔木树冠不宜在机动车道上方搭接。分车绿带宽度小于 1.5m 时,应以种植灌木为主,并以灌木、地被植物相结合为宜。

4. 被人行横道或道路出入口断开的分车绿带,其端部应采取通透式配置。

(二)分车绿带植物的选择标准

1. 花灌木应选择花叶繁茂、花期长、生长健壮和便于管理的树种。

2. 绿篱植物和观叶灌木应选用萌芽力强、枝叶繁茂、耐修剪的树种。

3. 地被植物应选择茎叶繁茂、生长势强、病虫害少和易管理的木本和草本观叶、观花植物。其中草坪地被植物还应选择萌蘖力强、覆盖率高、耐修剪和绿色期长的种类。

三、街头小游园的设计

所谓"街头小游园",是指位于城市道路用地之外相对独立成片的绿地。它包括街道广场绿地、小型沿街绿化用地等。街头小游园是独立的城市公共绿地,一般面积较小,布置灵活,不拘形式,设施简单,多以种植植物为主,可供居民短时间的休息、散步之用。

(一)街道小游园的规划设计

街道小游园的设计内容包括出入口、组织空间、设计园路、场地、选择安放设施、进行种植设计等。这些都要按照艺术原理及功能要求来考虑。以休息为主的街道小游园,其道路场地可占总面积的 30%～40%,以活动为主的街道小游园可占 60%～70%,但这个比例会因游园大小及环境不同而有所变化。

街道小游园绿地大多地势平坦,或略有高低起伏,可设计为规则对称式、规则不对称式、自然式、混合式等多种形式。具体采用何种形式,要根据绿地面积大小、轮廓形状、周围建筑的性质、附近居民情况和管理水平等因素来定。

当交通量较大,路旁又只有面积很小的空间时,可用常绿乔木作背景,在其前面配置花灌木、置石，设立雕塑或其他小品，形成一个封闭式的装饰绿地。

当现有局部面积较宽广，两边除人行道之外还有一定土地空间时，则可种植大乔木，布置适当坐凳和铺装地面，供人们休息、散步之用。

当绿化地段较长时，可以根据周围环境和人流情况多设几个出入口，以方便游人出入。在小游园内部可适当设置儿童游戏设施，形成小型的儿童游戏场。小游园内可建亭、花架等休息设施，道旁可适当设置后退场地，设立座椅，也可与挡土墙、花台、栏杆等小品相结合做成座椅，有利于游人休息和赏景（图 5-1-10）。

图 5-1-10　街头小游园

（二）街道小游园的种植设计

街头小游园在植物的配置上应考虑季相变化，营造春则繁花吐艳、夏则绿荫清香、秋则霜叶似火、冬则翠绿常延的景观，使之与居民春夏秋冬的生活规律同步。可选择一些具有强烈季相变化的植物，如雪松、玉兰、悬铃木、元宝枫、紫薇、女贞、大叶黄杨、柿树和应时花卉等，使萌芽、抽叶、开花、结果的时间相互交错，呈现较为强烈的色彩、形态等变化；还应乔灌花草相结合、常绿与落叶相结合、速生与慢长相结合；植物栽植要避免过于杂乱，要有重点、有特色；在植物物种的选择上，不能过于追求物种的多样化而忽视物种的本土化，游园造景一般都选用自然色和半自然色，这是游人眼睛更易接受和感到舒适的两种色彩；应兼顾立体绿化，形成多层次、立体式的景观效果，最终达到功能优先、注重景观、以绿为主的目的。

另外，由于街头小游园面积较小，园内应尽量避免使用大面积规则的灌木种植，不再出现纯观赏性的绿地，而应以种植草花为主。草花的种类繁多，更能做到种植上的一步一景；种植效果接近生态自然，让人容易亲近；草花多为宿根花卉，养护成本也低，是现代城市游园造景的重要元素之一。

四、其他形式道路绿地的设计

（一）步行街绿地种植设计

步行街是城市中专供步行者使用，禁止或限制车辆通行的街道。步行街街道一般位于商业、服务设施集中区域。如北京王府井大街、武汉江汉路步行街、大连天津街、上海的南京路等。

步行街两侧以商业店铺为主，为了创造一个舒适的环境供行人休息与活动，步行街应以装饰性强的花纹地面为主，以绿化小品为辅。环境设计以座椅、灯、喷泉、雕塑等小品为主，而绿化只是作为其中的点缀。绿化形式应以行道树为主，以花池为辅，适当布置店铺前的基础绿化、角隅绿化等，达到装点环境、方便行人的目的。植物种植要特别注意其形态、色彩与街道环境相结合，树形要整齐，乔木树冠大而荫浓、挺拔雄伟；花灌木无刺、无异味、花艳、花期长。总之,步行街绿地设计要充分满足其功能需要,同时要经过精心的规划与设计,达到较好的艺术效果。

(二)滨河路绿地种植设计

滨河路是城市中一侧临河流、湖沼、海岸等水体的道路。其侧面临水,空间开阔,环境优美,是城镇居民乐于游憩的地方。如果加以绿化,可吸引大量游人,其重要性不亚于风景区和公园绿地。

一般滨河路的一侧是林立的城市建筑,一侧是开朗宁静的水面。因此在与城市道路相邻的一侧,应种植1～2行乔木和常绿灌木作为绿篱屏障,以保证滨河绿带中行人的安静和安全。如果水面不十分宽阔,对岸又无风景时,滨河路可以布置得较为简单。除车行道和人行道之外,临水一侧可修筑游步道,种植成行树木;驳岸风景点较多时,沿水边就应设置较宽阔的绿化地带,布置游步道、草地、花坛、座椅等园林设施。游步道应尽量靠近水边,以满足人们近水边行走的需要。在可以观看风景的地方设计小型广场或凸出岸边的平台,以供人们凭栏远眺或摄影。在水位较低的地方,可以因地势高低,设计成两层平台,以踏步联系。在水位较稳定的地方,驳岸应尽可能砌筑得低一些,满足人们的亲水感。

在滨河绿地上可采用适于低湿地生长的树木,如垂柳。在低湿的河岸上或一定时期容易水位上涨的水边,应特别注意选择能耐水湿和盐碱的植物,如芦苇、白茅等。

在具有天然坡岸的地方,可以采用自然式布置游步道和树木,凡未铺装的地面都应种植灌木或铺栽草皮。如有顽石布置于岸边,则更显自然。水面开阔,适于开展游泳、划船等活动时,在夏日、假日能吸引大量的游人,这些地方应设计成滨河公园(图5-1-11)。

图5-1-11　滨河路绿化剖面示意图

国外滨河路的绿化一般布置得比较开阔,以草坪为主,乔木种得比较稀疏,在开阔的草地上点缀以修剪成形的常绿树和花灌木。有的还把砌筑的驳岸与花池结合起来,种植的花卉和灌木形式多样。

(三)城市快速环道绿化设计

城市快速环道也称"环城路",即围绕城市的快速交通道路。现在,它在城市中应用的非常普遍。

1.城市快速环道的绿化设计　城市快速环道的绿化,主要包括分车带、人行道绿带、防护绿带、边坡的绿化等。它是车辆行驶较快的道路绿化,种植设计介于城市道路和高速公路绿化之间。分车绿带和人行道绿带的种植设计可以参考城市主干道路的绿化设计。但是快速环道的绿化设计也有自己的特点,尤其是模纹造型变化的区段间隔要大些,一般以80～

100m较适宜。分车绿化带要用低矮植物,应以草坪为主,以花灌木点缀为辅,绿化种植要求简洁大方、视线通透,尽量体现城市快速环道的绿化特点,显示出园林建设新气象、高水平。

快速环道因为围绕于城市外围,为了设路很有可能会开山辟地,在这种情况下要做好道路两侧的边坡处理,防止水土流失和塌方,保证行人和行车的安全。边坡可以种植地被植物或者攀缘植物,也可以利用小灌木整形修剪成图案或色块,来达到较好的边坡绿化景观效果(图5-1-12)。

图 5-1-12　城市快速环道断面图

2.城市外环路的防护林带绿化设计　在风沙危害和台风袭击较严重的城市,外环路还要做好防护林带的种植设计。外环路的防护林带主要有生态防护型林带、风景观赏型林带和休闲绿化林带三种形式。

3.环城高速路的绿化设计　有些城市的快速环道设计成高速公路的形式。高速公路的横断面包括中央隔离带、行车道、护栏、边坡和护网。中央隔离带种植要因地制宜,做分段变化处理。较窄处增设防护栏;较宽处可设置花灌木、草皮、绿篱、矮性整形常绿树,形成间接、有序、明快的景观效果,同时要注意防眩种植(图5-1-13)。

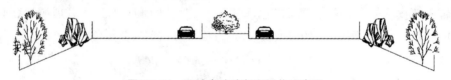

图 5-1-13　环城高速路断面绿化示意图

实例分析

滁州市丰乐大道道路绿地设计

一、项目概况

滁州市丰乐大道(龙蟠大道—东坡西路段)是滁州市正南方的一条交通要道,是滁州市城南新区规划中最重要的景观道路之一。道路为三板四带式,路宽100m,南北两侧各有25m宽的绿化带,机动车道宽23.5m,非机动车道宽5.5m,机动车与非机动车的隔离带宽4.25m,两侧各有3.5m的人行道。路两侧现状用地为新建小区、学校及厂房。

二、设计理念

方案以建设安全高效的自然生态园林城市绿色景观道路为根本目的。本着以人为本的原则,在满足基本交通安全的基础上,用生态的设计方法进行绿化总体规划。鉴于植物群落结构上成层、镶嵌、周期性等特点,绿化植物以群体集中的方式进行种植,采用树丛、树群相互结合,增加人工群落的种植密度,构建复层群落结构,营造符合自然演进和城市生态链持续的绿色廊道。

三、设计内容

(一)人行道绿带

1. **行道树绿带** 人行道行道树种植形式采用树带式,有利于树木的生长发育。采用常绿大乔木香樟作为行道树,下木为红花檵木、大叶黄杨和石楠球交替种植,为行人遮阴,同时美化街景(图5-1-14)。

2. **路侧绿带** 路侧绿带采用封闭式种植,主要以观景为主。以自由曲线的方式种植地被植物、花灌木,建造微地形。以常绿乔木广玉兰作为背景树,前面配置夹竹桃、木芙蓉、紫薇、海桐、金丝桃、金叶女贞、大叶黄杨、红花檵木等树种。设计利用植物色彩、季相、层次、天际线、林缘线的变化,采用不同色彩的花木和不同纯度绿色的大、小乔灌木分层配置或混植,给人以既开阔又隐约的景观视觉感受(图5-1-15)。

图 5-1-14 树带式种植

图 5-1-15 路侧绿带

(二)分车带

分车带的植物配置应首先保证安全,不妨碍司机及行人的视线。本段分车带采用景石和四季时花作为风景序列的起点(图5-1-16)。分车带采用红花檵木和大叶黄杨形成规整式图案,并间隔配有樱花、紫薇、景石小品等形成错落有致的景致,兼顾常绿与落叶树种搭配,层次变化丰富,整体风格简洁大方。

图 5-1-16 分车带

>> **任务实训1**

道路绿地设计

一、实训目的

通过本次实训,学会对道路绿地进行现场调查和测绘的方法,充分了解道路绿地的类型,熟悉道路绿地设计的程序,掌握道路绿地各组成部分的设计要点,使所学的道路绿地设计理论和技术得以综合运用,为今后走向社会、独立承担道路绿地设计任务打下基础。

二、实训内容

1. 某段新建道路绿地规划设计。
2. 根据有关参考图,进行模拟设计。
3. 考察并测绘当地某段道路绿地,进行案例评析。

各校可以根据本地具体情况,在以上三项内容中选择一项。

三、实训方式

1. 任务实战法　以学校或具有一定设计资质的设计单位为依托,承接当地某段新建道路绿地规划设计任务。
2. 模拟训练法　根据授课教师或本教材提供的道路基本地形参考图,进行模拟设计。
3. 案例评析法　考察并测绘当地某段道路绿地,现场测绘绿地现状,回校以后整理记录,进行平面图绘制和理论总结,评析该段道路绿地的设计特点,写出设计说明。

四、实训步骤和方法

1. 实训准备　进行实训动员,准备设计工具材料。实训动员采取室内讲座的方式,由实训指导老师向同学们说明实训目的,进行实训任务布置,做好实训工作计划的安排,提出实训要求;各实习小组准备好外业调查用的仪器设备和内业设计使用的工具材料。

2. 现场调查和测绘

(1)基本资料调查。对尚未进行规划设计的新建道路的基本地形等进行现场测绘,了解地形地貌、道路和建筑的分布、气候与土壤状况、原有植物种类。

(2)案例学习调查。老师带领学生到一些道路绿地设计比较好的地段进行调查学习,并且做好测绘和有关现状的记录;回到学校集中进行平面图绘制与分析总结。

3. 做设计方案　根据踏勘所得的资料,明确各种造园要素在道路绿地中的作用,特别是植物材料在空间组织、造景、改善基地条件等方面起的作用,做出设计方案构思图。向老师征求设计方案的意见并修改以后,再进行下一个步骤的实训。

4. 配置植物　根据道路绿地各组成部分的特点,从植物的形状、色彩、质感、季相变化、生长速度、生长习性、配置在一起的效果等方面综合考虑植物配置的种类,以满足种植方案中的各种要求。

5. 进行详细设计　在此阶段中,要使设计方案中的构思具体化,详细设计出植物种植配置平面、植物的种类和数量、种植间距等。

6. 绘制设计图纸及书写有关说明　在详细设计完成后,即可用电脑辅助制图(或手绘)绘制总平面图、效果图和种植施工图,在图纸绘制完成后编写设计说明。

7. 模拟方案汇报　在图纸绘制和设计说明都完成以后,将老师当作道路绿地的建设方(甲方),同学们自己代表设计单位(乙方),向老师模拟汇报设计方案。老师根据同学们的设计方案设疑,同学们答疑。

五、实训要求

1. 基本要求　服从指挥,分工协助;认真调查,做好记录;合理布局,细配植物;备齐资料,仔细绘图;按时保质,完成任务。

2. 外业调查要求。

(1) 要了解该道路绿地的组成。通过现场调查,掌握该道路绿地的组成情况,并做好有关数据的测量记录。

(2) 要仔细调查记录该道路的环境条件。重点调查该道路所处的地理位置、周围环境状况,测绘该道路的地形地貌、道路和建筑的分布,调查了解该道路的地下管线分布情况、当地的气候与土壤状况,记录原有植物种类。

3. 设计要求。

(1) 各组成部分的设计要有特点。对道路绿地中的人行道绿地、分车带设计要因地制宜,设计风格要有特点。要将该道路的性质、文化内涵综合考虑到设计之中。

(2) 选择好适于该段道路性质的相关树种。要选择道路所在地区的乡土植物为主要树种。同时也应考虑已被证明能适应本地生长条件、长势良好的外来植物种类。另外,还要考虑植物材料的来源是否方便、规格和价格是否合适、养护管理是否容易等。

4. 图纸要求　设计图纸要求每人独立完成一套,并附植物配置表。具体图纸要求如下。

(1) 道路绿地设计总平面图。指表现规划用地范围内各种造园要素总体平面布局的图样。要求功能区布局合理、植物的配置季相分明、硬质景观具有时代性、创造性。

(2) 透视图或鸟瞰图。用手绘或采用 3Dmax 和 Photoshop 处理的道路绿地实景,表示绿地中各个景点、各种设施及地貌等在高程上的变化和协调统一的图样内容。要求色彩丰富,比例适当,形象逼真。

(3) 园林植物种植设计图。表示设计植物的种类、数量、规格、种植位置及类型和要求的平面图样。要求图例正确,比例合理,表现准确。

(4) 局部景观表现图。用手绘或电脑辅助制图的方法表现设计中有特色的景观。要求特点突出,形象生动。

所有图纸的图面都要求表现能力强,线条流畅,构图合理,清洁美观,图例、文字标注、图幅等符合制图规范。

5. 设计说明编写要求　设计说明要求语言流畅,言简意赅,能准确地对图纸补充说明,体现设计意图。设计说明应包括以下内容:

(1) 基地概况。简要说明该道路的地理位置、面积、环境状况。

(2) 设计理念。根据该段道路的特点,提出独具特色的设计理念。

(3) 设计内容。这是设计说明的主要部分,包括各组成部分的设计,要赋予丰富而深刻的文化内涵和寓意。种植说明要有详细的种植方法、管理和栽后保质期限等文字内容。

(4) 主要技术指标。用图表的形式表达设计技术指标的数据。

(5) 经费概算。首先列出道路绿地内所有设计建设内容的分项概算,再按照国家有关规定,加上管理费用、设计费用、不可预见费用等,列出总概算。

六、工具材料

测量仪器、绘图工具等。

七、考核与报告

样表略。

任务实训 2

街头绿地设计

一、实训目的

要求运用所学的街头绿地设计的知识，遵循合理性、实用性和艺术性的设计原则，充分考虑各要素及艺术手法的运用。

二、实训内容

1. 某新建街头绿地规划设计。
2. 根据有关参考图，进行模拟设计。
3. 考察并测绘当地某街头绿地，进行案例评析。

各校可以根据本地具体情况，在以上三项内容中选择一项。

三、实训方式、实训步骤和方法、实训要求、工具材料、考核与报告

同项目五任务一道路绿地设计实训，在实训时参照执行。

练习与思考

1. 道路的断面布置形式有哪几种？
2. 城市道路的绿地率是多少？
3. 设计种植行道树要注意哪些问题？
4. 分车绿带有哪些形式？应怎样设计？
5. 什么是安全视距、视距三角形？绿化时应注意什么？
6. 立体交叉绿地包括哪两个部分？设计时应注意哪些问题？

任务二　城市广场绿地设计

教学目标

能够进行一般市政广场、纪念广场、交通广场、商业广场、休闲娱乐广场、儿童游戏广场等绿地景观设计。

任务描述

熟悉城市广场的分类与特点；掌握各类城市广场绿地设计要点。

任务准备

1. 基地自然条件的调查　为满足种植设计苗木的生态习性和生长特性,必须对基地气候、土壤、空气质量等自然条件进行充分调查。

2. 社会环境调查　调查广场所在地的历史、人文、风俗习惯等方面的情况。

3. 设计条件或绿地现状的调查　通过现场踏查,明确规划设计范围,收集设计资料,掌握绿地现状,绘制相关现状图。

任务分析

城市广场是城市中由建筑物、街道和绿地等围合或限定的城市公共活动空间,是现代城市开放体系中最具公共性和艺术性、最具活力、最能体现都市文化和文明的开放空间。从某种意义上说,城市广场体现了城市的风貌和灵魂,展示了城市生活模式和文化内涵。

一、现代城市广场的基本特点

随着城市的发展,城市广场在各地大量涌现,已经成为现代人户外活动最重要的场所之一。同时,现代广场也改善了城市环境,带来了多重效益,成为城市精神文明窗口。在现代社会背景下,现代城市广场根据现代人的需求,表现出以下特点。

(一)性质上的公共性

现代城市广场作为现代城市户外公共活动空间系统中的一个重要组成部分,随着工作、生活节奏的加快,现代文明开放的精神渐渐取代了传统封闭的文化习俗,人们越来越喜欢丰富多彩的户外活动。在广场活动的人们,不论其身份、年龄、性别有何差异,都可以在平等的空间里游憩和交往。现代城市广场要求有方便的对外交通,这正是满足公共性特点的具体表现。

(二)功能上的综合性

功能上的综合性特点表现在多种人群的多种活动需求,它是广场产生活力的最原始动力,也是广场在城市公共空间中最具魅力的原因所在。现代城市广场应满足现代人多种户外活动的功能要求,如聚会、晨练、歌舞表演、综艺活动、休闲购物等,这些都是过去以单一功能为主的专用广场所无法满足的,取而代之的必然是能满足不同年龄、性别的各种人群的多种功能需要,具有综合功能的现代城市广场。

(三)空间场所上的丰富多样

功能上的综合性,必然要求广场空间场所丰富多样,创造高质量、高品位、多层次、多功能、多景观、多情趣的空间环境。如歌舞表演需要有相对完整的空间,给表演者的"舞台"或下沉或升高;情人约会需要有相对私密的空间;儿童游戏需要有相对开敞独立的空间,等等。如果没有多样性的空间与之相匹配,综合性功能是无法实现的。

(四) 文化休闲性

现代城市广场作为城市的"客厅",注重舒适、追求放松是人们对现代城市广场的普遍要求,从而表现出城市广场的休闲性特点。广场上精美的铺地、舒适的座椅、精巧的建筑小品加上丰富的绿化,让人徜徉其间、流连忘返,忘却了工作和生活中的烦恼,尽情地欣赏美景、享受生活。

现代城市广场的文化性特点,主要表现在两个方面:城市广场对城市已有的历史和文化进行反映;指现代城市广场也对现代人的文化观念进行创新,即现代城市广场既是当地自然和人文背景下的创作作品,又是创造新文化、新观念的手段和场所,是一个以文化造广场、又以广场造文化的双向互动过程。

二、现代城市广场规划设计的原则

城市广场是人们政治、文化活动的中心之一,也是公共建筑最为集中的地方。城市广场规划设计除应符合国家有关规范的要求外,一般还应遵循以下原则。

(一) 以人为本的原则

城市广场的使用应充分体现对"人"的关怀。古典的广场一般没有绿地,以硬地或建筑为主;现代广场则出现大片的绿地,并通过巧妙的设施配置和交通、竖向组织,实现广场的"可达性"和"可留性",强化广场作为公众中心"场所"精神。现代广场的规划设计以"人"为主体,体现人性化,更贴近人的生活。

1. 广场交通流线组织要以城市规划为依据,处理好与周边道路交通的关系,保证行人安全。

2. 广场要有足够的铺装硬地供人活动,同时也应保证不少于广场面积25%比例的绿化地,为人们遮挡夏天烈日,丰富景观层次和色彩。

3. 广场的小品、绿化、物体等均应以"人"为中心,时时体现为"人"服务的宗旨。如飞珠溅玉的瀑布、此起彼伏的喷泉、高低错落的绿化,让人呼吸到自然的气息,赏心悦目,神清气爽。

4. 广场中需有坐凳、饮水器、公厕、电话亭、小售货亭等服务设施,还要有一些雕塑、小品、喷泉等,使广场更具有文化内涵和艺术感染力。只有做到设计新颖、布局合理、环境优美、功能齐全,才能充分满足广大市民大到高雅艺术欣赏、小到健身娱乐休闲的不同需要。

(二) 特色性原则

城市广场的地方特色既包括自然特色,也包括社会特色。

1. 城市广场应突出地方自然特色,即适应当地的地形地貌和气候条件等。城市广场应强化地理特征,尽量采用富有地方特色的建筑艺术手法和建筑材料,体现地方山水园林特色,以适应当地气候条件。如北方广场强调日照,南方广场则强调遮阳。一些专家倡导南方建设"大树广场"便是一个生动的例子。

2. 城市广场还应突出地方社会特色，即人文特性和历史特性。城市广场建设应继承城市本身的历史文脉，适应地方风情民俗文化，突出地方建筑艺术特色，有利于开展具有地方特色的民间活动，避免千篇一律、毫无特色。源远流长的地方特色文化、生机勃勃的现代都市文明，不仅会让市民产生强烈的自豪感、归属感和认知感，也会让外地游客了解城市风貌，增强广场的凝聚力和城市旅游吸引力。如济南泉城广场代表的是齐鲁文化，体现的是"山、泉、湖、河"的泉城特色（图5-2-1）。

图 5-2-1　济南泉城广场

（三）多样性原则

现代城市广场不但有一定的主导功能，而且可以具有多样化的空间表现形式和特点。由于广场是人们共享城市文明的舞台，它既反映作为群体人的需求，也兼顾特殊人群的使用要求。同时，服务于广场的设施和建筑的功能也应当多样化，艺术性、娱乐性、休闲性和纪念性兼收并蓄，给人们提供满足不同需要的多样化的空间环境。

（四）突出主题原则

无论什么类型、大小的广场，都应该有明确的功能和主题。围绕着主要功能，明确广场的主题，就会有"轨道"可循，也只有如此才能形成特色、内聚力和外引力。在城市广场规划设计中，应力求突出城市广场在塑造城市形象、满足人们多层次的活动需要与改善城市环境的三大功能，并体现时代特征、城市特色和广场主题，整体考虑广场布局规划。

三、现代城市广场规划设计的艺术手法

一个城市要让人留恋，必须要有独具魅力的广场。规划好一个城市广场，对提升城市形象、增强城市的吸引力尤为重要。

（一）规模与尺度

广场是一个开阔的空间，城市广场的规模和尺度，应结合围合广场的建筑物的尺度、形体、功能以及人的尺度来考虑。当建筑物立面的高度等于人与建筑物的距离时，视距与楼高构成的视角为45°，有很好的封闭感；但建筑物立面的高度等于人与建筑物距离的1/2时，视距与楼高构成的视角为30°，是封闭的极限，如果建筑物立面的高度小于人与建筑物距离的1/3，视距与楼高构成的视角为18°，封闭感就消失了。对于广场的适宜尺度，一般应遵循以下原则：视距与楼高的比例为1.5~2.5，视距与楼高构成的视角在18°~27°之间。

（二）场地的选择与处理

广场的空间形态宜采用多种手法，以满足不同功能和环境美学的要求。广场的空间形

态主要有平面型和空间型两种。通常平面型最为多见,如北京天安门广场、上海人民广场等。

空间型通常包括上升式和下沉式两种基本形式。上升式是将车行道放在较低的层面上,而把人行道放在较高的层面上。例如,巴西圣保罗市的安汉跟班广场,不仅丰富了城市的自然景观特色,而且增加了城市中心地区的活力。下沉式广场在现代城市建设中应用更多。相比上升式广场,下沉式广场不仅能够解决不同交通的分流问题,而且在现代城市喧嚣嘈杂的外部环境中,更容易获得一个安静、安全和具有较强归宿感的环境。如美国费城市中心广场、纽约市洛克菲勒中心广场、日本名古屋市中心广场等,都是典型的下沉式城市广场。

现代城市广场一般采用丰富多样的空间形式,以满足广场的多种功能需要。广场地面铺砌应根据地方特点,采用植被、硬地或天然状的岩石等组合方式。场地纹理变化可暗示表面活动方式,划分休息、游玩等不同功能空间,对广场特征气氛和尺度产生影响,还可以刺激人的视觉和触觉。

四、现代城市广场规划的绿地规划

绿地种植是美化广场的重要手段,它不仅能增加广场的表现力,而且具有一定的改善生态环境的作用。绿化设计应该与城市绿化的总体风格、广场总体设计相一致,应该充分考虑功能的需求,配合周边建筑、地形等,与之形成良好的广场空间体系。在规整型的广场中多采用规则式的绿地布置,在不规整型的广场中多采用自由式的绿地布置,在靠近建筑物的地区宜采用规则式的绿地布置。

广场绿地的种植主要有四种基本形式:行列式、集团式、自然式和花坛式。其中花坛式是广场最常用的种植形式之一,大量的花坛群和图案式种植具有很强的装饰性,使广场更加壮观和靓丽。

广场的树木应该以当地乡土树种为主,选择色彩丰富、树形美观、冠大、叶密的树种,另外还需要选择深根性、抗性强、耐修剪、寿命长、无飞絮、最好也无落果的树种。

绿地布置应不遮挡主要视线,不妨碍交通,并与建筑组成优美的景观。同时,广场绿化还应最大限度地提高绿地覆盖率,增加生态效益。

》任务实施

城市广场常见的类型有市政广场、纪念广场、交通广场、商业广场、休闲娱乐广场、儿童游戏广场。不同的广场因其特点、功能和性质的不同,在设计时也有不同的要求。

一、市政广场绿地设计

市政广场是用于政治集会、庆典、游行、检阅、礼仪、传统民间节日活动的广场,是市政府与市民对话和组织集会活动的场所。要使市民热爱自己的城市,建筑与广场环境需要具有宏伟壮观和民主近人两个特点。设计成功的例子,往往是在这些方面有很好的体现,如北京天安门广场、美国旧金山市政广场等(图 5-2-2)。

（一）整体风格设计

市政广场有强烈的城市标志作用，往往安排在市政厅建筑和城市行政中心所在地，或者布置在通向市中心的城市轴线道路节点上，是反映城市面貌的重要部位。因而在广场设计时要与周围建筑布局相协调，无论平面、立面、透视感觉、空间组织、色彩和形体对比等，都应起到相互烘托、相互辉映的作用，反映出广场的壮丽景观。

图 5-2-2　美国旧金山市政广场

（二）绿化景观设计

广场规划注重高质量的生态学效应，因地制宜地配置草坪、灌木、乔木等生态要素。在我国大部分地区，冬季由于缺少绿化，景观较为单调，广场利用率和其他季节相比不高，因此，一方面，应选择适合于当地生长的植物类型，加大常绿树种的比例，并避免设置大面积的空旷草坪；绿化景观设计还应该符合季节变化，使广场在一年四季中可展示不同的自然生态景观。通过这些极富地方特色的自然景观，改变寒地城市广场冬季萧条的景象。另一方面，在塑造广场自然景观的同时，还应注重城市局部生态环境的改善。广场绿化设计夏季以遮阴通风为主，冬季以向阳避风为主。因而，在冬季主导风向侧可设计常青树作为防风屏障，而在向阳的一侧采用落叶乔灌木，达到冬季不阻挡阳光、夏季又可遮阴的效果，改善广场环境质量。

（三）广场环境塑造

1. **雕塑**　市政广场中的雕塑通常具有强烈的感情表现力，往往成为广场的主景。市政广场的雕塑一般位于广场的几何中心。

2. **地面铺装**　市政广场一般面积比较大，为了让大量的人群在广场上有自由活动和参加节日庆典的空间，一般多以硬地铺装为主，铺装设计要体现庄重、大方、气派的特点。一般采用明度低、纯度高的色系。广场上不宜过多布置娱乐性建筑和设施。

二、纪念广场绿地设计

城市中纪念性广场通常是用以纪念某一历史事件或某一人物的广场，广场中心或轴线一般以纪念雕塑(或雕像)、纪念碑(或纪念柱)、纪念建筑物或其他形式纪念物为标志，主体一般是具有重大历史意义的建筑物或构筑物，主体标志物应位于构图中心，其布局及形式应满足纪念性气氛和象征性要求，成为被市民认同的城市标志物，主要是以凭吊、瞻仰、纪念、游览为目的(图 5-2-3)。

图 5-2-3　青岛五四纪念广场

(一)结合地形营造空间

纪念性景观是纪念重要历史人物、重大历史事件的载体,同时也是人们举行纪念活动的场所。这一特殊功能,决定它应有一个较为庄严、静穆的环境和气氛。加上纪念性景观的特征之一是营造气氛,它本身就表达一种神秘和寂静的色彩,所以大多选址在远离城市的地方,有的地形平坦、一览无余,有的地形丰富、环境幽静、古树参天。对于平坦的地形,可以突出垂直线性元素,使其成为视觉中心,从而突显出元素的重要,并以天空作为背景,虚实对比,显示出巍峨壮丽的景观,如华盛顿纪念碑的设计;对于复杂的地形,可以利用地形的抬升,以营造敬仰之情。

(二)空间的分隔和围合

利用景观的元素,适当分隔和围合空间,可以使空间增加层次,富于变化。对尺度较大的纪念性景观进行分隔,可以形成小尺度的宜人空间。对空间进行适当的围合,可以形成不同的区域、不同的景观,创造不同的空间。

分隔与围合的关系是相对的。空间的分隔或围合可以采用以下手法:利用高差变化进行分隔;利用地面铺装进行分隔;利用墙体、绿篱等进行分隔或围合;利用水体、山石、树丛、廊架、小品等进行分隔或围合。

(三)突出主轴线

轴线是纪念性景观多采用的设计手法,一般所有的景观要素都根据轴线来布置,在层次上有序列、有主从,一个一个地依次展开,轴线是整个构图的中枢。对于严肃性、纪念性的建筑,利用轴线布置,常以若干小站作先导,在到达重要主体之前安排铺垫,以延阻人的视线和流动时间,使人在心理上有个思想准备,情绪上经过一波三折,效果十分显著。

(四)植物配置设计

植物具有象征的意义,如松柏类常绿植物象征高风亮节的品格和永垂不朽的精神,也能表达人们的怀念和敬仰之情,具有万古长青的寓意。植物的不同形态,也能表达出不同的纪念效果。尖塔状和圆锥形有庄严肃穆的效果,如圆柏、水杉等;柱状有高耸静谧的效果,如龙柏;规则修剪整形的植物会给人庄严之感,如桧柏、黄杨、紫叶小檗等。

植物平面布置形式可分为规则式、自然式和混合式。规则式植物配置形式可以运用在出入口或轴线周围,以显示其庄严性。其植物配置的方法包括对植、列植和环植。自然式植物配置形式可以营造自然亲切的环境空间,在满足纪念性的同时,为参观者提供休息空间。其植物种植形式有孤植、丛植、群植和林植。混合式植物配置形式是规则式和自然式相结合的一种形式,在实际应用中最为广泛,是纪念性景观中运用较多的方式。

三、交通广场绿地设计

交通广场是城市交通系统的有机组成部分,是交通的连接枢纽,起到交通、集散、联系、过渡及停车的作用,并有合理的交通组织。其功能主要是美化、丰富城市景观,一般不涉及人的公共活动。

（一）站前广场绿地设计

站前广场是城市道路系统和交通系统的重要节点，它不仅具有交通组织和管理的功能，也具有修饰街景的作用。可充分利用铺装景观的交通功能解决复杂的交通问题，发挥交通广场的首要功能，即合理组织交通，包括人流、车流、货流等，确保广场上的车辆和行人互不干扰，满足畅通无阻、联系方便的要求（图5-2-4）。

图5-2-4　全椒火车站站前广场

（二）环岛交通广场设计

城市干道交汇形成的交通广场，也就是常说的环岛，一般以圆形为主，由于它往往位于城市的主要轴线上，所以其景观对形成整个城市的风貌影响甚大。环岛交通广场的铺装构型多采用发散形式，考虑行车速度的影响，为满足视觉特性，构形应简单，色彩应鲜明，易吸引人们注意。

（三）交通广场总体布局

交通广场在广场四周不宜布置有大量人流出入的大型道路，主要建筑物也不宜直接面临广场。一般交通广场在布局上有以下几种分布类型。

1. **庭院式广场布局**　公共交通车辆在城市道路上停靠，不进入广场，封闭式广场不受交通车辆的影响。

2. **停车场集中布置**　当车辆种类和数量不多时，各种车辆集中停靠在广场的一侧，与旅客活动地带分开，互不干扰。

3. **按车流类型划分停车场**　车流类型和数量较多时，将不同类型的车辆停放在两个或两个以上的停车场上。

4. **立体交叉式广场布局**　利用坡道将进出站旅客与到发汽车在上下空间错开，进出站旅客流线不交叉干扰。

四、商业广场绿地设计

现代商业广场，往往集购物、休息、娱乐、观赏、饮食、社会交往于一体，成为社会文化的重要组成部分。商业广场多以步行环境为主，并与商业建筑空间相互渗透。受到融休闲、娱乐、购物于一体的时尚文化的影响，商业广场亦融入了更多的活动内容，并赋予更多的文化内涵，使广场凸现文化魅力（图5-2-5）。

图5-2-5　商业广场

（一）人群行为活动分析

商业心理学将顾客的购物行为分为两种：计划性购物行为和诱导性购物行为。其中诱导性购物行为包括游逛、休息、观赏、交往等自发和社会性活动。现代商业的发展使商业空间成为一个集合交流、休闲、社交、购物等众多活动于一体的综合性场所。商业广场的功能应该是对现代复杂的商业及其相关行为的综合满足。

（二）景观要素分析和设计

1. 植物　植物是景观设计中的一个重要因子，也是园林区别于其他艺术景观的主要特征。在商业广场的景观设计中，植物种植具有软化建筑硬质景观、提高场地绿量、划分不同景观空间、使建筑空间和城市空间产生柔性过渡、降低噪音和营造自然声环境的作用。

2. 铺地　商业广场所具有的缓解城市交通压力、解决人车争道矛盾的交通职能，使其空间须有一定面积的硬质铺地，来满足人群的集散、停车场的设置与人们便捷的步行等要求。

3. 水景　由于人类与生俱来的亲水性，水体设计是景观设计中常用的一种手段，水的形、声、色使其成为空间中最为活跃和最具塑造潜力的要素之一。商业广场的水体设计以喷泉、瀑布等动态形式为主，其景观具有吸引人流、活跃气氛、烘托主题、提高人们审美情趣、调节广场小气候等重要作用。

4. 雕塑小品、室外家具　雕塑及各类艺术小品是园林景观中不可缺少的部分。商业广场中雕塑小品的设计在符合场所特质的基础上，应符合人体尺度，色彩宜鲜亮，造型宜大胆创新，从而增添场所的文化气息和时代特征，突出商业氛围。

五、休闲娱乐广场设计

任何传统和现代广场均有文化娱乐和休闲性质，尤其在现代社会中，文化娱乐休闲广场已成为广大民众非常喜爱的重要户外活动场所。这类广场具有鲜明的特点。参与性：此类广场设计以活动为主旨，充分满足城市居民的健身、表演、社交等多种需求。生态性：强调绿化和环境效益，形成一定的植物景观是该类广场的一大特点。丰富性：不仅空间形式丰富、大小穿插、高低错落、充满变化，而且小品的种类也更加齐全多样。灵活性：充分结合环境和地形，可大可小，可方可圆，成为最贴近居民、最方便使用的公共活动场所（图5-2-6）。

图 5-2-6　休闲娱乐广场

休闲娱乐广场景观设计内容主要包括人工环境要素和自然环境要素两个方面。

（一）人工环境要素

1. 广场的尺度与建筑　休闲广场尺度处理必须因地制宜,解决好尺度的相对性问题,即广场与周边围合物的尺度匹配关系。

2. 地面铺装　合理地选择铺装材料和铺装图案,加强广场的图底关系,给人以尺度感。通过铺装图案将地面的行人、绿化、小品等联系起来,使广场更加有生机。同时,利用铺装材料限定空间,增加空间的可识别性,强化和衬托广场的主题。

(1) 硬质铺装。由于硬质地面铺装是广场开放空间形象的直接体现,故它在"休闲广场"的构成要素中占有重要的位置。

(2) 软质铺装。软质地面铺装不仅能够净化空气,美化环境,在一定程度上也可以为使用者提供活动场所,形成一个舒适放松的空间。在休闲广场中,软质铺装主要是指由草坪、沙土等自然材料以人工或自然的方式形成的地面铺装。

(3) 小品。小品包括花坛、廊架、座椅、照明灯、时钟、垃圾桶、指示牌及雕塑等。一方面,它为人们提供识别、倚靠、休憩等功能;另一方面,它具有点缀、烘托、活跃环境气氛的功能。小品在设置时应以趣味性见长,宜精不宜多,讲究得体与点题,并不是新奇与怪异。

（二）自然环境要素

1. 绿化　广场绿化可以使空间具有尺度感和方位感;树木本身还具有指引方向、遮阳、净化空气等多重功效;绿化也可以作为重要的景观设计要素,合理配置树木并对其进行适当的修剪,既可以体现树木的阴柔之美,又可以体现其秩序性。根据不同地区的地域条件,如气候、土坡等,选择合适的植物花卉品种并与其观赏周期相配合,这样可以在不同的季节欣赏到不同的景致。

2. 水体　休闲广场的水体设计需要考虑水体是静止还是流动的,静止的水面上物体产生倒影,可使空间显得格外深远,特别是夜间照明的倒影,在效果上使空间倍加开敞;动态的水有流水及喷水,流水的作用是可在视觉上保持空间的联系,同时又能划定空间与空间的界限,丰富空间层次,成为休闲广场的活跃源。

3. 色彩　色彩是表现休闲娱乐广场气氛和空间的重要手段。铺地小品的色彩与主体建筑要取得和谐统一的效果,避免色彩杂乱无章,要加强广场的艺术性和品位。小品的色彩宜鲜亮,起到画龙点睛的作用。如查尔斯·摩尔设计的美国新奥尔良市意大利广场,其铺地采用黑白相间的地面色彩设计,再加上园中不规则的喷泉,给人以赏心悦目、心旷神怡的感觉,达到了既和谐统一,又富于变化的目的。

六、儿童游戏广场设计

儿童游戏广场的产生与发展是随着城市和居住区建设的不断完善,而逐渐形成的一种新型广场设计形式。儿童人数占市区总人口的30%左右,他们在户外活动率为春秋季每天48%,夏季每天90%,冬季每天33%。儿童游戏广场有利于儿童的身心健康和智力开发,可以满足儿童活动与互相交往的心理要求,儿童广场的设置和设计是人民群众生活的基本需要。

（一）地形设计

地形设计要求造景和游戏内容相结合，使用功能和游园活动相协调。变化的地形能让孩子们在上面打滚、俯冲、滑行、躲藏等，因此在设计时可利用和加强现有的高程变化的地形，或者人为地制造高程变化的地形。但是为了保证游人的安全，在地形设计时不宜太险峻，而以平缓多变为宜。

（二）水体设计

儿童游戏场地的水体设计一般采用自然式，自然的岸线和驳岸对于各种年龄的孩子来说都是可以训练动手操作能力的环境。水不能过深，按年龄或身高设不同深浅（20～50cm）的水池，以确保儿童的安全。还可以设置喷泉和人工瀑布等。

（三）道路和场地铺装设计

通向儿童活动场地的道路和儿童活动场地内的道路表面要平整防滑，而通向幼儿活动场地的道路还要方便婴儿车通行。儿童游戏广场的铺装要平坦，不宜有较大的高程变化。

（四）游戏设施设计

大部器具用木质或金属管构件，将断头处理圆润，使棱角光滑，结构稳定，尺度适宜。全部设施要以安全第一、培养和锻炼儿童的体质与冒险精神为目的。

（五）植物种植设计

在植物种植设计上不仅要考虑到植物是重要的景观要素，也要意识到植物对于儿童具有一定的玩耍价值，和成年人相比，儿童更喜欢玩弄植物，而不仅仅是观看。因此应以乔木为主，供遮阴，灌木占少数，草坪要选择耐践踏的植物品种。有刺激性、有异味或易引起过敏性反应、有毒、有刺、易生病虫害及结浆果的植物不能采用。

》》实例分析

江阴市市政广场规划设计分析

一、项目概况

江阴市市政广场位于江阴市东北侧，毗邻黄山风景区，处于新城区的中心地段。规划用地范围北临滨江路，南抵花园小区北界，西起花园路，东至大桥西路。广场规划总用地呈北窄南宽的梯形状，用地面积为14.22公顷。

二、设计理念

人们需要今天的城市能提供高质量的多样化活动空间，广场的规划设计应当塑造多功能、多层次、多景观、多情趣的多元空间环境。这也是江阴市市政广场在强调功能布局合理和环境整合的前提下，所要表达规划设计总体构思的基本出发点。

三、设计内容

（一）整体布局

规划利用地面高差、铺地材料、喷泉水池、环境小品和绿化植物的有机结合，将面积较大的广场用地划分为主次分明、大小各异、各具风采的空间场所——绿化广场、休闲草坪、下沉活动广场、入口广场图案铺地等,由此,既满足了广场多样化活动的功能需要,又解决了狭长用地空间构图的难题。

绿化广场:南北主轴线上的绿化广场,是广场最大的空间单元。绿化广场采取弧形"井"字格网布置观赏游憩性草坪,与弧形市政大厦相呼应。大片草坪的图案划分,既增加了广场环境装饰效果,又可让众多游人漫步其间,领略遍地绿色的氛围(图 5-2-7)。

休闲草坪:广场的西侧沿花园路安排可供游人小憩的休闲场所。场内布置曲折有致的园林小路,其间点缀观赏树,间植高大乔木并设置座椅、石墩,营造了一处绿色休闲环境(图 5-2-8)。

图 5-2-7 "井"字格网布置的观赏游憩性草坪

图 5-2-8 休闲草坪中的石墩小品

花台小憩空间:在休闲草坪与绿化广场过渡地段安排了两排花台,结合花台布置座椅、坐凳。间植高大乔木,为行人提供可遮阴的休息场所,同时也丰富了广场景观和空间层次(图 5-2-9)。

下沉活动广场:绿化广场东侧为略有下沉的多功能活动广场,通长的大台阶设计强调了空间的开放性。

入口广场图案铺地:入口硬质铺地场地运用图案铺装,突出广场主入口,并在其两侧分别布置了种植有四季花卉的大花台,暗喻欢迎八方来客。

图 5-2-9 花台小憩空间

(二)绿化景观设计

广场绿化布置适应多功能需求,强调立体绿化,讲究艺术构图和植物学特征,并注重体现江南地方特色。植物配植四季常青,且春夏观花,秋观叶色,冬观绿景。树种选择以乡土树种为主,同时考虑观赏与夏季遮阴等多种功能要求,力求达到季相景观分明、空间层次丰富的植物景观效果。

市政大厦两侧绿地以雪松为主体,以广玉兰作背景树,间种桂花,草坪配置模纹图案以烘托大厦的建筑形象；北面服务区用地边缘则以香樟、银杏为主，间植灌木，形成层次丰富的绿色背景。

绿化广场铺观赏性草坪，使视线开阔；座椅处配植阔叶落叶乔木合欢树。

下沉活动广场四周花台布置四季花卉，如菊花、美女樱、三色堇等。广场铺地中配植乔木银杏，既能遮阳又能观叶；坐凳处以上层乔木合欢、中层灌木迎春、紫荆、木芙蓉，下层草坪三个植物群落层次进行复式配置。

休闲草坪以四季园为构思配植。北边为冬春景绿地，以雪松、樱花、迎春、广玉兰为主；西侧为夏景绿地，主要种植合欢、木槿、紫薇、夹竹桃等；南边为秋景绿地，以鸡爪槭、木芙蓉、桂花等组合。此外，活动式四季花钵可结合季节变换，给人以赏心悦目之感。

（三）广场环境塑造

1. 雕塑 绿化广场的中部沿轴线而下设计了叠落式喷泉水池，水池中部设立以"文明、进取"为主题的城市雕塑，构成该广场的景观序列；同时，其四周通过铺地、坐凳、灯柱的巧妙安排，形成尺度宜人、可坐憩赏景的空间环境，弘扬了江阴人民的精神面貌（图5-2-10）。

2. 地面铺装 广场地面铺装材料的设计既实用又美观。位于中轴线上的喷泉水池四周及广场入口选用糙面花岗岩

图 5-2-10 广场雕塑

铺装，以红色、黑色磨光花岗岩组织图案，突出主题空间；绿化广场内的弧形散步道选用小块广场砖铺砌，亲切宜人；东侧下沉广场选用火烧板与红、黑色磨光花岗岩组织图案；西侧休闲草坪内的园林路铺以彩色卵石，既美观又可作健身工具；大面积的广场铺地采用预制混凝土铺装，总体色彩以灰为主，运用红色、黑色组织图案，既雅致又美观。

任务实训

市政广场绿地设计

一、实训目的

通过本次实训，学会对具有一定规模的市政广场绿地进行现场调查和测绘的方法，熟悉广场绿地设计的程序，掌握广场绿地的设计要点，使所学的广场绿地设计理论和技术得以综合运用，为今后走向社会、独立承担广场绿地设计任务打下基础。

二、实训内容

1. 具有一定规模的新建市政广场绿地规划设计。
2. 根据有关参考图，进行模拟设计。
3. 考察并测绘当地的市政广场绿地，进行案例评析。

各校可以根据本地具体情况,在以上三项内容中选择一项。

三、实训方式

1. 任务实战法 以学校或具有一定设计资质的设计单位为依托,承接当地具有一定规模的市政广场绿地设计任务。

2. 模拟训练法 根据授课教师或本教材提供的市政广场基本地形参考图,进行模拟设计。

3. 案例评析法 考察当地市政广场绿地,现场测绘绿地现状,回校以后整理记录,进行平面图绘制和理论总结,评析该广场绿地的设计特点,写出设计说明。

四、实训步骤和方法、实训要求、工具材料、考核与报告

同项目五任务一道路绿化设计实训,在实训时参照执行。

练习与思考

1. 现代城市广场有哪些特点?
2. 现代城市广场规划设计的原则是什么?
3. 现代城市广场规划设计有哪些艺术手法?
4. 现代城市广场有哪些类型?应该怎样设计?

任务三 居住区绿地设计

教学目标

1. 掌握居住区绿地规划设计的方法和程序,掌握居住区绿地设计要点,掌握植物造景在居住区绿化中的应用。
2. 能够以小组为单位进行居住区的绿化景观设计。

任务描述

了解居住区绿地设计的相关知识,掌握居住区各类绿地的设计方法。

任务准备

1. 调查了解当地居住区的绿地规划设计情况,收集居住区绿地规划设计资料。
2. 明确居住区规划设计范围,掌握绿地现状,绘制相关现状图。

任务分析

居住区绿地设计的基础知识

一、居住区概述

1.居住区的概念　从广义上讲,居住区就是人类聚居的区域,从狭义上讲,居住区是指城市主要道路所包围的独立的生活居住地段。一般居住区内应设置比较完善的日常性和经常性的生活服务设施,以满足人们的基本物质和文化生活的需要。

2.居住区用地的组成　根据不同的功能要求,居住区用地一般由以下四类组成:

(1)居住建筑用地:指居住建筑基底占有的用地及其前后左右留出的一些必要的空地,其中包括通向居住建筑入口的小路、宅旁绿地和杂务院等。居住建筑用地所占的比重最大,一般约占居住区总用地的50%。

(2)公共建筑和公用设施用地:指居住区各类公共建筑和公用设施建筑物基底占有的用地及其周围的专用地,包括专用地中的通道、场地和绿地等。

(3)道路及广场用地:指居住区范围内的不属于上两项内的道路、广场、停车场等用地。

(4)绿地及活动场地:指居住区公园、小游园、运动场、林荫道、小块绿地、成年人休息和儿童活动场地、防护绿地等。

居住区绿地是城市园林绿地系统中的重要组成部分,具有生态环保、景观装饰、提供活动空间和减灾避难的功能。

二、居住区绿地的组成

居住区绿地由居住区公共绿地、组团绿地、公共服务设施附属绿地、道路绿地和宅旁绿地等组成。

1.居住区公共绿地　居住区公共绿地的功能主要是给居民提供日常户外游憩活动的空间,让居民开展包括儿童游戏、健身锻炼、散步游览和文化娱乐等活动。居住区公共绿地有居住区公园和小区中心游园两类。

(1)居住区公园属于社区公园,规划用地面积较大,一般在1hm² 以上,相当于城市小型公园。一般服务半径为80~100m,居民步行到居住区公园的时间一般不多于10min(图5-3-1)。

图5-3-1　合肥琥珀山庄居住区公园

(2)小区中心游园也称"小游园",主要服务于居住小区内的居民,设置有一定的健身活动设施和社交游憩场地,一般服务半径为400~500m(图5-3-2)。

2. 组团绿地 组团绿地属于居住区附属绿地，结合住宅组团布局，以住宅组团内的居民为服务对象，离住宅入口最大步行距离为 100m 左右（图 5-3-3）。

图 5-3-2　居住区小游园　　　　　图 5-3-3　居住区组团绿地

3. 公共服务设施附属绿地　公共服务设施附属绿地是指居住区内各类公共建筑和公用设施的环境绿地，如居住区俱乐部、影剧院、少年宫、医院、中小学、幼儿园等用地的环境绿地。其绿化布置要满足公共建筑和公用设施的环境要求，并考虑与周围环境的关系。

4. 道路绿地　道路绿地是指居住区主要道路（居住区主干道）两侧或中央的道路绿化带用地。一般居住区内道路路幅较小，道路红线范围内不单独设绿化带，道路的绿化与道路两侧的居住区其他绿地相结合。

5. 宅旁绿地　宅旁绿地也称"宅间绿地"，是居住建筑四周的绿化用地。一般包括宅前、宅后以及建筑本身的绿化，常为相邻的住宅居民所享用（图 5-3-4）。它是居住区绿地内总面积最大、居民最经常使用的一种绿地形式，尤其是供学龄前儿童和老人使用。

图 5-3-4　居住区宅旁绿地

》》任务实施

居住区中各类绿地规划设计

一、居住区小游园规划设计

（一）小游园的位置

居住区小游园的位置选择一般以方便居民使用为标准，并注意充分利用原有的绿化基础，尽可能将居住区小游园和小区公共活动中心结合起来布置，形成一个完整的居民生活中心。这样不仅节约用地，而且能满足小区建筑艺术的需要(图 5-3-5)。

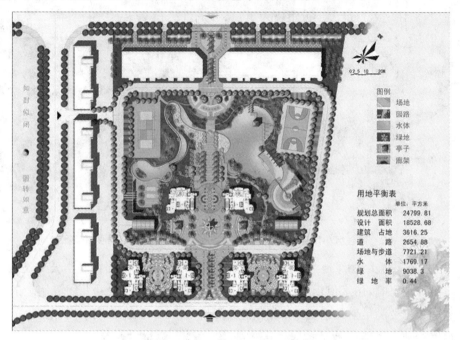

图 5-3-5　位于某小区中央的小游园平面规划图

居住区小游园的服务半径以不超过 300m 为宜。在规模较小的小区中，居住小游园可在小区的一侧沿街布置或在道路的转弯处两侧沿街布置。当居住区小游园沿街布置时，可以设置绿化隔离带，这样能减弱干道的噪声对临街建筑的影响，还可以美化街景，便于居民使用。有的道路转弯处，往往将建筑物向后建，可以利用空出的地段建设居住区小游园，这样，路口处局部加宽后，使建筑取得前后错落的艺术效果，同时可以美化街景。在较大规模的小区中，也可布置成几片绿地贯穿整个小区，让居民使用更为方便。

（二）小游园的规模

居住区小游园的用地规模是根据其功能要求来确定的，然而功能要求又和整个人们生活水平有关，这些已反映在国家确定的定额指标上。目前新建小区公共绿地面积采用人均 $1\sim 2m^2$ 的指标。

居住区小游园主要是供居民休息、观赏、游憩的活动场所。小游园内一般都设有老人、青少年、儿童的游憩和活动设施，但只有在具有一定规模的集中的整块绿地，才能安排这些内容。有的小区将绿地全部集中，不设分散的小块绿地，造成居民使用不便。因此，最好采取集中与分散相结合的方式，使居住区小游园面积占小区全部绿地面积的一半左右。若小区内有 1 万人，小区绿地面积平均每人 $1\sim 2m^2$，则小区绿地约为 $0.51hm^2$。居住区小游园用地分配比例可按建筑用地约占 30％以下，道路、广场用地占 10％～25％，绿化用地约占 60％以上来考虑。

(三)小游园的内容安排

1. **出入口**　出入口应设在居民的主要来源方向,数量为2～4个,与周围道路、建筑结合起来考虑具体的位置。入口处应适当放宽道路或设小型内外广场,以便集散。入口处内可设花坛、假山石、景墙、雕塑、植物等作对景。入口两侧植物以对植为好,这样有利于强调和衬托入口设施(图5-3-6)。

2. **场地**　小游园内可设儿童游戏场、青少年运动场和中老年人活动场。场地之间可利用植物、道路、地形等分隔。如果小游园面积不大,可不设青少年运动场。

图5-3-6　居住区小游园入口

儿童游戏场位置的设置,要便于儿童前往和家长照顾,也要避免干扰居民,一般设在入口附近靠边缘的独立地段上。儿童游戏场不需要很大,但活动场地应铺草皮或选用持水性较小的沙质土铺地或海绵塑胶面砖铺地。活动设施可根据资金情况、管理情况而设,一般应设幼儿活动的沙坑,旁边应设坐凳供家长休息用。儿童游戏场地上应种高大乔木以供遮阳,周围可设栏杆、绿篱,与其他场地分隔开(图5-3-7)。

图5-3-7　儿童游戏场

青少年运动场设在公共绿地的深处或靠近边缘独立设置,以避免干扰附近居民。该场地主要是供青少年进行体育活动的地方,应以铺装地面为主,适当安排运动器械及坐凳。另外,在进行场地设计时也可考虑竖向上的变化,形成下沉式场地或上升式场地。

中老年人的休息活动场可单独设立,也可靠近儿童游戏场,在中老年人活动场内应多设桌椅坐凳,便于下棋、打牌、聊天等。中老年人活动场地一定要做铺装地面,以便开展多种活动,铺装地面要预留种植池,种植高大乔木以供遮阳。

3. **园路**　居住区小游园的园路能把各种活动场地和景点联系起来,使游人感到方便和有趣。园路也是居民散步游憩的地方,所以设计的好坏直接影响到绿地的利用率和景观效果。

(1)园路的宽度与绿地的规模和所处的地位、功能有关,绿地面积在50000m^2以下者,主路宽2～3m,可兼作成人活动场所,次路宽2m左右;绿地面积在5000m^2以下者,主路宽2～3m,次路宽1.2m左右。

(2)根据景观要求,园路宽窄可稍作变化,使其活泼。

(3)园路的走向、弯曲、转折、起伏应随地形自然地设计。

(4)居住区小游园中一定要考虑设置无障碍通道(图5-3-8)。

(5)通常园路也是绿地排除雨水的渠道,因此必须保持一定的坡度,横坡坡度一般为1.5%～2.0%,纵坡坡度为1.0%左右。当园路的纵坡坡度超过8%时,需做成台阶。

图5-3-8 无障碍通道

扩大的园路就是广场,广场的平面形状必须与周围环境协调。广场的标高一般与园路的标高相同,但有时为了迁就原地形或为了取得更好的艺术效果,广场的标高也可高于或低于园路。广场上为了造景多设有花坛、雕塑、喷水池等装饰小品,四周多设座椅、棚架、亭廊等供游人休息、赏景。

4.地形 居住区小游园的地形应因地制宜地处理,因高堆山,就低挖池,或根据场地分区、造景需要适当创造地形,地形的设计要有利于排水,以便雨后及早恢复使用。

5.园林建筑及设施 园林建筑及设施能丰富绿地的内容、增添景致,应给予充分的重视。由于居住区或居住区小游园面积有限,因此其内的园林建筑和设施的体量都应与之相适应,不能过大。

(1)桌椅、坐凳。桌椅、坐凳宜设在水边、铺装场地边及建筑物附近的树荫下,应既有景可观,又不影响其他居民活动。

图5-3-9 坐凳式花坛

(2)花坛、花境。花坛、花境宜设在广场上、建筑旁、道路端头的对景处,一般抬高30～45cm,这样既可当坐凳又可保持水土不流失(图5-3-9)。花坛可做成各种形状,花坛内既可栽花种草,也可种植灌木、乔木,还可摆花盆或做成大盆景。

(3)水池、喷泉。水池的形状可采用自然式或规则式,一般自然形的水池较大,常结合地形与山体配合在一起;规则形的水池常与广场、建筑配合应用。喷泉与水池结合可增加景观效果并具有一定的趣味性。水池内还可以种植水生植物。无论哪种水池,水面都应尽量与池岸接近,以满足人们的亲水感(图5-3-10)。

图5-3-10 小游园中的水池

从安全角度考虑,小游园水池持水深度一般在30～40cm,有条件的地方,可以设计儿童嬉水设施。

(4)景墙。景墙可增添园景并可分隔空间,常与花架、花坛、坐凳等组合,也可单独设置。其上既可开设窗洞,也可以实墙的形式出现,起分隔空间的作用。

(5)花架。花架常设在铺装场地边,既可供人休息,又可分隔空间。花架可单独设置,也可与亭、廊、墙体组合(图5-3-11)。

(6)亭、廊、榭。亭一般设在广场上、园路的对景处和地势较高处。榭常设在水边,作为休息或服务设施用。廊一般用来连接园中建筑物,既可供游人休息,又可防晒、防雨。亭与廊有时单独建造,有时结合在一起。亭、廊、榭均是绿地中的点景、供休息使用的建筑。

图5-3-11　小游园中的花架

(7)山石。在绿地内的适当地方,如建筑边角、道路转折处、水边、广场上、大树下等处,可点缀些山石,山石的设置可不拘一格,但要尽量自然美观,不露人工痕迹。

(8)栏杆、围墙。栏杆、围墙一般设在绿地边界及分区地带,宜低矮、通透,不宜高大、密实,也可用绿篱代替。

(9)挡土墙。在有地形起伏的绿地内可设挡土墙。挡土墙的高度在45cm以下时,可当坐凳用。若高度超过视线,则应做成几层(图5-3-12)。

图5-3-12　坐凳式挡土墙

还有一些设施如园灯、宣传栏等,应按具体情况配置。

6.植物配植　在满足居住区或居住区小游园游憩功能的前提下,要尽可能地运用植物的姿态、体形、叶色、高度、花期、花色以及四季的景观变化等因素,来提高居住区小游园的园林艺术效果,创造一个优美的环境。绿化的配置一定要做到四季都有较好的景致,适当配置乔灌木、花卉和地被植物,做到不露黄土。

二、公共建筑和设施附属绿地的规划设计

居住区公共建筑和设施附属绿地的布置应注意以下几点:满足各公共建筑和公共设施的功能要求;结合周围环境的要求布置,公共建筑与住宅间多用植物构成浓密的绿色屏障,以保证居住区的安静;与整个居住区的绿地综合起来考虑,统一规划,使之成为有机的整体。

三、组团绿地的规划设计

组团绿地是离居民最近的公共绿地,通常为组团内的居民提供一个户外活动、邻里交往、儿童游戏、老人聚集等的良好室外环境。组团绿地具有用地小、投资少、易建设、见效快

等特点。其布置的方式与布局手法多种多样,组团绿地的大小、位置和形状也是千变万化的。

(一)布置的位置和方式

1. 布置位置　根据建筑组合的不同形式,组团绿地的位置选择可有以下几种方式。

(1)周边式住宅之间。绿地位于建筑组群围合的庭院式组团中间,平面多呈规则几何形,不易受行人和车辆的影响,环境安静且有封闭感。由于将楼与楼之间的庭院绿地集中组织在一起,所以在建筑密度相同时,可以获得较大面积的绿地。

(2)行列式住宅山墙间。对于行列式布置的住宅,可适当扩大山墙距离,将空地开辟为绿地,从构图上打破行列式山墙间所形成的狭长空间感,组团绿地又与住宅间绿地相互渗透,扩大了绿化空间感。

(3)扩大住宅的间距。在行列式布置中,将住宅间距扩大到原间距的2倍左右,在扩大的住宅间距中布置组团绿地,并可使连续单调的行列式狭长空间产生变化(图5-3-13)。

(4)住宅组团的一角。利用不便于布置住宅建筑的角隅空地设置绿地,这样能充分利用土地,而且加长了服务半径。

(5)两组团之间。结合公共建筑布置绿地,使组团绿地同专用绿地连成一片,相互渗透,可扩大绿化空间感。

图5-3-13　扩大间距的组团绿地

(6)一面或两面临街。在居住建筑临街一面布置绿地,使绿化和建筑互相衬映,丰富了街道景观,也成为行人休息之地。

(7)在住宅组团呈自由式布置。组团绿地穿插在自由式布置的住宅间,组团绿地与庭院绿地结合,扩大了绿色空间,构图亦显得自由活泼。

2. 布置方式　组团绿地的布置方式有以下几种。

(1)开敞式。可供游人进入绿地内开展活动的组团绿地,多采用自然式布置。

(2)半封闭式。除留出游步道、小广场、出入口外,其余均用花卉、绿篱、稠密树丛隔离的组团绿地,多采用规则式。

(3)封闭式。封闭式绿地被绿篱、栏杆所隔离,居民不能进入绿地,亦无活动休息场地,仅供观赏,使用效果较差。

(二)规划设计内容

组团绿地的内容设置有绿化种植、安静休息、游戏活动等,还可附一些小品建筑或活动设施。要根据不同的服务对象和活动内容来规划设计不同的绿地。

1. 绿化种植部分　此部分常设在建筑物周边及场地间的分隔地带,其内可种植乔木、灌木和花卉,铺设草坪,还可设置花坛,亦可设棚架种植藤本植物、置水池种植水生植物。植物配置要考虑造景及使用上的需要,形成有特色的不同季相的景观变化及满足植物生长的生态要求。如铺装场地上及其周边可适当种植落叶乔木为其遮阳;入口、道路、休息设施的对景处可丛植花灌木或常绿植物;周边需障景或创造相对安静空间的地段,可密植乔灌木或设置中高绿篱。组团绿地内应尽量选用抗性强、病虫害少的植物种类。

2. 安静休息部分　此部分一般供老人闲谈、阅读、下棋、打牌及练拳等使用。该部分应设在绿地中远离周围道路的地方,其内可设桌、椅、坐凳及棚架、亭、廊等园林建筑作为休息设施,亦可设小型雕塑及布置大型盆景等供人静赏。

3. 游戏活动部分　此部分应设在远离住宅的地段,在组团绿地中可分别设幼儿和少年儿童的活动场地,供他们进行游戏性活动和体育性活动。其内可设沙坑、滑梯、攀爬栏杆等游戏设施,还可设乒乓球台等(图 5-3-14)。

图 5-3-14　组团绿地中的活动设施

四、宅旁绿地的规划设计

宅旁绿地一般不作为居民的游憩绿地,其主要功能是美化生活环境,阻挡外界视线、噪音和灰尘,为居民创造一个安静、舒适、卫生的生活环境。

(一)宅旁绿地的布置类型

宅旁绿地布置因居住建筑组合形式、间距、层数、住宅类型、住宅平面布置形式的不同而异,归纳起来,其绿化类型主要有以下几种形式。

(1)树林型。以高大的乔木为主,大多为开放式绿地,树林型宅旁绿化一般适用于面积较大的宅旁绿地,但在设计时一定要保证室内良好的通风采光。

(2)游园型。当宅旁绿地面积较大时,也可以将其设计为小游园的形式,但在设计时一定要将活动场地与建筑保持一定的距离,既要保证室内良好的通风采光,还要保证室内的安静。

(3)棚架型。宅旁绿地还可以考虑设置棚架,以棚架绿化为主,多栽种紫藤、凌霄、炮仗花等观赏价值高的攀缘植物(图 5-3-15)。

(4)草坪型。当楼间距较小时,为了保证室内的通风采光,宅旁绿地一般设计为草坪型。

(5)植篱型。在住宅前后可用常绿或观花、观果、带刺的植物组成绿篱、花篱、果篱和刺篱,

图 5-3-15　棚架型宅旁绿地

围成院落或构成图案,或在其中种植花木、草皮。

(6)园艺型。根据居民的喜好,在庭院绿地中种植果树、蔬菜,供居民享受田园乐趣。

(二)宅旁绿地设计要点

1. 入口处绿化　在住宅入口处,多与台阶、花台等组合进行绿化配置,形成各住宅入口的标志,也作为从室外进入室内的过渡,有利于消除眼睛的光感差,或兼作"门厅"之用。注意在入口处不要栽植有尖刺的植物,以免伤害出入的居民,尤其是儿童。

2. 墙基、角隅、独户庭院的绿化　围绕墙基、角隅、窗前等住宅周围的基础栽植,可以使垂直的建筑墙体与小平地面之间以绿色植物为过渡,打破呆板、枯燥、僵直的感觉。

(1)墙基绿化。使建筑物与地面之间增添一点绿色,一般多选用灌木作规则式配植,亦可种上爬墙虎、络石等攀缘植物,将墙面进行垂直绿化。

(2)角隅绿化。在角隅种小乔木、灌木、草木植物等,如地柏、鹿角柏、麦冬、葱兰、珊瑚树、八角金盘、凤尾竹、棕竹等,使沿墙处的屋角绿树茵茵,色彩丰富,同时形成墙角的"绿柱"、"绿球",可打破建筑线条的生硬感觉。

3. 独户庭院绿化　独户庭院的绿化设计可统一规划,也可由住户自行设计。多以布置花木为主,辅以山石、水池、花坛等,形成自然、幽静的居住生活环境,甚至可依居民嗜好栽种名贵花木及经济林木。在赏景的同时,辅以浓浓的生活气息,也可以草坪为主,栽种树木花草,使场地的平面布置多样而活泼、开敞而恬静(图 5-3-16)。

图 5-3-16　独户庭院绿化

4. 底层住户小院绿化　低层或多层住宅一般结合单元平面,在宅前自墙面至道路留出 3m 左右的空地,给底层每户安排专用小院,可用绿篱或花墙、栅栏围合起来。小院外围绿化可作统一安排,内部则由每家自由栽花种草,布置方式和植物种类随住户喜好选择,但由于小院内部面积较小,布置方式宜简洁,一般以盆栽植物为主(图 5-3-17)。

五、居住区道路绿地的规划设计

图 5-3-17　底层住户小院绿化

居住区内一般由居住区主干道、居住区次干道和宅间小路构成交通网络。居住区道路主要用于联系住宅建筑、居住区各功能区、居住区出入口及城市街道,是居民日常生活和散步休息的必经通道。

（一）居住区主干道绿地设计

居住区主干道是联系居住区内外的通道，其红线宽度不小于20m，可以规划布置沿道路的行道树绿带、分车绿带及小型交通岛，在道路交叉口及转弯处布置绿化时不要影响驾驶人的视线，街道树要考虑行人的遮阳需求及不妨碍车辆的通行。道路与居住建筑之间可考虑利用绿化防尘和阻挡噪声。

（二）居住区次干道

居住区次干道是联系居住区各住宅组团之间的道路，是组织和联系小区各项绿地的纽带。绿化要求：树木配置要活泼多样，树种多选择小乔木及开花灌木，尤其是叶色变化的树种，如合欢、樱花、红叶李、乌桕、栾树等。每条路可选择不同品种的树木，并可以树名给道路命名（如香樟路、紫薇路、银杏路等）。行道树的布置尤其要注意遮阳和不影响交通安全，特别在道路交叉口及转弯处，应根据安全视距进行绿化布置。

（三）宅前小路

居住区宅前小路是联系各住户或各居住单元门前的小路，主要供人通行，一般路宽2.5m以上。进行绿化布置时，常采用绿篱、草坪、地面铺装等形式。道路两侧的种植宜适当后退，以便必要时能使急救车和搬运车等驶入住宅旁。有的步行道路及交叉口可适当放宽，与休息活动场地结合。路旁植树不必都按行道树的方式排列种植，可以断续、成丛地灵活配置，与宅旁绿地、公共绿地布置结合起来，形成一个相互关联的整体（图5-3-18）。

图5-3-18　宅前小路

实例分析

马鞍山某居住小区景观环境设计

一、项目概况

项目位于马鞍山湖南路与湖西中路交叉处，建设用地面积为2.22万m^2。项目规划秉承"现代简约风格"设计理念，融入人情、生活品质和时尚。项目由4栋多层、5栋高层住宅及15000m^2的城市商业体及幼儿园组成。前期规划中绿地率为30%，即绿化面积为6660m^2。实际绿化面积为6776m^2（图5-3-19）。

二、设计思路与风格

本住宅小区景观环境设计定位与建筑风格统一为新简约欧式风格，同时与区域环境特征相统一。水体在这里成为主要焦点和线索贯穿始终，形式了新简欧主义的优美景观。以营造环境氛围和场所精神为设计目标，极力创造人性化的舒适环境。

方案设计在强调景观舒适的同时又充分体现新简欧主义特质，总体以连续而柔美的曲线为主,配合贯穿小区的水景,以达到处处有景的效果。在打造景观的同时又考虑居民的休闲娱乐功能。合理进行景观功能分区,根据本地形特点及人们休憩习惯,重点设计中庭景观轴线。中庭作为整个小区的中心点,也是整个小区景观的精髓所在。在绿化设计上突出植物的层次性与观赏性,同时还满足减噪功能。景观小品、道路铺装等硬质景观运用暖色系材料,以呼应小区的设计风格。

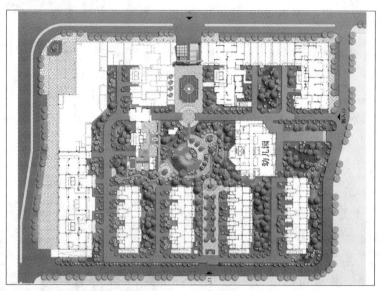

图 5-3-19　总体规划平面图

三、总体规划设计

根据总体规划设计原则,依据居住区建筑布局、周边环境和功能要求,确定合理的景观主轴分区和节点分布。并依据绿地实际大小进行绿化设计,以满足各居住空间不同的功能要求(图 5-3-20)。

图 5-3-20　景观轴线分析

在整体规划的前提下,进行景观空间序列的规划,确定不同的景观内容,以植物造景为主,合理设置硬质景观,以形成美观整洁的居住区环境,并根据景观特征为各景区、景点命名。

四、分区规划设计

本小区设计按照景观主轴线划分,将整个居住区景观划分为四大节点区域,即东入口景区、中央水景区、特色小广场、西入口景区。在设计时对四大节点区域运用特色植物营造不同的景观,既使整个绿地形成了统一风格,又通过植物的变化增强了环境的"可识别性"(图5-3-21)。

图5-3-21 景观节点设计

五、植物规划

在进行植物规划时,一定要结合在调查研究阶段所获取的有关自然条件方面的信息和资料,进行植物种类的选择。在本设计中根据景观设计需要,植物规划拟定如下:

小区的骨干树种为香樟、棕榈、栾树、国槐、无患子、合欢、广玉兰、珊瑚木、雪松等。

小区的基调树种为桂花、银杏、广玉兰、白玉兰、红叶李、腊梅、紫薇、紫荆、棕榈等。

小区的景观树种为国槐、龙爪槐、碧桃、连翘、红瑞木、棣棠、杜鹃、金丝桃、迎春、火棘、金银木、紫藤、凌霄、牡丹、月季、寿星桃等。

任务实训

居住区小游园设计

一、实训目的

掌握居住区小游园规划设计要点、方法和步骤,培养学生的规划设计能力、艺术创新能力和理论知识的综合运用能力。

二、实训内容

结合某居住区小游园周边环境,设计一个融生态、艺术、功能于一体的小游园。也可根据给定居住区参考图,进行模拟设计。

三、实训方式

模拟训练法:根据授课教师提供的或本地测绘的居住区小游园基本地形参考图,进行模拟设计。

四、实训步骤与方法

1.现场勘查,了解相关情况　到设计现场实地勘查,熟悉设计环境,了解居住区绿地的性质、功能、规模及其对规划设计的要求等情况,作为小游园设计的指导与依据。

2.收集基础图纸资料　实地考察测量,室内绘制;或通过其他途径收集居住区总体布局平面图、小游园现状平面图等。

3.描绘、放大基础图纸　若收集的基础图纸太小,可按 1∶300～1∶500 的比例放大、分幅;或将实测的草图按此比例绘制(AutoCAD 平面图),作为小游园设计的底图。

4.初步设计　对调查所得的资料进行整理和分析,确定居住区小游园规划设计的思想和绿化风格,做出总体设计方案的初步设计。

5.详细设计,绘制设计图　经仔细推敲确定最终方案后,按制图规范绘制设计图纸。可选用 AutoCAD、Photoshop、3Dmax 或 SketchUp 等计算机应用软件,完成一套小游园景观设计方案(也可手绘表现)。设计方案包括设计总平面图、功能分区图、种植设计图、主要景观的节点图、局部效果图、设计说明等,并做好苗木统计和绿化工程预算方案。最后做出成果展板,作为设计成果,评定成绩。

6.模拟方案汇报　将上述成果做成 PPT,让老师代表小游园的建设方(甲方),同学们自己代表设计单位(乙方),向老师模拟汇报设计方案。老师根据同学们的设计方案设疑,学生答疑。

五、实训要求

1.设计要求。

(1)构思立意新颖,主题明确,符合场地特点要求,能够很好表达居住区的文化内涵。

(2)布局合理,交通清晰流畅,能充分反映时代特点,具有一定的独创性、经济性和可行性。

(3)植物选择配置应以乡土树种为主,应注意乔、灌、草的合理配置和植物的季相效果。

(4)设计需满足以人为本的基本理念,符合人体工程学和景观设计常规的要求。

2.图纸要求　根据指定设计环境,自主命题,完成一套小游园景观设计方案。并附植物配置表,明确主要植物名称及简要植物配置说明,具体要求如下:能满足施工要求;图面构图合理,清洁美观;线条流畅;图例、比例、指北针、设计说明、文字和尺寸标注、图幅等要素齐全,符合制图规范。

六、工具材料

测量仪器、绘图工具等。

七、考核标准

设计项目考核要点与分值

序号	考核内容	考核要点	分值
1	方案主题构思	构思立意新颖,主题明确,符合场地特点要求	5
		设计风格独特,感染力强	5
2	方案整体效果	布局合理,空间形式丰富	5
		内容充实,方案完整	5
3	总平面设计和表现	空间尺度合理	10
		出入口位置和形式合理,道路系统畅通连贯	5
		建筑小品体量适当、形式布局合理	5
		植物配置科学	10
		线条、图例符合制图规范	5
		指北针、文字标注正确	5
4	效果图	能反映设计意图	10
		效果图节点具有代表性,内容丰富,视觉效果好	10
5	设计说明	文字说明精炼、有条理、重点突出,与设计内容协调统一	5
6	图板设计	布局合理,美观协调	10
7	团队合作	分工协作、配合默契	3
		风格统一	2
		合 计	100

练习与思考

1. 居住区绿地可分为哪几类?
2. 居住区小游园设计有哪些要点?在设计时可安排哪些内容?
3. 组团绿地有哪些形式?应该如何设计?
4. 宅旁绿地应该怎样设计?
5. 居住区道路绿地设计与交通绿地设计有哪些区别?

任务四 学校绿地规划设计

教学目标

能够进行学校的绿化景观设计。

任务描述

了解学校绿地的作用、特点和绿地类型,掌握学校绿地的设计方法和要求。

任务准备

调查了解校园绿地的规划设计内容,考察各类学校校园总体布局、功能分区和各绿地的位置、功能、大小等。

任务分析

一、校园绿化的作用

1. 为师生创造良好的学习、工作和生活的环境　校园绿化可提供休息、文化娱乐和体育活动的场所,有利于环境育人;提供交往的空间,有利于师生交流。

2. 陶冶情操,激发学习热情　通过校园内大量的植物材料,可丰富学生的科学知识,提高学生认识自然的能力。通过挂牌标明树种,使整个校园成为生物学知识的学习园地。通过雕塑、小品等景观的营造,可对学生进行思想教育。

美好的校园环境对师生具有凝聚、激励和导向的作用,使师生对学校产生一种归属感、责任感和自豪感,激发师生奋发向上、爱校如家的精神,引导师生的思想行为向健康、文明的方向发展,同时也可约束不良行为和倾向,有利于学生形成优良的品德和正确的人生观。

二、校园绿化设计的原则

校园绿化要根据学校自身的特点,因地制宜地进行规划设计、精心施工,才能显出各自特色并取得优化效果。

1. 与学校性质和特点相适应　校园绿化要与学校性质、级别、类型相结合,即与该校教学、学生年龄、科研及试验生产相结合。如高等院校中,工科要与工厂相结合,理科要与实验中心相结合,文科要与文化设施相结合,林业院校要与林场相结合,农业院校要与农场相结合,医科院校要与医药、医疗相结合,体育、文艺院校要与活动场地相结合,等等。中小学校园的绿化则要丰富,形式要灵活,以体现青少年学生活泼向上的特点。

2. 与校舍建筑功能多样化相协调　不同性质、不同级别的学校,其规模大小、环境状况、建筑风格各不相同。校园绿化要能创造出符合各种建筑功能的绿化美化的环境,使多种多样、风格不同的建筑形体统一在绿化的整体之中,并使人工建筑景观与绿色的自然景观协调统一,达到艺术性、功能性与科学性的协调一致。各种环境绿化相互渗透、相互结合,使整个校园不仅环境质量良好,而且具有整体美。

3. 满足师生员工集散性强的要求　校园人群活动具有时间性和群体性的特点,需要有适合较大量的人流聚集或分散的场地。校园绿化要适应这种特点,有一定的集散活动空间,否则即使是优美的园林绿化环境,也会因为不适应学生活动需要而遭到破坏。

4. 因地制宜,分别设计　我国地域辽阔,学校众多,分布广泛,各地学校所处地理位置、土壤性质、气候条件各不相同,学校的历史也各有差异。学校园林绿化也应根据这些特点,因地制宜地进行规划、设计和植物种类的选择。例如，位于南方的学校，可以选用亚热带喜温植物；位于北方的学校则应选择适合于温带生长环境的植物；在旱、燥气候条件下应选择抗旱、耐旱的树种；在低洼的地区则要选择耐湿或抗涝的植物；积水之处应就地挖池，种植水生植物；具有纪念性、历史性意义的环境，应设立纪念性景观，或设雕塑，或种植纪念树，或维持原貌，使其成为一块教育园地。

5. 保证较高的绿地指标　一般高等院校包括教学区、行政管理区、学生生活区、教职工生活区、体育活动区以及幼儿教育和卫生保健等功能分区，这些都应根据国家要求，对绿化用地指标进行合理分配，统一规划，认真建设。据统计，我国高校目前绿地率已达10%，平均每人绿化用地面积为4~6m^2。但按国家规定，要达到人均占有绿地7~11m^2，绿地率超过30%；今后，学校的新建和扩建都要努力在这方面达标。所以，对新建院校来说，其园林绿化规划应与全校各功能分区规划和建筑规划同步进行，并且可把扩建预留地临时用来绿化。对扩建或改建的院校来说，也应保证绿化指标，创建优良的校园环境。

三、校园绿化植物配置的原则

植物配置的原则应满足植物保护环境的功能要求、植物生长的生态要素和园林景观艺术需要，充分利用植物的自然美和人工美；还要注重与地势、建筑、山水等组成园林绿地景观的物质要素相结合，创造各种景观，美化环境。

1. 校园主体绿化植物应该有本校特色，且符合园林绿地的性质和功能要求的原则　园林绿地的功能较多，总的说来是保护环境，而具体的每一块绿地又有其主要功能。教学区、学生生活区、运动场区的区段不同，其功能也不同。因此，在进行植物配置时，首先要符合园林绿地的性质和功能要求。

2. 满足植物生长所需的生态环境要求的原则　植物在长期的进化过程中，对光照、温度、水分和土壤都有一定的要求。因此，要使植物能正常生长，必须使植物的生态习性与栽植地区的生态条件相适应。

3. 满足园林景观艺术需要的原则。

(1) 总体布局协调。根据局部环境条件和总体布局中的要求，采用不同的种植形式。一般在大门口、主要道路、广场、大型建筑附近多采用规则式种植，如对植、行植等。在自然山水、草坪、不对称的小型建筑附近采用自然式种植，如孤植、丛植等，充分利用植物材料的自然姿态来进行布局，切忌苗圃式的种植方式。

(2) 季相和景色的四时变化有序。园林植物的景色随季节而变化，要分区分段配置，使每个分区、地段突出一个植物造景的主题，能在统一中有变化。在重点地区、四季游人集中的地方，要考虑四季都有景可赏。即使在以某一季节为主的地段，也应点缀其他季节的植物。

(3) 植物空间布局景观丰富。园林植物配置可采取平面绿化与垂直绿化、水体绿化相结合的形式。在植物布置上注重乔木与灌木、落叶植物与常绿植物、观叶植物与观花观果植物的搭配,以及植物在季节上的变化,以丰富景观。园林中既有绿荫树、园景树、花灌木,也有花坛、绿廊、花架、草坪,同时可种植水生植物和露地的球根植物。

(4)根据植物种类和生长特性确定配置密度。植物的密度配置是否合适直接影响绿化的效果。一般可根据植物的种类和生长速度,采取近期与远期相结合的方法进行配置。按植物将来成树后的树冠覆盖面积来确定它的密度。在疏植时株间多栽种一些过渡性的花灌木或球形类的园林植物。

》》任务实施

一、高校校园绿地设计

高校校园一般面积较大,总体布局形式多样。由于学校规模、专业特点、办学方式以及周围的社会环境条件的不同,其功能分区的设置也不尽相同。高校校园一般可分为校前区、教学科研区、学生生活区、体育活动区、后勤服务区及教工生活区,各功能区用途不同,对绿化的要求也有所不同(图5-4-1)。

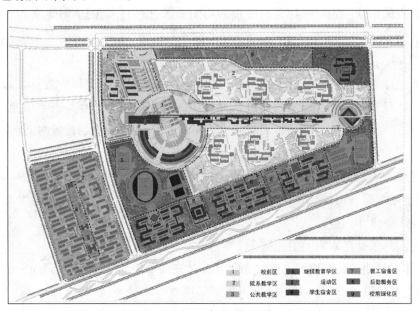

图 5-4-1 某高校校园功能区规划示意图

1.校前区绿化 学校大门、出入口与办公楼、教学主楼组成校前区或前庭,是行人、车辆的出入之处,具有交通集散和展示学校标志、校容校貌及形象的作用。因而校前区往往形成广场和集中绿化区,为校园重点绿化美化地段之一。

学校大门的绿化要与大门的建筑形式相协调,绿化植物选择以常绿花灌木为主,形成开朗而活泼的门景。大门外面的绿化应与街景一致,同时具有学校特色;大门及门内的绿化以装饰性绿地为主。

学校大门绿化设计以规则式绿地为主，以校门、办公楼或教学楼为轴线，形成主干道，其中大多数主干道和校门是学校师生、车辆出入的通道，也是学校内外联系的主要轴线，为此，主干道的绿化就成为校园绿化的主要风景线。绿化时采用两侧对称的方式，种植树姿优美的乔木，如合欢、女贞等。树下种植绿篱或设花池、花坛（忌带刺、有毒植物），使入口主干道四季常青、三季有花。有条件的学校的主干道可采用花廊结构，两侧配置花池，广植紫藤、葡萄等藤本植物和花灌木，即满足绿化要求，又丰富了校园景观（图5-4-2）。

图5-4-2　某高校校前区绿化设计效果图

2. 教学科研区绿化　教学科研区是高校的一个重要功能区，是全校师生教学、科研活动的主要场所。其环境要求安静、卫生、优美，同时还要满足师生课间休息、活动的需要。教学科研主楼前的广场设计，以大面积铺装为主，结合水面、花坛、草坪，布置喷泉、雕塑、花架、圆灯等园林小品，体现简洁、开阔的景观特色。

（1）教学楼周围绿化。教学楼周围的基础绿带，在不影响通风采光的条件下，以树木为主，常绿乔木与落叶乔木相结合分布在教学楼大门两侧，可以对称布置常绿树或花灌木。教学楼周围靠近墙基处可种植高度不超过窗口的花灌木，教室东西两侧可种植大乔木，教室北面可种植耐阴植物。在楼前应设置开阔的草坪，供学生课间休息活动使用（图5-4-3）。

（2）图书馆周围绿化。图书馆绿化应突出主景，主次分明，合理配景。绿化装饰要与图书馆的特殊气氛和总体功能相一致，室外树种一般选用叶面粗糙、树冠大而浓密的树木，以增强吸声能力，降低噪声；在室内多配置常绿观叶植物（图5-4-4）。

图5-4-3　某高校教学楼前绿化

图5-4-4　某高校图书馆前绿化

（3）实验楼周围绿化。实验楼周围绿化多采用规则式布局。为了更好地吸滞灰尘、净化空气，植物以草本植物和花灌木为主，边沿设置绿篱，地面要全部用草坪或地被植物覆盖，减少尘土飞扬,确保空气洁净。

3.生活区绿化 为了方便师生学习、工作、生活,校园内设置有生活区和各种服务设施。

(1)学生生活区绿化。学生生活区主要服务对象是学生,该区的绿化功能是创造安静、卫生的环境,便于学习休息。绿化设计要充分考虑学生的需要,采用合适的绿地类型。具体设计时,若楼间距较小,则在楼梯口之间只进行基础栽植和硬化铺装;若场地较大,可结合行道树,形成封闭式的观赏性绿地,或布置成庭院式休闲绿地,铺装地面,将花坛、花架、基础绿带和庭荫树池结合起来,形成良好的学习、休闲场地。

植物配置应以简单、实用、抗破坏为原则,采用自然式和规则式相结合的方式。如沿宿舍种植一些低矮的花灌木,既不影响室内通风采光,又具有美化效果(图5-4-5)。

(2)教工生活区绿化。教工宿舍楼周围的绿地与居住区宅间绿地类似,其景观内容以花灌木、草坪和地被植物为主,也可适当点缀乔木。具体设计可参阅居住区绿地中的宅旁绿地设计。

图5-4-5 某高校学生生活区绿化

4.体育活动区绿化 体育活动区一般设置在远离教学区或行政管理区而靠近学生生活区的地段,要充分考虑运动设施和周围环境的特点。体育活动区与建筑物之间应有宽度在15m以上的常绿与阔叶乔木混交林带,以起到隔音的作用。运动场四周可设围栏。在适当之处设置坐凳,供人们观看比赛。乔木下一般不种植灌木,以免妨碍运动或给运动者造成伤害。体育馆建筑周围应因地制宜地进行基础绿带绿化(图5-4-6)。

图5-4-6 某高校体育馆周围绿化

5.校园道路绿化 校园道路通常分为主干道、支路和小径。主干道绿化以遮阴为主。可根据不同道路选用不同的绿化树种。道路外侧应留有带状绿地,配置地被植物和花灌木。支路、小径绿化以美化环境为主,主要功能是在道路两侧给师生创造出优美的游憩环境。植物以景观栽植为主,多选择观赏效果好、组景效果佳的物种。

6.休闲游览绿地设计 高校一般面积较大,在校园重要地段设置花园或游园式绿地,可供师生休闲、观赏、游览和读书使用。另外,高校中花圃、苗圃、科普园等科学实验园以及植物园、树木园、农博园也可以布置成休息游览绿地。

休闲游览绿地的设置要根据不同学校的特点,充分利用原有自然条件,合理布局,创造特色,并力求经济、美观。不同类型的游览绿地要选择一些与之相适应的植物,使环境更加协调、优美,具有审美价值、生态效益和教育功能(图5-4-7)。

二、中小学校园绿化设计

图 5-4-7　某高校休闲游览绿地

中小学用地一般分为建筑用地(包括办公楼、教学楼及实验楼、广场、道路及生活杂务场院)、体育场地与自然科学实验用地。不同的绿地对于绿化的要求亦不同。

1. 建筑用地周围的绿化设计　中小学建筑用地绿化,往往沿道路两侧、广场、建筑周边和围墙边呈条状分布,以建筑为主体,衬托和美化建筑。因此,绿化设计既要考虑建筑物的使用功能,如通风、采光、遮阳、交通集散,又要考虑建筑物的形状、体积、色彩和广场、道路的空间大小(图5-4-8)。

大门出入口、建筑门厅及庭院可作为校

图 5-4-8　某中学校园规划效果图

园绿化的重点,结合建筑、广场及主要道路进行绿化布置,注意色彩、层次的对比变化,建花坛、铺草坪、植绿篱、配置四季花木,衬托大门及建筑物入口空间和正立面景观,丰富校园景色,建筑物前后做低矮的基础种植,5m内不能种植高大乔木。在两山墙外可种植高大乔木,以防日晒。庭院中也可种植乔木,形成庭院环境,设置乒乓球台、阅报栏等文体设施,供学生课余活动使用。

校园道路绿化,主要考虑功能要求,满足遮阳需要,一般多种植落叶乔木,也可适当点缀常绿乔木和花灌木。

学校周围沿围墙种植绿篱或乔灌木林带,与外界环境隔离,避免相互干扰,创造一个相对独立、安静的环境。

2. 体育活动用地绿化设计　体育场地主要用于学生开展各种体育活动。一般小学体育场较小,经常以楼前后庭院代替体育场。中学单独设立较大的操场,可划分标准运动跑道、足球场、篮球场及其他体育活动用地。

运动场周围种植高大遮阴落叶乔木,少种花灌木。地面铺草坪,尽量不做硬质铺装。运动场要留出较大空地,满足户外活动使用,并要求视线通透,以保证学生安全和体育比赛正常进行。

3. 自然科学园地绿化　自然科学园地可设置在全园一角,四周以低矮的篱栅虚隔,以便管理,内植乔木,可以是果树、经济作物等,注意留出足够的活动场地。

三、托儿所、幼儿园绿地设计

托儿所、幼儿园是学龄前儿童接受教育的主要场所,其绿地要求开敞、通透、明快,绿化形式要求自由活泼。整体空间包括室内、室外两大部分,各占50%。根据活动要求,室外活动场地又分为公共活动场地、班组活动场地、自然科学基地和生活杂务用地。

1.公共活动场地绿化 公共活动场地是儿童游戏活动场,是幼儿园重点绿化区。该区一般设计有小操场、游戏场、小花园。小操场以草坪铺装为主,有条件的可以用塑胶铺装。游戏场根据场地大小,布置各种游戏活动器械、涉水池、沙坑等。小花园设有小亭、小花架等,主要种植遮阴的落叶小乔木,角隅处适当点缀花灌木,场地应开阔通畅,不能影响儿童活动。

图5-4-9 某幼儿园公共活动场地

整个室外活动场地应尽量铺设草坪或塑胶垫,在周围种植成行的乔灌木,形成浓密的防护带,起到防风、防尘和隔离噪音的作用(图5-4-9)。

2.班组活动场地绿化 班组活动场地是幼儿园各个班级平日最主要的活动场所。场地周围用绿篱隔离,相互形成独立空间;场地一般用草坪或塑胶铺装;上层用落叶大乔木遮阳,或设计棚架、种植落叶的攀缘花木遮阳。

3.自然科学基地绿化 自然科学基地一般设置小菜园、小果园及小动物饲养场。它是培养儿童热爱劳动、热爱科学的场所。有条件的幼儿园可将其设置在全园一角,用篱笆隔离,里面种植少量果树、油料作物、药用植物等经济植物。小动物饲养场一般养殖让幼儿容易亲近的家禽和食草小动物。

4.植物配置要求 幼儿园绿地植物的选择,要考虑儿童的心理特点和身心健康,要选择形态优美、色彩鲜艳、适应性强、便于管理的植物,禁用有飞毛、毒、刺及引起过敏的植物。

实例分析

芜湖职业技术学院新校区景观规划设计

一、项目概况

本项目原有土地面积约37.7hm^2,本次扩建新增土地面积约12.7hm^2。目前已有建筑物总面积为128063m^2,另有桥梁4座,标准400m塑胶跑道运动场1座,篮排网球场占地面积约11000m^2。此次扩建项目总面积为261864m^2,新增6栋学生宿舍楼共42618m^2、1栋食堂8824m^2、2栋教学楼共10600m^2、2栋E字系部实训楼共20619m^2、4栋L字系部实训楼共

80000m²、1栋体育馆12000m²、产学结合示范基地81600m²、1栋继续教育与培训中心5600m²,另有附属工程如桥梁道路、景观绿化、水电气等项目(图5-4-10)。

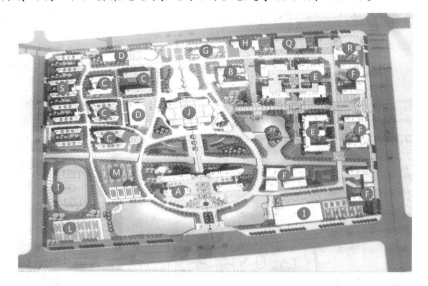

A. 公共教学楼　B. 公共实验楼　C. 学生宿舍楼　D. 食堂、浴室　E. 系部实训综合楼
F. 产学研综合示范基地　G. 行政综合楼　H. 继续教育与培训中心　I. 体育馆　J. 图书馆
K. 网球场　L. 排球场　M. 篮球场　R. 科技交流中心　S. 学生公寓　Q. 产学研合作基地

图5-4-10　芜湖职业技术学院南区平面图

二、编制设计任务书

根据调查研究的实践情况,结合甲方的实际要求,编制设计任务书,主要包括以下内容:

1. 本项目规划设计总体目标、原则。

(1)设计总体目标。打造国内有重要影响、国内知名的国家示范性高等职业院校,整体提升校园的文化内涵。

(2)规划设计原则。

①尊重原有的规划设计,营造一个完美、和谐、统一的整体校园。

②完善校园的功能布局和景观,实现整体与局部的统一。

③改善校园的交通组织,力求"人车分流",交通便捷、顺畅,可达率高。

④提升校园的文化内涵,增加校园的人文气息。

⑤建设节约型和生态型的大学校园,合理利用土地资源,保护环境,节约能源,树立典范。

2. 校园绿地规划设计的内容。

(1)功能分区。根据校园内各建筑分布和绿地的大小等情况,确定功能分区。

(2)景观规划。根据校园总体布局、功能分区和各绿地的位置、功能、大小等,明确景观规划的设计理念、总体构思,并确定主要的景点。

(3)植物规划。根据当地自然条件和植被类型,确定绿化的基调树种、骨干树种、景观树种的规划。

三、总体规划设计阶段

1. 功能分区　根据整个校园空间布局特点和各建筑功能定位,将校区划分为行政办公区、学院教学科研区、学生生活区、体育运动区、教工生活区、休息游览区等六大功能区块(图 5-4-11)。

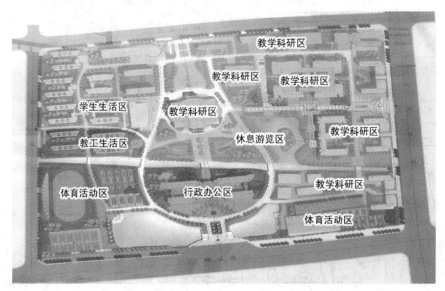

图 5-4-11　芜湖职业技术学院南区功能分区图

(1)行政办公区。行政办公区位于校园的最核心部位,由图书馆和院行政办公楼组成。极富雕塑感的图书馆是校园的标志性主体建筑,成为校园多条景观轴线的焦点建筑。图书馆前的校前区广场由硬质地面和花坛、雕塑、文化墙等小品构成,铺地按活动区域进行铺砌;广场周边局部设树穴,用于种植行列乔木,中部为大面积花坛,以其独特的空间氛围成为校园的标志性空间,利于展示校园的整体形象。

(2)学院教学科研区。学院教学科研区位于校园中心轴线的东侧,布置6个学院组群。每个建筑组群包含1~3个院系楼,采用围合式庭院布局,建筑内部空间变化丰富。

(3)学生生活区。学生生活区位于体育运动区北侧,靠近学校次入口,方便后勤的出入。学生食堂、学生街位于教学区与学生宿舍之间,符合学生校园活动的流线规律。

(4)体育运动区。体育运动区位于校园南侧东西部,靠近学生生活区和教工生活区,包括体育馆、400m标准运动场、篮球场、排球场、网球场、器械场若干。体育中心靠近公路布置,便于对外开放,实现校园资源的社会共享,同时能隔离城市道路的噪音。

(5)教工生活区。教工生活区位于校园西南侧,独立成区,方便管理。

(6)休息游览区。休息游览区位于校园中心位置,利用园内水景,营造以绿为核、以水为源的生态校园,满足师生休息散步、文化娱乐、陶冶情操等需求。

2. 景观规划　规划结构为一环、两轴、多节点——体现国家示范高职创新的校园特色。有机组织丰富多向的轴线,建筑采用组团式布局,并以院落空间为主题,营造"轴线+院落"纵横开阔的理性校园。

(1)一环。规划从以人为本的思想出发,强调人行活动空间,将原有道路整合,放大环路内部空间,避免单纯利用道路划分各功能区块,强调人车分流的校园交通体系,保证学生的安全。将车行道路沿中心轴线两侧展开,形成环绕校区的环路,并分别连接东、西、南、北四个校园出入口,有机地串联各个功能区。

(2)两轴。两轴线是校园整体景观体系的骨架。规划强化校区的南北向景观轴线空间,成为贯穿整个校园的核心公共空间,并成为组织校园建筑空间秩序的骨架。

南北向纵轴形成的"功能景观轴",串联起南北校前广场、中心草坪、教学楼学习广场、图书馆的文化广场,是集中展示校园新貌的主要景观空间。东西向横轴线为"曲水景观轴",是师生活动、交流的主要场所(图 5-4-12)。

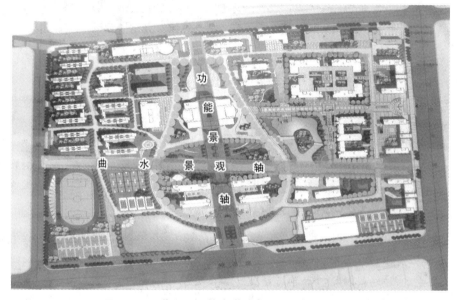

图 5-4-12 芜湖职业技术学院南区景观轴线规划图

(3)多节点。多节点指多个校园核心公共空间节点。结合校园主次轴线交点,规划在校园内组织了七个主要景观节点,具有不同的景观特色与文化主题,虚实对比,从而架构起校园整体格局与景观体系的骨架。图书馆为校园主中心,学习广场、体育中心、学院组团及生活区组团为校园副中心,形成主次分明、丰富多样的多层次校园空间。

3.植物规划 在进行植物规划时,一定要结合在调查研究阶段所获取的有关自然条件方面的信息和资料,进行植物种类的选择。在本设计中根据景观设计需要,植物规划拟定如下:

骨干树种为香樟、银杏、雪松、广玉兰、栾树、国槐、棕榈、杜英等。

景观树种为樱花、紫薇、凤尾竹、红瑞木、棣棠、金银木、碧桃、红叶桃、寿星桃、垂枝桃等观赏性花灌木品种。

基调树种为杜鹃、洒金桃叶珊瑚、红叶石楠、龟甲冬青、金边大叶黄杨、海桐、深山含笑、连翘、迎春、火棘、紫藤、凌霄、牡丹、月季等。

四、完成图纸绘制

根据学校绿地规划设计的相关知识和设计要求,芜湖职业技术学院南区绿化设计图纸包括如下内容。

1. 设计平面图　设计平面图中应包括所有设计范围内的绿化设计,要求能够准确表达设计思想,图面整洁,图例使用规范。平面图主要表达功能区划、道路广场规划、植物种植设计等平面设计(图 5-4-13)。

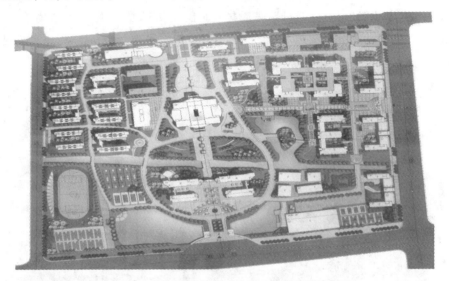

图 5-4-13　芜湖职业技术学院南区绿化设计平面图

2. 重点景观立面图　为了更好地表达设计思想,在学校绿地规划设计中要求绘制出主要景观、主要观赏面的立面图,在绘制立面图时应严格按照比例表现硬质景观、植物以及两者间的相互关系,植物景观按照成年后最佳观赏效果时期来表现。立面图主要表达地形、建筑物、构筑物、植物等立面设计。

3. 效果图　效果图是为了能够更直观地体现规划理念和设计主题而绘制的,一般分为全局鸟瞰图和局部景观效果图。设计时常要求绘制出效果图,常用的效果图为全局鸟瞰图,在绘制时应注意选择合适的视角,真实地反映设计效果(图 5-4-14)。

图 5-4-14　芜湖职业技术学院南区鸟瞰图

项目五　专项园林绿地规划设计

任务实训

高校校园绿地规划设计

一、实训目的

通过本次实训,掌握高校校园绿地规划设计原则,熟悉高校绿地的组成及各组成部分设计的要点、方法、步骤等,能够进行高校绿地规划设计,培养学生的规划设计能力、艺术创新能力和理论知识的综合运用能力。

二、实训内容

1. 完成当地某高校校园绿地规划设计。
2. 根据给定某高校校园平面参考图,进行模拟设计。

三、实训方式

1. 任务实战法　以学校或具有一定设计资质的设计单位为依托,承接当地具有一定规模的新建大学广场绿地设计任务。
2. 模拟训练法　根据授课教师或本教材提供的校园基本地形参考图,进行模拟设计。

四、实训步骤与方法、实训要求、工具材料

同项目五任务三中实训,可参照执行。

五、实训成果

1. 完成一套校园绿地设计方案,包括设计总平面图、功能分区图、种植设计图、主要景观的节点图、局部效果图、设计说明,并做好苗木统计和绿化工程预算方案。
2. 制作成果展板一幅。
3. 制作规划汇报 PPT 一份。

六、考核标准

同项目五任务三中实训。

练习与思考

1. 校园绿化的内容有哪些?高校校园绿地设计应注意哪些问题?
2. 如何通过植物造景来体现校前区的景观?

任务五　工矿企业绿地规划设计

教学目标

能够进行小型工矿企业绿地的绿化景观设计。

任务描述

了解工矿企业绿地的特点,掌握工矿企业绿地规划设计要点。

任务准备

1. 基地自然条件的调查　为满足种植设计苗木的生态习性和生长特性,必须对基地气候、土壤、空气质量等自然条件进行充分调查。

2. 工矿企业生产性质及其规模的调查　各种不同性质的工矿企业的生产内容不同,即使工矿企业性质相同,其生产工艺也可能不同,因此对周围环境的影响也不一样。

3. 工矿企业总图的判读　在进行绿地规划设计之前,要对基地总图作全面判读。从基地的平面图中可以了解绿化面积情况;从竖向图中了解挖方数、填方数及土壤结构变化;从管线图中弄清楚管线与绿化树木的关系。

4. 社会调查　要深入了解工矿企业领导和有关人员对绿化环境的要求、当地园林部门对该企业绿化的意见,还要调查该企业建设进展步骤,明确所有空地的近期与远期使用情况,以利于有计划地安排绿地建设。

任务分析

一、工矿企业绿化的功能

1. 保护生态环境,保障职工健康　工矿企业生产在给社会创造物质财富的同时也给环境带来了污染,甚至造成灾难,威胁人们的生命。从某种意义上讲,工矿企业是环境的大污染源,特别是一些污染性较严重的工矿企业。环境质量的优劣直接关系到人们的身体健康、工作效率和精神面貌。工矿企业绿化不仅能美化环境,而且对社会环境的生态平衡起着巨大的作用。

2. 促进文明建设,展示企业形象　工矿企业绿化是精神文明建设的组成部分,可以从侧面反映出企业的精神面貌。良好的园林绿化环境,可以使职工在紧张劳动之余,放松精神,调节体力,以更充沛的精力投入到工作劳动中去。绿地中的花草树木衬托着企业内具有工业建筑特点的建筑物,形成别具一格的人工美和自然美相结合的艺术形象。优美的环境不仅给企业职工带来了愉快和舒适,也提高了企业文化品位,展示了企业美好的形象。

3. 创造物质财富,提高经济效益　工矿企业绿化还可获得直接和间接的经济效益。在绿化的同时,可结合生产种植果树、油料作物及药用植物,从而产生一定的经济效益。企业绿化布局合理、树种选择配置得当,有利于产品质量的提高,从而间接增加企业的经济效益。

二、工矿企业绿化的特点

工矿企业的绿化有着与其他绿化不同的特点,企业的性质、类型不同,生产工艺不同,对环境的影响及要求也不同。工矿企业绿化的特殊性概括起来表现在以下几个方面。

1. 环境条件较差　工矿企业在生产过程中常常会排放或逸出各种对人体健康、植物生长有害的气体、粉尘、烟尘及其他物质,使空气、水、土壤受到不同程度的污染。另外,在城市规划中,工业用地多选择土地较瘠薄的地方,尽量不占耕地良田,加之基本建设和生产过程中材料的堆放、废物的排放,使土壤的结构、化学性能和肥力变差,造成树木生长发育的立地条件较差。因此,根据不同类型、不同性质的工厂选择适宜的花草树木,是工厂绿化成败的重要环节。

2. 用地相对紧张　工矿企业建筑密度大,工业建筑及各项设施的布置都比较紧凑,往往可供绿化的用地很少,因此工厂绿化中要"见缝插绿"甚至"找缝插绿"地栽种花草树木,灵活运用绿化布置手法,争取绿化用地。比如充分运用攀缘植物进行垂直绿化,开辟屋顶花园,都是增加工矿企业绿地面积行之有效的办法。

3. 保证生产安全　工矿企业的中心任务是发展生产,为社会提供量多质优的产品。因此,工矿企业的绿化要有利于生产正常运行,有利于产品质量的提高。企业里的空中、地上、地下有着种类繁多的管线,不同性质和用途的建筑物、构筑物、铁路、道路纵横交叉。因此,绿地种植设计时要根据企业不同的安全要求,既不影响安全生产,又要使植物能有正常的生长条件。有些企业的空气洁净程度直接关系到产品质量,因此要避免选择那些有绒毛飞絮的树木;有些企业车间需要充分的采光,因此要确定适宜的栽植距离,以保证生产的安全运行。

4. 服务对象单一　工矿企业绿地是职工休息的场所。职工的职业性质比较接近,人员相对固定,绿地使用时间短、面积小,加上环境条件的限制,使可以种植的花草树木种类受到限制。这就要求我们在进行园林绿化设计时,要考虑到工矿企业员工的特点,在绿地中适当增添室外活动的健身器材,开辟体育活动场地,充分利用有限的绿地,结合建筑小品、园林设施使之内容丰富,发挥其最大的使用效率。

三、工矿企业的绿地指标

工矿企业绿化规划是总体规划的组成部分。工矿企业绿地面积的大小,直接影响到绿化的功能、企业内部的面貌。但不同的工矿企业占地情况不一样,其绿地指标也有所不同。我国城建部门对各类工矿企业绿地指标制定有相关标准。具体如表5-5-1。

表5-5-1　各类工矿企业绿地指标

企业类型	近期(%)	远期(%)
精密机械	40	50
化学工业	20	25
轻工纺织	40	45
重工业	15	20
其他工业	20	25

四、工矿企业绿地设计的原则

工矿企业绿化关系到整个企业生产环境的优劣,所以,在进行规划设计时应注意如下几个方面。

1. 统一安排、统筹布局　　工矿企业绿化规划是总体规划的有机组成部分,应在企业总图规划的同时进行绿化规划,以减少今后企业建设中出现的矛盾。

2. 与工业建筑主体相协调　　工矿企业绿化规划设计要围绕工业建筑主体进行环境设计。按规划总图的构思对各种空间进行绿化布置。在视线集中的主体工业建筑四周要对绿化做重点处理,以起到烘托主体的作用。

3. 保证安全生产　　由于工业生产的需要,往往在地上地下设有很多管线,在墙上开设大块窗户等。绿化规划设计一定要合理布局,以保证生产安全,不能影响管线和车间劳动生产的采光需要。

4. 符合本地实际情况　　要结合本地的地形地貌、土壤、光照和环境污染情况,因地制宜地进行景观布局和绿化设计。

5. 与企业的分期建设相协调　　既要有近期安排,又要有远期规划。从近期着手,兼顾远期建设的需要。

6. 适当结合生产　　在满足各项功能要求的前提下,因地制宜地种植绿化大苗、果树、药用植物、油料作物及经济价值高的园林植物。

五、工矿企业绿地绿化树种选择的原则

要使工矿企业绿化树木生长良好,形成较好的绿化景观,必须选择那些能适应本地生长的树种,原则上应注意以下几点。

1. 选择观赏和经济价值高、有利于环境卫生的树种。

2. 选择适应当地环境条件的乡土树种。例如沿海的工矿企业应选择具有抗盐、耐潮、抗风、抗飞沙等特性的绿化树种;在土壤瘠薄的地方,要选择能耐瘠薄并能改良土壤、创造良好条件的树种。

3. 树种选择要注意速生和慢生相结合,常绿和落叶相结合,以满足近期和远期绿化效果、四季景观和防护效果的需要。

4. 注意选择便于管理、产于当地、价格合理、补植方便的树种。

5. 在生产过程中会排放一些有害气体、废水、废渣的工矿企业中,除选择适应当地气候、土壤、水分等条件的乡土树种外,还要注意选择那些对有害物质抗性较强和净化能力较强的树种。以下是一些容易产生污染的工矿企业绿化可以选用的树种。

(1)抗二氧化硫树种。

抗性强的树种有:大叶黄杨、黄杨、雀舌黄杨、海桐、蚊母、山茶、女贞、小叶女贞、凤尾兰、夹竹桃、构骨、枇杷、构树。

抗性较强的树种有:华山松、白皮松、龙柏、泡桐、紫荆、垂柳、加杨、旱柳、杏树、卫矛、板栗、地锦、无患子。

（2）抗氯气树种。

抗性强的树种有：龙柏、大叶黄杨、蚊母、海桐、黄杨、凤尾兰、合欢。

抗性较强的树种有：紫荆、地锦、小叶女贞、卫矛。

（3）抗氟化氢树种。

抗性强的树种有：龙柏、大叶黄杨、蚊母、海桐、黄杨、桑树、侧柏、棕榈。

抗性较强的树种有：木槿、广玉兰、柳、山楂、乌桕、樱花、月季、丁香。

（4）抗乙烯树种。

抗性强的树种有：夹竹桃、棕榈、悬铃木、凤尾兰。

抗性较强的树种有：黑松、女贞、枫杨、乌桕、红叶李。

（5）抗氨气树种。

抗性强的树种有：女贞、樟树、腊梅、无花果、石楠、石榴。

（6）抗二氧化氮树种。夹竹桃、棕榈、悬铃木、黑松、女贞、乌桕、大叶黄杨、合欢。

（7）抗臭氧树种。枇杷、悬铃木、枫杨、刺槐、银杏、日本女贞、冬青、八仙花。

（8）抗烟尘树种。香榧、广玉兰、构骨、刺槐、朴树、木槿、三角枫、桑树。

（9）滞尘能力强的树种。臭椿、槐树、梧桐、麻栎、白杨、柳树、悬铃木、樟树。

六、工矿企业绿地规划布局

工矿企业绿地规划布局的形式一定要与企业各区域的功能相适应。在我国，各类工矿企业一般都有共同的功能分区，如厂前区、生产区、生活区、小游园、厂区道路以及防护林带等（图5-5-1）。

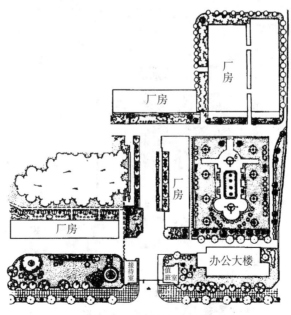

图5-5-1 某工矿企业整体绿地布局平面图

在整体布局上，要以企业内各类道路的带状绿化串联各个功能区的块状绿化，做到点线面结合,使全厂形成一个绿色整体,充分发挥绿化效益。

》》任务实施

一、大门环境及周围的绿化

企业大门环境是单位的门面,是对内对外联系的纽带,也是职工上下班必经之路。大门环境绿化,首先要注意与大门建筑造型相协调,并有利于出入,入口处的布置要具有装饰性和观赏性。门前广场两旁绿化应与道路绿化相协调,可种植高大乔木,引导人流通往厂区。也可设花坛、花台,布置色彩绚丽、多姿、气味香馥的花卉,用修剪整齐的常绿绿篱围边,点缀色彩鲜艳的花灌木、宿根花卉或草坪,用低矮的色叶灌木形成模纹图案。但其高度不得超过0.7m,以免影响汽车驾驶员的视线。广场周边、道路两侧的行道树,应选用冠大荫浓、耐修剪、生长快的乔木或树姿优美、高大雄伟的常绿乔木,形成外围景观或林荫道。为丰富冬季景色,体现雄伟壮观的效果,绿化常绿树种应占较大的比例,一般为30%~50%。

二、厂前区和办公用房周围绿化

厂前区具有厂容展示、人流集散、宣传教育的功能,绿地设计的形式多采用规则式或混合式。入口广场旁一般都设有停车场,如果场地比较宽敞,广场上可设计花坛、草坪、雕像、水池等,但要便于行人出入。入口广场两侧可以设置画栏、报栏、黑板报、光荣榜等宣传设施。

办公用房一般包括行政办公和技术科室用房以及食堂、托幼保健室等福利建筑。这些房屋多数建在工厂大门附近,组合成一个综合体,处在工厂污染风向的上方,管线较少,因而绿化条件较好。绿化的形式应与建筑形式相协调,靠近大楼附近的绿化一般用规则式布局,远离大楼的地方则可根据地形采用自然式布局,设计草坪、树丛、树林等(图5-5-2)。

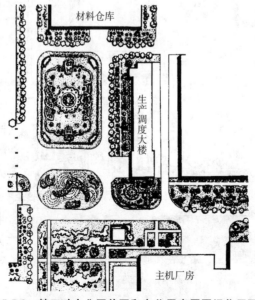

图5-5-2 某工矿企业厂前区和办公用房周围绿化平面图

三、车间周围的绿化

工矿企业的车间属于生产用地,绿地大小差异较大,多为条带状。各个企业的车间生产特点不同,绿地也不一样。有的车间对周围环境产生不良影响和严重污染,如散发有害气体、烟尘、噪音等。有的车间则对周围环境有一定的要求,如空气洁净程度、防火、防爆、降温、湿度、安静等。

车间周围的绿化美化不仅能够改善环境条件(遮阳、降温、隔尘、防火、隔噪声等),防止和减轻车间污染物对周围的影响,也可以为职工提供工间休息的场所。

车间周围的绿化要选择抗性强的树种,并注意不要妨碍上下管道。车间的出入口或车间与车间的小空间是重点美化的地方,可布置一些花坛、花台,种植花色鲜艳、姿态优美的花木,设立廊、亭、坐凳等,供工人在工间休息使用。车间四旁绿化要从光照、遮阳、防风等方面来考虑。车间的南面应种植落叶大乔木,以利炎夏遮阳,冬季有温暖的阳光。如果车间有采自然光的需要,南面6~8m范围内不要栽植高大的乔木。在车间建筑的东西两面则应种植高大乔木,以防止东西日晒。其北面可用耐阴的常绿和落叶乔灌木相互配置(图5-5-3)。

图 5-5-3　某工矿企业车间周围的绿化平面图

污染较大的化工车间,不宜在其四周密植成片的树林,而应多种植低矮的花卉或草坪,以利于通风,引风进入空间,稀释有害气体,减少污染危害。

卫生净化要求较高的电子、仪表、印刷、纺织等车间四周的绿化,应选择树冠紧密、叶面粗糙、有黏膜或气孔下陷、不易产生毛絮及花粉飞扬的树木。对防火、防噪音要求较高的车间及仓库四周绿化,应以防火隔离为主,应选择叶片含水量大、不易燃烧的常绿阔叶树种。

四、仓库、堆物场的绿地设计

工矿企业的仓库、堆物场的绿地除具有美化环境的功能外,还要发挥其隔离和防护的作用。因此,在进行设计时要保证交通运输和装卸方便,道路要保留足够的宽度和安全视距,一般采取疏植高大乔木、间距7~10m的方式。

企业的仓储用地特别要注意消防要求,设计时一定要选用叶片含水量大、不易燃烧的常绿阔叶树种作为防火树种,禁用针叶树和其他易燃树种;仓库周围要留出5~7m宽的消防通道,方便消防车的出入。装有易燃物的贮罐周围应以草坪为主,防火堤内不种植物。

露天堆积场外一般用常绿树种组成防护林带,场内不种植树木。在不影响物品堆放、车辆进出、装卸的情况下,周边栽植高大、防火和隔尘效果好的落叶阔叶树,外围加以隔离,以利夏季工人遮阳休息。

五、工矿区小游园的设计

工矿小游园是提供职工休息、开展文化活动的场所,类似于学校的休息区或街头休息绿地。但要根据工矿企业工人的特点增加运动场地和文化娱乐场所,以便职工开展体育活动和散步、坐歇、谈话、听音乐等各项休息活动。

小游园可因地制宜地设置在企业内的自然坡地或河边、消防池边,也可结合厂前区或车间附近绿地布置。布局形式可采用规则式、自然式和混合式,根据其所在位置、功能、性质、场地形状、地势及职工爱好,因地制宜,灵活布置,并注意与周围环境相协调。

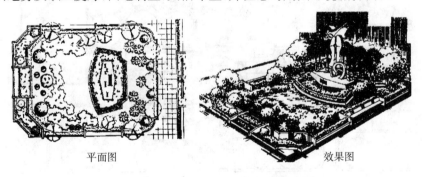

平面图　　　　　　　　　　　效果图

图 5-5-4　某工矿企业小游园设计图

六、工矿区道路的绿化

工矿区道路是连接内外交通运输的纽带。职工下班时人流集中,车辆来往频繁,地上地下管道、电线、电缆纵横交错,给工矿区道路绿化带来了一定的困难。因此,在绿化前必须充分了解路旁的建筑设施、电杆、电缆、电线、地下给水排水管和路面结构,道路的人流量、通车率、车速、有害气体、液体的排放情况和当地的自然条件等。

1.工矿区内道路绿化　工矿区内主干道路绿化应满足遮阴、防尘、降低噪音、交通运输安全及美观等要求,结合道路的等级、横断面形式以及路边建筑的形体、色彩等进行布置。

道路两侧通常以等距行列式各栽植1~2行乔木作行道树,若道路较窄,也可在其一侧栽植行道树,南北向道路可栽在路西侧,东西向道路可栽在路南侧,以利遮阳。

工矿区内次道、人行道的两旁,宜种四季有花、叶色富于变化的花灌木。行道树株距视树种大小而定,以5~8m为宜。大乔木定干高度不低于3m,中小乔木定干高度不低于2.5m。道路交叉口、转弯处要留出一定安全视距的通透区域,还要保证树木与建筑物、构筑物、道路和地上地下管线的最小间距。

道路与建筑物之间的绿化要有利于室内采光和防止噪声及灰尘的污染等,利用道路与建筑物之间的空地布置小游园,创造景观良好的休息绿地。有的工矿区道路与管廊相交或平行,道路的绿化要与管廊位置及形式结合起来考虑,以取得良好的绿化效果。

2. 工矿区内铁路绿化　铁路绿化有利于减弱噪音、保持水土、稳固路基,还可以通过栽植形成绿篱、绿墙,阻止人流,防止行人乱穿越铁路而发生交通事故。

工矿区内铁路绿化设计时,植物离标准轨外轨的最小距离为8m,离轻便窄轨最小距离为5m。前排密植灌木,以起隔离作用,中后排再种乔木。铁路与道路交叉口处,每边至少留出20m的地方,不能种植高于1m的植物。铁路弯道内侧至少留出200m视距,在此范围内不能种植阻挡视线的乔灌木。铁路边用于装卸原料、成品的场地,可在其周边大株距栽植一些乔木,不种灌木,以保证装卸作业的顺利进行。

七、防护林带设计

《工矿企业设计卫生标准》中规定,凡产生有害因素的工业企业,与生活区之间应设置一定的卫生防护距离,并在此距离内进行绿化。

1. 防护林的形式。

(1) 透式。透式防护林由乔木组成,株行距较大,风从树冠下方和树冠上方穿过,因而能减弱风速,阻挡污染物质。在林带背后7倍树高处风速最小,有利于毒气、飘尘的输送与扩散。

(2) 半透式。半透式防护林以乔木为主,外侧配置一行灌木。风的一部分从林带孔隙中穿过,在林带背后形成一个小旋涡,而风的另一部分从林冠上面通过,在30倍树高处风速较低,此林带适于沿海防风或在远离污染处使用。

(3) 不透式。不透式防护林由乔木和耐阴小乔木或灌木组成,风基本上从树冠上绕行,使气流上升扩散,在林缘背后急速下沉。它适用于卫生防护林或远离污染处。

防护林的树种应注意选择生长健壮、抗性强的乡土树种。防护林的树种配置要求为:常绿树种与落叶树种比例为1:1,快长树种与慢长树种相结合,乔木与灌木相结合,经济树种与观赏树种相结合。在一般情况下,污染空气最浓点到排放点的水平距离等于烟体上升高度的10~15倍,所以在主风向下侧设立2~3排林带会有很大好处(图5-5-5)。

2. 防护林的设置　污染性工厂在绿化时,在工厂生产区与生活区之间要设置卫生防护林带。此林带方位应和生产区与生活区的交线相一致。可根据污染轻、重的两个盛行风向而定，其形式有两种：一是"一"字形，另一是"L"字形。当本地区两个盛行风向呈180°时，在最小风频风向的上风设置工厂，在下风设置生活区，其间设置一条防护林带，因此呈"一"字形。当本地区两个盛行风向呈一夹角时，则在非盛行风向风频相差不大的条件下，生活区安排在夹角内，工厂区设在对应的方向，其间设立防护林带，因此呈"L"字形。

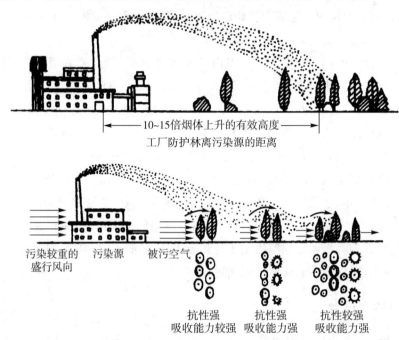

图 5-5-5 工矿企业防护林示意图

在污染较重的盛行风向的上侧设立引风林带也很重要，特别是在逆温条件下，引风林带能组织气流，使通过污染源的风速增大，促进有害气体的输送与扩散。其方法是设一楔形林带，与原防护林带呈一夹角，这样两条林带之间则形成一个通风走廊。在弱风区、静风区、有逆温层地区更为重要，它可以把郊区的静风引到通风走廊，加快风速，促使有害气体的扩散。

实例分析

合肥某食品厂景观绿化工程规划设计

一、项目概况

合肥某食品厂是一家以生产糕点为主的食品加工厂。该厂位于合肥高新技术开发区内，东邻科信有限公司，西毗科学大道，南靠海棠路，北朝合欢路。总占地面积 66666m²，土壤为黄棕壤。景观绿化工程重点为厂前区绿地、西面和北面的防护林带、车间旁的生产绿地、宿舍区的小游园绿地（图5-5-6）。

二、设计理念

1. **生态性** 效法自然，利用现有的空间，营造出和谐的景观，在满足功能需要的同时，创造出满足人们生理、心理需要的生态系统和景观。

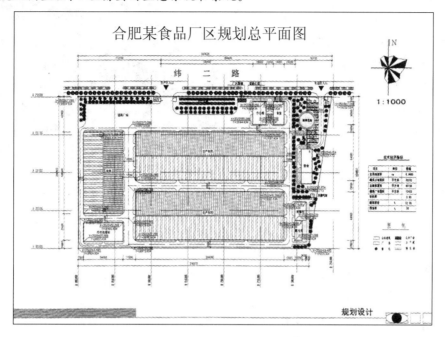

图 5-5-6　合肥某食品厂规划总平面图

本次绿化设计采用规则式与自然式相结合的手法,规则式手法给人以整齐鲜明之感,自然式手法着重反映植物群落之美。植物配置以大乔木为主,配以花灌木和常绿地被植物,形成错落有致、季相分明的景观效果(图5-5-7)。

2. 功能性　厂区绿化的首要目的是改善和净化环境,在树种的选择中采用了一些抗逆性强的合肥乡土树种,以适应环境,如

图 5-5-7　总体绿化规划设计效果图

合欢、无患子、石榴等。其次为了不同功能区分的要求,利用不同的种植手法,形成各具特色又相互统一的绿化系统。为保证食品加工厂内部必须清洁卫生的基本要求,所有功能区的树种选择要确保无毒、无飞絮。

三、各功能区的绿地景观设计

1. 厂前区绿化设计　厂前区位于主大门的入口处,是人流、物流的主要通道,在通向办公楼的广场边,利用彩叶小灌木组成流畅的线条,与高大的乔木形成强烈的视觉冲击;为了打破长距离直线条的僵硬,广场边设计为波浪形,每个波浪的结合点上摆放一个具有现代气息的花钵。花钵中结合不同花期,种植不同花相、花色、叶色的花卉(图5-5-8)。

该区植物配置：

乔木：樟树、广玉兰、枳椇。

灌木：金叶女贞、红花檵木、红叶小檗。

地被：高羊茅草坪、麦冬。

花钵：种植四季草花。

2. 生产车间旁绿化设计　生产车间旁绿化的主要功能是改善生产环境、美化生产环境，在这里采用了规则式的种植手法，主要选择抗逆性强、易生长的常绿树种。在各车间的出入口对植常绿球形灌木。为了不

图 5-5-8　厂前区绿化设计效果图

影响车间内采光，沿车间墙角以小彩叶灌木形成有色有花的色块，与办公楼前形成相呼应的景观效果。在车间的东西山墙边种植高大的常绿乔木用于遮阳。

该区植物配置：

常绿乔木：樟树、广玉兰。

常绿灌木：海桐球、蜀桧球、石楠球、火棘球等。

花灌木：月季、金丝桃、红花檵木等。

地被：高羊茅草坪、麦冬、鸢尾等。

3. 防护林带的设计　该厂的围墙采用的是通透的围栏，在厂区的边缘种植高大挺拔的水杉、杨树等，组成防护林带，可以形成一道绿色的屏障。

为了丰富景观效果，使色彩更加富于变化，在厂区大门的东侧围墙内，采用常绿树种蜀桧作树篱，树下配置常绿地被植物。在宿舍区的东侧围墙边，为减少夏季的日晒，配置高大的水杉。在厂区大门的西侧围墙边，采用了落叶树种水杉、杨树与常绿树种椤木的搭配，下栽金叶女贞和红花檵木，防护林带的外缘种植一排紫荆，形成以春色为主的景观和春意盎然、紫花迷人、金叶耀眼的丰富景色。

该区植物配置：

乔木：水杉、杨树、蜀桧、椤木。

灌木：红花檵木、金叶女贞、紫荆。

地被：高羊茅草坪、红花酢浆草、麦冬等。

4. 办公楼和食堂周围绿化　办公楼和食堂的周围是人们主要的活动场所，在办公楼前设置了停车场，并以花坛、水景将停车场进出道路相隔，使办公楼前宽敞、明亮。办公楼大门厅前的两个花坛内各种植一株杜鹃，食堂和办公楼周围墙边的花坛中种植四季草花和地被植物，达到了四季有景、季季不同。

该区植物配置：

灌木：杜鹃、黄杨球、月季、金丝桃。

地被：高羊茅草坪、麦冬、鸢尾、红花酢浆草。

5. 宿舍区的绿化 宿舍区与厂区之间有围墙相隔,为了掩蔽色调灰暗的墙体,墙两侧的绿化种植带上设计常绿防火树种珊瑚树,靠食堂一侧的围墙种植带较宽,加植一排金钟花。

宿舍周围花坛以种植四季草本花卉为主,宿舍楼东面的空地安排一组健身器材。本区的景观绿化重点是宿舍区小游园,暂定名为"憩园"。小游园通向院门的道路两侧用无患子作行道树,配置休息坐凳和花灌木。小游园内设一个供人休息的四方形木质小亭,暂定名为"兴亭",寓意工厂生产兴旺发达。亭前用硬质材料铺设长方形活动小广场,周围配以大乔木,形成疏林,小游园中间穿插了一条卵石路通向院门,与主干道形成自然回路。园中配置红枫、紫薇等树木,与行道树形成以秋景为主的自然景观。

该区植物配置:

乔木:无患子、合欢、棕榈、樟树、广玉兰、珊瑚木等。

灌木:红枫、紫薇、月季、龙柏球等。

地被:马尼拉草坪、鸢尾、麦冬等。

四、技术经济指标

序号	名称	面积(m²)	比例(%)
1	厂区总面积	66666	100
2	建筑面积	35233	52.9
3	道路广场面积	12433	18.6
4	绿地面积	19000	28.5

五、经费概算

略。

任务实训

工厂绿地设计

一、实训目的

通过本次实训,学会对具有一定规模的工厂绿地进行现场调查和测绘的方法,充分了解工厂绿地的类型,熟悉工厂绿地设计的程序,掌握工厂绿地各功能区的设计要点,使所学的工厂绿地设计理论和技术得以综合运用,为今后走向社会、独立承担工厂绿地设计任务打实基础。

二、实训内容

1. 具有一定规模的新建工厂厂区绿地规划设计。
2. 根据有关参考图,进行模拟设计。
3. 考察并测绘当地一个知名的工厂绿地,进行案例评析。

各校可以根据本地具体情况,在以上三项内容中选择一项。

三、实训方式

1. **任务实战法** 以学校或具有一定设计资质的设计单位为依托,承接当地具有一定规模的新建工厂厂区绿地设计任务。

2. **模拟训练法** 根据授课教师或本教材提供的工厂厂区基本地形参考图,进行模拟设计。

3. **案例评析法** 考察当地一个知名的工厂绿地,现场测绘绿地现状,回校以后整理记录,进行平面图绘制和理论总结,评析该工厂绿地的设计特点,写出设计说明。

四、实训步骤和方法

1. **实训准备** 进行实训动员和准备设计工具材料。实训动员采取室内讲座的方式,由实训指导老师向同学们说明实训目的,进行实训任务布置,做好实训工作计划的安排,提出实训要求;各实习小组准备好外业调查用的仪器设备和内业设计使用的工具材料。

2. **现场调查和测绘**

(1)基本资料调查。对尚未进行规划设计的新建工厂的基本地形和道路等进行现场测绘;对已有工厂总体规划设计平面图的进行现场踏查,了解地形地貌、道路和建筑的分布、气候与土壤状况、原有植物种类。

(2)案例学习调查。老师带领学生到一些工厂绿地设计比较好的工厂进行调查学习,并且做好测绘和有关现状的记录;回到学校集中进行平面图绘制与分析总结。

3. **做设计方案** 根据踏勘所得的资料,明确各种造园要素在工厂绿地中的作用,特别是植物材料在空间组织、造景、改善基地条件等方面起的作用,作出设计方案构思图。向老师征求设计方案的意见并修改以后,再进行下一个步骤的实训。

4. **配置植物** 根据工厂各功能区的特点,从植物的形状、色彩、质感、季相变化、生长速度、生长习性、配置在一起的效果等方面综合考虑植物配置的种类,以满足种植方案中的各种要求。

5. **进行详细设计** 在此阶段中使设计方案中的构思具体化,包括详细的假山水池、道路广场、园林建筑和小品的布置,形式、形态、材质、色调的处理,植物种植配置平面、植物的种类和数量、种植间距等。

6. **绘制设计图纸及书写有关说明** 在详细设计完成后,即可用手绘或用电脑辅助制图绘制总平面图、效果图和种植施工图,在图纸完成后编写设计说明。

7. **模拟方案汇报** 完成图纸和设计说明以后,将老师当作工厂绿地的建设方(甲方),同学们自己代表设计单位(乙方),向老师模拟汇报设计方案。老师根据同学们的设计方案设疑,同学们答疑。

五、实训要求

1. **基本要求** 服从指挥,分工协助;认真调查,做好记录;合理布局,细配植物;备齐资料,仔细绘图;按时保质,完成任务。

2.外业调查要求。

(1)要了解该工厂的性质。工厂的性质决定该工厂附属绿地的面积指标。根据国家有关规定,精密机械工厂不少于50%;化工厂不少于25%;轻工纺织工厂不少于45%;重工企业不少于20%;其他工业不少于25%。通过调查了解该工厂的性质,明确绿地设计面积。

(2)要了解该工厂绿地的组成。通过现场调查,掌握该工厂附属绿地中的各功能区具体位置,并仔细调查了解各功能区的现状。

(3)要仔细调查记录该工厂的环境条件。重点调查该工厂所处的地理位置、周围环境状况,测绘该工厂的地形地貌、道路和建筑的分布,调查了解该工厂的地下管线分布情况、当地的气候与土壤状况,记录原有植物种类。

3.设计要求。

(1)各功能区设计要有特点。对工厂绿地中的厂前区绿地、生产区绿地、仓库区绿地、厂内的小游园、水源地周围绿地、交通运输设施的绿化、厂区周围的防护林带等的设计,要因地制宜,设计风格有特点。要将该工厂的性质、文化内涵综合考虑到设计之中。

(2)选择好适于该工厂性质的相关树种。选择工厂所在地区的乡土植物为主要树种。同时也应考虑已被证明能适应本地生长条件、长势良好的外来或引进的植物种类。特别要注意选择针对该工厂的抗污染树种和花卉。另外还要考虑植物材料的来源是否方便,规格和价格是否合适,养护管理是否容易等因素。

4.图纸要求 设计图纸要求每人独立完成一套,并附植物配置表。具体图纸要求如下:

(1)工厂绿地设计总平面图。表现规划用地范围内各种造园要素(如道路广场、园林建筑、山石水体、园林植物等)总体平面布局图样。要求功能区布局合理、植物的配置季相分明。硬质景观具有时代性、创造性。

(2)透视图或鸟瞰图。用手绘或采用3Dmax和Photoshop处理的工厂绿地实景,以表示绿地中各个景点、各种设施及地貌等在高程上的高低变化和协调统一的图样内容。要求色彩丰富,比例适当,形象逼真。

(3)园林植物种植设计图。表示设计植物的种类、数量、规格、种植位置及类型和要求的平面图样。要求图例正确,比例合理,表现准确。

(4)局部景观表现图。用手绘或电脑辅助制图的方法表现设计中有特色的景观。要求重点突出,形象生动。

所有图纸的图面都要求表现能力强,线条流畅,构图合理,清洁美观,图例、文字标注、图幅等符合制图规范。

5.设计说明编写要求 设计说明要求语言流畅,言简意赅,能准确地对图纸补充说明,体现设计意图。设计说明应包括以下内容:

(1)基地概况。简要说明该工厂的地理位置、面积、环境状况。

(2)设计理念。根据该工厂附属绿地的特点,提出独具特色的设计理念。

(3)设计内容。这是设计说明的主要部分,包括各功能区绿地的设计、掇山理水设计、道路广场的设计、园林建筑和小品的设计、种植设计等说明。假山水池、园林建筑等要赋予丰富而深刻的文化内涵和寓意,种植说明要有详细的种植方法、管理和栽后保质期限等文字内容。

(4)主要技术指标。用图表的形式表达设计技术指标的数据。

(5)经费概算。首先列出工厂绿地内所有设计建设内容的分项概算,再按照国家有关规定加上管理费用、设计费用、不可预见费等,列出总概算。

六、工具材料

测量仪器、绘图工具等。

七、考核与报告

样表略。

练习与思考

1. 工厂绿地由哪几部分组成?
2. 工厂绿地有哪些设计原则?
3. 工厂各组成部分绿地设计有哪些要点?

任务六　机关单位绿地规划设计

教学目标

能够进行一般机关单位的绿地景观设计。

任务描述

了解机关单位绿地的特点,掌握机关单位绿地规划设计要点。

任务准备

1. 基地自然条件的调查　为实现绿地规划总体布局与场地的完整结合,地形处理要做到因地制宜,种植设计满足苗木的生态习性和生长特性,必须对基地地形、气候、土壤、空气质量等自然条件进行充分调查。

2. 机关单位性质及其社会服务职能的调查　不同的机关单位,为社会服务的性质和职能各不相同,因此,不同性质的机关单位,对其周围环境有不同的要求。

3. 规划资料的理解　在对机关单位进行绿地规划设计之前,要准确掌握场地原有规划文件资料,理解规划图纸文件中的相应控制线,掌握用地边界与基址范围,读取场地相邻的地上地下情况。

一、机关单位绿地的功能

1. 改善城市生态环境，调节机关单位小气候　机关单位用地占城市用地的比例不大，但大多数机关集中或分散于城市中心区域，主要道路在城市交通城市中心区域。一般来说，机关单位的绿地指标比较高，对改善城市生态环境、调节局部小气候能起到很好的作用。

2. 成为城市形象的组成部分，体现机关单位文明程度　机关单位，通常是指国家为行使其职能而设立的各种机构，包括中央和地方各级组织，专司国家权力和国家管理职能的组织，也包括各机关所属部门。机关单位绿地水平的好坏，既反映城市的整体水平和环境质量，也反映一个单位的文明程度、文化品位和精神面貌。良好的绿地环境不但可以使职工在办公之余得到身体上的放松、精神上的享受，也给来此办公的客人留下美好的印象。所以机关单位绿地质量从某种角度体现了国家政府部门的管理水平及文明程度，对形成机关单位的社会形象起着很大的作用。

大多数机关单位建筑群组是组成城市形象的主体之一，与建筑相得益彰的机关单位绿地，与这些形成城市形象的建筑一起提升城市形象。机关单位的绿地与城市街道公共绿地联成整体，将机关单位与城市公共环境融为一个整体，共同构建良好的城市形象（图5-6-1）。

图5-6-1　单位绿地融入城市景观

3. 创造物质财富，提高经济效益　良好的绿地可以为机关单位带来直接或间接的经济效益。选择有经济价值的植物材料，如果树、油料作物、药用植物、芳香植物等，能产生一定的直接经济效益。良好的绿地景观有利于机关单位形成良好的社会形象，从而提高机关单位的行政服务能力，给整个地区都带来丰厚的间接价值。

二、机关单位绿地的特点及分类

根据《城市用地分类与规划建设用地标准》（GBJ137-1990），本书所说"机关单位用地"包括行政办公用地、商业金融用地、文化娱乐用地、体育用地、教育科研设计用地、文物古迹用地，其他如宗教活动、社会福利院等在内的公共设施用地和特殊用地，如军事机关用地，领事馆用地，监狱、拘留所和安全保卫部门用地（上述用地中的学校、医院机构和宾馆饭店因为有专门的服务功能，在本书中另行论述）。由于机关单位绿地面积的大小不是绝对地按机关级别的大小而分配，因此，对于机关单位的绿地分类主要依据绿地面积的大小及机关单位的特点而定。机关单位绿地一般分为以下几类。

1. 一般机关单位绿地　一般机关单位绿地的重点为入口处和办公楼前,可绿化面积大多在 $5000m^2$ 以下,在主绿地的设计中应注意把绿地的实用性与装饰性结合起来,既可采取封闭型绿地布置,也可结合休息设施设计成开放式绿地形式。在封闭型绿地中,可以不进行地形处理,也可以进行微地形起伏处理,增加一些变化。开放式绿地中的休息设施要少而精,绿地以不对称的规则式为主,如有标高变化,可采用错台形式,结合花池、栏杆、坐凳等使台阶错落有致。

2. 大型机关单位绿地　除大门入口处和主办公楼前绿化外,还有较大面积的集中绿地及各办公楼间和附属用房旁的绿地,可绿化面积一般在 $5000m^2$ 以上。这种大型机关单位的主办公楼前绿地,多采用规则式布局,通过绿化装饰和衬托主建筑物或楼前广场设立的喷泉、雕塑、组合式花池等。因此,植物种植的效果要给人以简洁、色彩明快的感觉。另外,在这种类型的机关内,一般都设有较大面积的集中绿地,通常可采用小游园的布局方式进行设计。

3. 部队机关单位绿地　部队机关单位绿地类似于大型机关单位的绿地,但也有其特殊的方面。如部队机关单位大部分有训练场地或活动场地(篮球场)等,这些场地的周围应种植高大挺拔的乔木,以起到遮阴及防风固沙的作用。种植形式以规则式为主。

4. 其他机关单位绿地　其他机关单位如从事农业、林业、园艺等科学研究的单位,其绿地设计应根据科研课题的需要进行统一安排,在突出其主业的基础上,加大绿地投入,为科研课题的研究创造良好的小环境。

三、机关单位绿地设计的原则

1. 绿化为主,突出重点　机关单位绿地建设是城市绿化的一部分,它对改善城市环境质量、增加城市景观具有很大的作用。因此,从对整个城市环境质量角度和改善局部小环境气候状况考虑,机关单位的庭院景观以绿为主,这不仅增加了城市的绿地覆盖率,而且使机关单位内部处处充满生机,衬托和装饰主体建筑物,遮挡不良景观场所。因此,机关单位不论绿地率还是绿化覆盖率,都应高于城市绿地指标。

在全面绿化的基础上,要突出本机关单位的特点和风格,应在重点部位进行重点装饰,特别是入口处及主办公楼前,应作重点布置,以突出机关单位的景观质量和水平,展示机关单位的形象。

2. 为机关单位工作人员提供良好的室外休息活动环境　机关单位人员一般文化素质较高,工作时大多伏案时间长,用眼用脑量大,需要有良好的户外环境用于休息放松。因此,机关单位绿地要尽可能满足工作人员对室外环境在生理上、心理上的需求。在工作人员集中活动的地方,可开辟小型活动场地,周围用鲜花、树木装饰。

3. 布局合理,形成系统　由于机关单位绿地从其功能和特点上都有别于一般性质的公园绿地,而且各机关单位之间不论从规模上还是从性质上都各有不同,因此采用的园林布局形式及内容表现也应各具特色。但是构园有法,无论形式和内容有何不同,它们都要遵循园林布局的基本原则,并通过设计手段,创造出具有个性、与机关单位社会功能相统一的环境景观。

要做到布局合理,首先要根据机关单位的特点及用地状况(土壤情况、水体状况)客观地安排绿地位置,最大限度地提高绿地率,满足景观要求。在机关单位绿化前,特别是对于大型或占地面积较大的机关单位,园林绿地设计应纳入机关单位的总体规划。在规划时运用一般与重点相结合,点、线、面相结合的布局方法,使其各部分有机地联系在一起,以提高审美和实用价值。

所谓"点的绿化",是机关单位园林绿地的重点,如入口处、主办公楼前和设施完善的小游园等,是单位绿地水平的缩影,应重点处理。所谓"线的绿化",是机关单位内部的道路系统及围墙边、河道边的绿化,它起着联系各部分绿地的作用,种植的方式为统一中求变化。所谓"面的绿化",即为机关单位各部分预留的绿地,它是机关单位绿地的基础,要让其充分发挥绿化的保护和改善环境的作用。

四、机关单位绿化规划建设指标规定

建设部印发的《城市绿化规划建设指标的规定》(建城[1993]784号)指出,单位附属绿地面积占单位用地面积比率不低于30%,其中,学校、医院、休疗养院所、机关团体、公共文化设施、部队等单位的绿地率不低于35%。因特殊情况不能按上述标准进行建设的单位,必须经城市园林绿化主管部门批准,并根据《城市绿化管理条例》第十七条规定,将所缺面积的建设基金交给城市绿化行政主管部门作为补偿,统一安排绿化建设,补偿标准应根据所处地段绿地的综合价值由所在城市具体规定。

五、树木栽植与建筑物、构筑物距离要求的相关规范

在机关单位绿地设计时要考虑绿地划分的合理性,以确保植物正常生长且不影响正常的机关单位工作。因此,在设计绿地及植物种植时,要注意机关单位内所有地上、地下管道、设施等的位置和作用,防止因绿化而影响设施的正常使用和维修。有关最小水平距离规定见表5-6-1、表5-6-2、表5-6-3。

表5-6-1 树木基干中心与建筑物、构筑物最小水平距离要求

名称	乔木(m)	灌木(m)
道牙	0.5	1.0
排水明沟	0.5~1.0	
平房	2.0	
楼房	4.0~5.0	
围墙	1.5	
铁路中心线	8.0	4.0
桥头	6.0	
涵洞	3.0	
邮筒、路牌、停车标志	1.2	1.2
警亭	3.0	2.0
测量水准点	2.0	1.0

表 5-6-2　树木与架空线的最小间距要求

架空线名称	树木枝头与架空线的最小水平距离(m)	树木枝头与架空线的垂直距离(m)
1kV 以下电力线	1.0	1.0
1～20kV 电力线	3.0	3.0
35～110kV 电力线	4.0	4.0
150～220kV 电力线	5.0	5.0
电信明线	2.0	2.0
电信架空线	0.5	0.5

表 5-6-3　树木基干中心与地下管线外缘的最小水平距离

名称	乔木(m)	灌木(m)
直流电缆	1.0～1.5	1.0
管道电缆	1.0～1.5	不要求
上水管道	1.0	不要求
下水管道	1.0～1.5	不要求
煤气管道	2.0	1.5
热力管道	2.0	1.5

》任务实施

对于机关单位绿地，不论面积大小，就其组成来说，主要包括入口处绿地、办公楼前绿地（主要建筑物前）、附属用房旁绿地、较集中的庭园休息绿地（小游园）、道路绿地等。

一、大门入口处绿地

大门入口处是一个单位形象的缩影，入口处的绿地是单位绿地的重点之一。绿化设计的形式要与大门的形式及色彩等统一考虑，以形成某一机关单位的特色风格。一般在大门内外两侧采用规则式种植，树种以树冠整齐、耐修剪的常绿树为主，最好与大门的高矮形成反差，以示强调。在入口对景位置上可栽植较稠密的树丛，树丛前种植花卉或置山石、花坛、喷水池、雕塑、影壁等。其周围的绿化要突出整体效果，从色彩到形式要起衬托作用（图 5-6-2）。

图 5-6-2　某机关单位出入口

入口广场两侧的绿地应先采用规则式种植,再过渡到自然式种植,具体的种植方式及树种选择视环境而定。总之,要使植物种植具有层次感,色彩(花色、叶色)搭配要合理。入口处的围墙尽量做成通透式,墙内外的绿化相互渗透,可利用藤本植物绿化围墙,如五叶地锦、爬山虎等。

二、办公楼前绿地

办公楼前绿地可分为楼前装饰性绿地(此绿地有时与大门入口处前广场绿地合二为一)、楼房基础种植绿地、办公楼入口处绿地。

办公楼前绿地通常以封闭型为主,主要对办公楼起装饰和衬托作用。装饰性绿地以草坪为基调,其上栽种一些观赏价值较高的常绿树,再点缀树形开展的珍贵开花小乔木及开花繁多的花灌木,周边还可以用一些宿根花卉镶边。办公楼前绿地形式要根据办公楼及楼前广场的平面形状及用途加以规划,可采用规则式、自然式或混合式布置。树木种植位置的选择要结合建筑功能要求,树形、色彩、质感要与建筑相协调,能衬托和美化建筑。

从功能上看,楼前基础种植能将行人与楼下办公室隔离,以保证室内安静;从环境上看,楼前基础种植是办公室与楼前绿地的衔接和过渡。因此,植物种植宜简洁、明快,多用绿篱和树形较整齐的花灌木,以突出建筑立面及楼前装饰性绿地,并能保证室内通风采光,高大乔木离建筑物保证5m以上的间距。办公楼入口处多采用对称或均衡的装饰性布置,结合入口台阶栏杆设置花台、盆景、花钵、花篮等进行装饰(图5-6-3)。

图 5-6-3 办公楼前的基础种植

三、庭园休息绿地(小游园)

机关单位内若有较大面积的绿地,其绿地设计可以庭园方式出现。在庭园设计中要遵循园林造园手法,并结合本机关单位的性质和功能进行立意构思,使其庭园富有个性化。园内以绿为主,结合设计主题安放简洁的水体、雕塑、景墙等,增强视觉听觉效果,并结合道路、广场、休息设施等,以满足人们的散步、休息活动之用。

庭园绿地是机关单位内较大且集中、完整的绿地,对改善机关内部的环境条件起到很大作用,同时也是职工及来宾的室外休息、活动场所。因此,绿化设计要做到:立意构思新颖,要体现时代气息和地方特色;功能全但不杂乱;植物选择要有地方特色,植物配置错落有致,层次分明,色彩丰富。总之,要通过绿地设计为职工和客人提供优雅、清新、整齐的工作、休息环境。

机关单位庭园绿化时,如有条件可开辟工间操、篮球、羽毛球的活动场地,场地周围可种植高大乔木以供遮阴,同时要与庭园绿地景观有机地结合在一起,形成一个完整的庭园空间。庭园的设计包括以下几部分。

1. 入口　入口应设在方便工作人员出入的地方,数量一般为2～3个。入口的位置应适当设计小型集散广场。入口标志设计要新颖、简洁、灵活,与园内内容和形式相吻合。入口广场内可设置花坛、假山石、景墙、雕塑、植物等作对景,使入口处特点明显,且不同的入口简繁不一,不要雷同。

2. 场地　场地主要分为活动场地和休息场地两部分,场地之间可利用植物、道路、地形等分隔。

活动场地中可放置一些简单活动器械,地面要求平整,场地周边设置一些座椅,以供休息,在休息设施旁可种植一些高大乔木,以供遮阴。

休息场地中可设置一些亭、廊、花架、庭园桌椅等设施。地面铺装设计在材质、色彩、构图上要有特色,强化观赏游憩的功能。场地周边的植物种植要有艺术特色,充分体

图 5-6-4　某机关单位绿地设计效果图

现出植物的色彩变化、体形变化、组合之美(图5-6-4)。

3. 园路　由于机关单位内的庭园占地面积相对较小,游人少,园内主路宽度为1.5～2m即可,小路为1.2m左右。根据景观要求,园路宽窄可稍作变化,园路的走向、弯曲、转折、起伏应随着地形进行,但要自然流畅,不要出现死角。通常,园路也是绿地排水的渠道,因此必须保持一定的坡度,横坡坡度一般为1.5%～2.0%,纵坡坡度为1.0%左右。当园路的纵坡坡度超过8%时,需做成台阶。园路的铺装可根据景观要求选择,以增加路面的艺术效果为目的。

4. 地形　在机关单位庭园内进行地形处理时,要考虑实际情况,因地制宜,一般做成微地形起伏或利用台阶并结合道路广场布置成一定高差变化,既可满足景观要求,又有利于排水。

5. 园林建筑与设施　机关单位内的庭园设计中,园林建筑和设施也是不可缺少的一部分,但是也应注意,由于绿地面积不大,园林建筑和设施的数量不宜过多,体量不宜过大。园林建筑与设施包括亭、廊、花架、花坛、水池、喷泉、雕塑、景墙、栏杆、围墙山石、桌椅等。这些建筑和设置可结合庭园绿化的需要有选择地使用,使之与环境有机地组成园林景观。

6. 种植　机关单位庭园主要以绿化为主,在植物配置中尽可能运用植物的姿态、体型、叶色、花色、花期、果实以及四季的景观变化等因素来增加园林艺术效果。

四、附属用房旁的绿地

单位绿地存在着杂物堆放处及围墙边的处理问题。杂物堆放处主要在食堂、锅炉房附近,这些地方的绿地应注意对不良景观进行遮挡,一般用常绿乔木、高篱、蔓性灌木组成较密的植物带,以阻挡人们的视线。围墙边可种植乔木、灌木及藤本植物,分层种植,形成绿化带,以起到卫生防护及美化作用。

五、道路停车场绿地

道路是机关单位绿化的一个重点,它贯穿于机关单位各组成部分之间,起着既联系又分隔的作用。机关单位道路绿地根据道路分布的实际情况,可采用行道树种植及绿化带种植方式。在采用行道树种植的绿地形式时,植物一般选用具有较好的观赏性、分枝点较低的乔木,种植时其株距可小于城市道路的行道树与管线之间的距离。行道树的种类不宜繁杂,以2~3种为宜。

机关单位停车场分为内部停车场和外来停车场两类,大型机关单位绿地内设置多个停车场。为提高绿地生态功能,停车场多以嵌草砖铺地,场地中间以种植带或树阵进行分隔。停车场小环境不利于植物生长,种植带或树阵种植池内一般选择草坪或枝条柔韧的灌木,乔木树种应选择抗性强且适合用于庭园绿化的高大落叶乔木(图5-6-5)。

图5-6-5　某机关单位停车场

》》实例分析

某机关单位办公楼前绿地景观设计

一、项目概况

本项目为某政府机关主入口及办公楼前绿地,总占地面积约为8200m^2,场地南临城市主干道,东临城市次干道,西为城市规划防洪水系,现为天然水沟,宽约36m,北为预留建设用地,本次不作规划要求(图5-6-6)。

二、背景分析

本地块有着良好的环境条件,南主入口为城市主干道,有较宽的道路绿带与本机关单位相毗邻,可以直接引入与单位绿地成为一体,西为规划中城市防洪水系,可在单位绿地内合理利用。本机关单位为政府行政机关,对环境要求既严谨庄重,又要体现相应的亲和力。

三、设计理念

以庄重、大方为基础,将严谨与亲和、公正与包容融为一体。布局上采用规则式中轴线,从入口花坛到题名景石、景桥、旗台和前庭广场形成一条规整轴线,化解城市主干道与行政楼之间的干扰,达到丰富前庭空间、形成纵深空间的效果。两侧则以自然流畅的小路和水岸将休闲广场、体育活动设施、后勤服务区、配电房、综合楼相连,形成刚柔相济的格局。

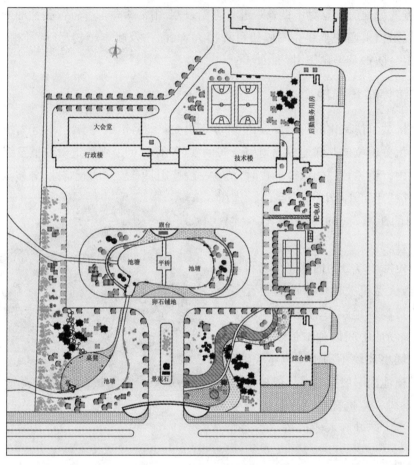

图 5-6-6　某单位景观规划图

利用空间布局暗示场地的景观内涵。前庭打破常规的开阔广场模式,运用林下溪流的水景观形式引入防洪水系,主要区域采用自然式池塘,用景桥将前庭各空间进行分割和贯穿,从景观内涵上体现政府机关为人民服务的亲民本色,也表现出执政为民的公正严肃。

四、地形改造与植物选择

本机关单位位于城市新区,整个场地不仅没有一株原生树木可以利用,而且土壤结构差,土壤表层平均厚 70cm,均为建筑垃圾回填。为因地制宜地营造良好景观,规划中将场地外城市水系引入场地内做主要景观元素,在规划内场地进行挖低填高,利用挖池土方对场地进行微地形改造,并起到覆盖回填建筑垃圾、改良表层种植土壤的效果,同时也实现了绿地的排水需求。

选用本地适应性强的乡土树种,建造有地域特色的自然生境。为了尽快达到绿的效果,正如计成在《园冶》中所述"新筑易乎开基,只可栽杨移竹;旧园妙于翻造,自然古木繁花",没有原

生树木,将竹作为基调树种之一,另外选择雪松、市树香樟作为基调树种。树种和地被植物选择如下:

乔木:雪松、银杏、广玉兰、栾树、樟树、刚竹、孝顺竹。

小乔木:桂花、海棠、红叶李、紫玉兰、碧桃、紫薇、茶花、石榴。

灌木:金叶女贞、红花檵木、珊瑚树。

地被:高羊茅草坪、麦冬、葱兰。

五、经费概算

略。

》任务实训

机关单位绿地设计

一、实训目的

通过本次实训,学会对综合性绿地进行现场调查和测绘的方法,充分了解机关单位绿地的类型、机关单位绿地设计的程序,掌握机关单位绿地各功能区的设计要点,使所学的机关单位绿地设计理论和技术得以综合运用,为今后走向社会、独立承担机关单位绿地设计任务打实基础。

二、实训内容

1. 机关单位绿地规划设计。

2. 根据有关参考图,进行模拟设计。

3. 考察并测绘当地一个机关单位绿地,进行案例评析。

各校可以根据本地具体情况,在以上三项内容中选择一项。

三、实训方式

1. **任务实战法** 以学校或具有一定设计资质的设计单位为依托,承接当地具有一定规模的机关单位绿地设计任务。

2. **模拟训练法** 根据授课教师提供的机关单位附属绿地基本地形参考图,进行模拟设计。

3. **案例评析法** 考察当地一个绿地面积比较大或景观质量比较高的机关单位,现场测绘绿地现状,回校以后整理记录,进行平面图绘制和理论总结,评析该机关单位绿地的设计特点,写出设计说明。

四、实训步骤和方法、实训要求、工具材料、考核报告

同项目五任务五中实训,可参照执行。

》练习与思考

1. 机关单位绿地有哪些特点和绿化要求?

2. 机关单位绿地由哪几个部分组成?

3. 机关单位各部分绿地有哪些设计要点?

任务七 宾馆饭店绿地规划设计

教学目标

掌握宾馆饭店绿化设计的方法。

任务描述

了解宾馆饭店绿地的特点,掌握宾馆饭店绿地规划设计要点。

任务准备

1. **基地自然条件的调查** 为实现绿地规划总体布局与场地的完整结合,地形处理要做到因地制宜,种植设计满足苗木的生态习性和生长特性,必须对基地的地形、气候、土壤、空气质量等自然条件进行充分调查。

2. **宾馆饭店及其服务的调查** 根据《旅游饭店星级的划分与评定》(GB/T 14308-2003),以星级划分酒店等级标准,分为从一星级到五星级 5 个标准。其名称也按不同习惯被称为宾馆、酒店、旅馆、旅社、宾舍、度假村、俱乐部、大厦、中心等。星级以镀金五角星为符号,用一颗五角星表示一星级,两颗五角星表示二星级,以此类推,五颗五角星表示五星级,五颗白金五角星表示白金五星级。最低为一星级,最高为白金五星级。星级越高,表示旅游饭店的档次越高。从低星级到高星级,也分别从卫生、安全、舒适到豪华、文化内涵与品位等方面对宾馆饭店有不同层次的要求。由此可见,宾馆饭店的最大特征是,其服务属于无形商品,不具有实物性。宾馆饭店星级越高,服务对象的消费层次及要求越高,尽管这种高要求不以量化的实物来表现,但宾馆饭店为此投入的服务却是越大。这其中包含绿地环境的建设及使用投入。所以,宾馆饭店的绿地建设与使用投入是其服务的重要组成部分,进行宾馆饭店的绿地规划设计前,必须对宾馆酒店的服务定位有准确的了解。

3. **宾馆饭店规划总图的判读** 为满足客人的旅游休闲度假或商务需求,宾馆酒店在各类市政设施,如供水、供热、供电管道和通讯设备及排水、排污等方面,必须有完善规范的设施和施工要求,在进行宾馆酒店的绿地规划设计前必须充分阅读前期各项图纸,保证绿地规划设计方案的可行性。

任务分析

一、宾馆饭店的用地组成

一般宾馆饭店由客房、公共、行政办公及后勤服务三部分组成。客房部分是为顾客提供住宿服务的地方,以体现宾馆饭店的主要功能,是宾馆饭店的主体建筑,一般临街设置。公共部分是为住宿的客人提供餐饮、会议、商务、娱乐、健身等服务之处,多由门厅、会议厅、餐厅、商务中心、商店、康乐设施等组成。行政办公及后勤服务包括行政办公及员工生活、后勤服务、机房与工程维修等附属建筑或用房。

二、宾馆饭店的环境特点

根据宾馆酒店服务定位的不同,其环境特点相差很大,一般商务型宾馆酒店是以商务客人为主。与度假者相比,商务宾客愿意为入住宾馆酒店服务支付高价格,所以对酒店的环境要求也很高。商务酒店一般临近中央商务区(CBD),能用来进行绿地建设的土地面积都不充足,但对绿地的景观质量要求却很高,既要有品位、舒适、时尚、美观,又要满足商务要求,营造安静、优雅、自然、清新的环境,有利于商务宾客办公结束后的休闲放松(图 5-7-1)。

图 5-7-1　苏州某宾馆环境

相对于商务宾馆,旅游度假宾馆酒店之间的档次相差较大。经济型酒店大部分绿地率较低,必须利用有限的绿地充分发挥其生态、自然效益。高档休闲度假酒店往往环境优越,占据优美宜人的自然山水风景,很多高档休闲度假宾馆酒店本身就是旅游度假区或风景名胜区的组成部分,绿地规划设计有得天独厚的优越条件。在进行这类宾馆饭店规划设计时更要充分和环境相融合,尤其要融入当地的地域文化,为宾馆酒店营造良好的文化氛围。

三、宾馆饭店的绿地规划设计原则

宾馆饭店作为公共场所,其服务特征是使用的高峰期与低谷期反差明显,绿地功能的特殊性表现为使用时间不均匀,所以在进行宾馆酒店绿地规划设计时一般要注意以下几点。

1. **突出植物的生态作用**　不论是商务还是休闲度假,人们对宾馆酒店的基本环境要求都是舒适宜人、卫生健康。所以在绿地规划设计上,要将生态效应放在重要位置,植物选择不仅要体现绿化,同时要体现美化、香化。一些宾馆酒店用地紧张,周围交通商业密集,为了保证宾客有正常的休息环境,要充分发挥植物隔音滞尘、调节小气候的功能,加大种植密度。利用绿色植物将酒店的服务区与工作、后勤操作区进行隔离。

2. **植物造景要与其他景观设施相结合**　宾馆酒店要给客人以如家的温馨,在绿地景观上要充分体现相应的景观质量,将植物与其他景观设施相结合。景观照明是绿地景观的组成部分,应当放在主要建筑附近、通往正门的沿途以及庭院等处。游憩步道、小游园广场、水景、各种亭廊花架等设施建筑与植物相结合,做到赏心悦目。景观不仅要美观好看,还要耐看、经得起欣赏和评判,具有特色和文化内涵,才能提升宾馆酒店的品位。

3. 将室内外环境作为整体进行综合考虑

不论是商务还是休闲,宾馆酒店都应该更多地为客人提供高品质的起居环境。入住宾馆酒店的宾客来自四面八方,对宾馆酒店的环境有各自不同的心理需求。将植物引入室内,进行室内外一体化的环境设计,从而让宾客即使在室内,也能感受到植物的生机。这在加强宾客对宾馆酒店环境认同感、提高心理舒适度等方面有很好的帮助(图 5-7-2)。

图 5-7-2 某宾馆内部到中庭的空间

4. 保证绿地在高峰时段内的应急功能

宾馆酒店是一个较为庞大的服务领域,尤其在我国当前的社会生活模式下,假日经济现象明显,宾馆酒店的人流高峰和低谷反差巨大,在进行宾馆酒店绿地规划设计时,不仅要考虑高峰时的各种功能,也要兼顾在使用率低时的维护管养成本。景观设计的取材应符合宾馆酒店所处区域情况,尽量减少维护费用,充分发挥绿地在突发事件时的应急疏导功能。

》》任务实施

宾馆饭店绿地根据庭园在建筑中所处的位置及其使用功能划分为前庭、中庭(内庭)和后庭。

一、前庭

前庭位于宾馆饭店主体建筑前,面临道路,是供人、车出入的地带,也是建筑物与城市道路之间的空间及交通缓冲地带。一般前庭较宽畅,其总体规划要综合考虑交通集散、绿化美化建筑和空间等功能,应根据场地大小,布置广场、停车场、喷泉、水池、雕塑、山石、花坛、树坛等,采用规则式构图,以示其严整堂皇,雄伟壮观;也可采用自然式布局,自由活泼,富有生机和野趣。绿地中可用平坦的草坪铺底,用修剪整齐的绿篱围边,并点缀造型树木和丰富的花灌木。使山丘、水石、汀桥、植物等要素有机组合,利用挖池的土堆山,形成岗阜,作为前庭主

图 5-7-3 某宾馆前庭

景和屏障,起到观赏和隔离作用,又构成清幽、雅致的现代宾馆园景(图 5-7-3)。

宾馆饭店停车场设计以生态节能为主,要方便客人停住宿,也要减少车辆进出对宾馆酒店食宿环境的干扰,避免极端、恶劣气候对停车和行车的影响,同时要兼顾高峰时段车流人流量大时的便捷安全。

二、中庭

宾馆饭店等高层建筑中,为了满足各种使用功能、活跃建筑内的环境气氛,常将建筑内部的局部抽空以形成玻璃屋顶的大厅;或在建筑底层门厅部分形成功能多样、景观变化丰富的共享空间。中庭(又叫"内庭")的绿化造景部分往往位于门厅内后墙壁前,正对大厅入口,或位于楼梯口两侧的角隅处。中庭布置宜少而精、自由灵活,或半席园地,清池一口,清流滴润,笋石点点;或对壁景窗一扇芭蕉,回廊转角数株棕竹,会客大厅盈盈涌泉,茶座栏下游鱼娓娓,景架壁上巧悬翠兰,步廊两侧顽石修竹相伴……中庭绿化造景,宜将自然气息引入室内,富有生活情趣。

近年来,保养与健身逐渐成为一些大型宾馆酒店的服务理念,用于健身和美容的设施如一些小游泳池、健身区和特殊治疗空间,越来越受到客人的喜爱。宾馆服务将美食活动、会议服务、健身及其他设施混合搭配,由此需要丰富多样的中庭环境(图5-7-4)。

图5-7-4　某宾馆中庭

三、后庭

后庭位于主体建筑楼后,通常是由不同建筑围合的庭院,空间相对较大。其绿化造景除满足各建筑物之间的交通联系等使用功能外,主要以植物绿化、美化为主,综合运用各种造景要素,规划设计成具有休息观赏功能、自然活泼、开放性的小游园。故既可运用传统造园手法,设计具有中国古典园林意境的游园,也可运用现代景观设计手法,建造富有当前时代气息和风格的游园。根据场地大小,繁简皆宜。地势平坦或微起伏,园中可挖池堆山,池边、道旁及坡地上堆砌置石,营造蜿蜒曲折园路和小型休闲广场,周围置桌凳椅等休息设施。植物配置应疏密有致,高低错落,以形成优美、清新、幽静的庭园环境。庭园绿化一般都是在较小的范围内进行,因而要充分利用可绿化的空间,以增加庭园的绿量,并运用多种植物来形成生物多样性的景观环境。如利用攀缘的藤本植物在围栏、墙面及花架上进行垂直绿化,形成绿色走廊;用耐阴的草坪、宿根花卉等地被植物覆盖树池、林下、道旁,使庭园充满绿意;在建筑角隅处、围墙边栽植花灌木,使庭园生机盎然(图5-7-5)。

图5-7-5　某宾馆后庭

实例分析

霍山县某宾馆景观设计扩初方案

一、项目概况

该宾馆占地面积约为 2.2 万 m^2,建筑面积为 1 万 m^2,建筑风格以具有传统徽派特征的白粉马头墙为特色,有客房 216 间、包厢 16 个、会议中心 1 个、中小型会议室 8 个,是具住宿、餐饮、会务商务、娱乐功能为一体的综合性旅游饭店。

二、背景分析

该宾馆临近佛子岭水库、铜锣寨风景区,位于霍山县城小南岳风景区内,西北两面环山,东南两面临水,周边有烈士陵园、六霍起义纪念馆等自然和历史人文景观,自然环境得天独厚。宾馆同时提供商务中心、洗浴中心、洗衣房、美容美发厅、多功能歌舞厅、网球场、乒乓球室等多种服务。

三、设计理念

运用简约徽派的设计手法,提炼传统特色的文化,满足客户对简洁、舒适、文化、休闲度假等多种需求。

入口广场:利用现有场地高差,创造跌水景观,结合入口景石,增强指示性。在入口的端头设立文化墙,烘托环境特色,起障景作用,丰富庭院层次。

内庭院:运用现有坡地、铺地落差、植物配置等进行高差创造和空间转换。道路线形与地形等高线一起流转,植物随季节变换造成的景观变迁,将场地周围环境条件与游泳池、亲水平台、临水餐厅、户外休闲广场等景观元素融为一体(图 5-7-6)。

图 5-7-6 宾馆总体规划

四、植物配置

与场地相邻的山体有着丰富的植被,栎类与栗类、香樟、冬青和毛竹林等并存交错,形成丰富多样的混交林群落,为宾馆提供了良好的自然背景。在植物选择时主要考虑色相与季相的变化,美化与香化的组合。主要树种和地被植物如下:

乔木:广玉兰、香樟、榉树等。

小乔木:桂花、紫薇、石榴等。

灌木:杜鹃、金边黄杨、红花檵木、栀子等。

地被植物:高羊茅草坪、麦冬、玉簪、鸢尾等。

五、项目投资估算

略。

任务实训

宾馆绿地规划设计

一、实训目的

通过本次实训,学会对宾馆绿地进行现场调查和测绘的方法,充分了解宾馆绿地的类型、宾馆绿地设计的程序,掌握宾馆绿地各功能区的设计要点,使所学的宾馆绿地设计理论和技术得以综合运用,为今后走向社会、独立承担宾馆绿地设计任务打实基础。

二、实训内容

1. 三星级以上宾馆绿地规划设计。

2. 根据有关参考图,进行模拟设计。

3. 考察并测绘当地一个三星级以上的宾馆绿地,进行案例评析。

各校可以根据本地具体情况,在以上三项内容中选择一项。

三、实训方式

1. 任务实战法 以学校或具有一定设计资质的设计单位为依托,承接当地宾馆绿地设计任务。

2. 模拟训练法 根据授课教师提供的宾馆绿地基本地形参考图,进行模拟设计。

3. 案例评析法 考察当地一个知名的三星级以上宾馆,现场测绘绿地现状,回校以后整理记录,进行平面图绘制和理论总结,评析该宾馆绿地的设计特点,写出设计说明。

四、实训步骤和方法、实训要求、工具材料、考核报告

同项目五任务五中实训,可参照执行。

练习与思考

1. 宾馆饭店有哪些类型?

2. 宾馆饭店一般划分为哪几个区?

3. 宾馆饭店绿地由哪几个部分组成?

4. 宾馆饭店各部分绿地有哪些设计要点?

任务八　医疗机构绿地设计

》》教学目标

能够进行一般医疗机构的绿地景观设计。

》》任务描述

了解医疗机构绿地的特点,掌握医疗机构绿地规划设计要点。

》》任务准备

1. **基地自然条件的调查**　为实现绿地规划总体布局与场地的完整结合,地形处理做到因地制宜,种植设计满足苗木的生态习性和生长特性,必须了解医疗机构所处环境、自然气候特点,如土壤、地下水位、主导风向等,为合理布局、正确选择植物及植物的配置方式准备资料。

2. **医疗机构的业务特点及其服务的调查**　不同类型的医疗机构的性质和规模不同,对环境要求也不同。同一医疗机构的不同部门对环境要求也差别很大,植物有不同的医疗保健作用或副作用,因此对医疗机构本身的调查非常重要。

3. **医疗机构总图的判读**　医疗机构因具有特殊设备和设施,地上地下可能有各种复杂情况,在进行规划设计前必须充分阅读前期各项图纸,保证绿地规划设计方案的合理实施。

4. **社会调查**　医疗机构是任何人都需要的特殊场所,不仅要从内部建设方面考虑其特殊性,而且要了解与医疗机构相邻单位周围环境需求、医疗机构所在区域居民的使用需求,尤其要注意不同区域的地域文化、乡风民俗与人文习惯等。

》》任务分析

一、医疗机构的类型及组成

1. **医疗机构的类型**　按医院的性质和规模,一般将医院分为综合性医院、专科医院及其他性质门诊部、防治所及疗养院等。

(1)综合性医院。该类医院一般设有内外各科的门诊部和住院部,医科门类较齐全,可治疗各种疾病。

(2)专科医院。这类医院是设某一个科或几个相关科的医院,医科门类比较单一,专治某种或几种疾病。如骨科医院、妇产科医院、儿童医院、口腔医院、结核病医院、传染病医院和精神病医院等。传染病医院一般设在城市郊区。

(3)小型卫生院所。指设有内、外各科门诊的规模较小的卫生院、卫生所和诊所。

(4)休养院、疗养院。指用于恢复工作精力、增进身心健康、预防疾病或治疗各种慢性病的场所。

2.医疗机构的组成　综合性医院是由各个功能不同的部门组成的,一般按各部门的功能要求进行总体布局。综合性医院的平面布局分为医务区和总务区,医务区又分为门诊部、住院部和辅助医疗等部分。医疗机构的组成包括以下几个部分:

(1)门诊部。门诊部是接纳各种病人,对病情进行初步诊断,确定下一步是门诊治疗还是住院治疗的地方,同时也是进行疾病防治和卫生保健工作的场所。门诊部的位置既要便于病人就诊,又要保证诊断、治疗所需要的卫生和安静的条件,因此,门诊部建筑要退到道路红线 10~25m 处。门诊楼由于靠近医院大门,空间有限,人流和车流都集中,加上大门内外有交通缓冲地带和集散广场等,其绿地较分散,经常在大门两侧、围墙内外、建筑周围呈条带状分布(图 5-8-1)。

(2)住院部。住院部是病人住院治疗的地方,主要有病房,是医院的重要组成部分,有单独的出入口。为保障良好的医疗环境,尽可能避免一切外来干扰或刺激(如臭味、噪音等),需要为住院部创造安静、卫生、舒适的治疗和休养环境。在医院总体布局时,住院部往往位于医院中部。住院部与门诊大楼及其他部分建筑围合,形成较大的内部庭院,因此住院部绿地空间相对较大,成团块状和条带状分布于住院楼前及周围。

图 5-8-1　医院门诊部绿地设计方案

(3)辅助医疗场所。辅助医疗场所主要由手术室、药房、X 光室、理疗室和化验室等组成,大型医院的辅助医疗场所随门诊部和住院部布置,中小型医院则合用。

(4)行政管理部门。行政管理部门主要对全院的业务、行政和总务进行管理,有的设在门诊楼内,有的则单独设在一幢楼。

(5)总务部门。总务部门属于供应和服务性质的部门,包括食堂、锅炉房、洗衣房、制药间、药库、车库及杂务用房和场院。总务部门与医院其他部门既有联系,又要隔离,一般单独设在医院中后部较偏僻的一角。

此外,医疗机构还有病理解剖室和太平间,一般单独布置,与街道和其他相邻部分保持较远距离,需要进行隔离。

二、医疗机构绿地的功能

医院绿化的目的是卫生防护隔离、阻滞烟尘、减弱噪声,创造一个幽雅、安静的绿化环境,以利于人们防病治病,尽快恢复身体健康;将建筑与绿化环境有机地结合,使医院功能在心理及生理意义上得到更好的落实。

随着科学技术的发展和人们物质生活水平的提高,人们对医院、疗养院绿地功能的认识也逐渐深化,而且医院绿地的功能也呈现出多样化。总的来说,医院绿地的功能集中体现在以下几个方面。

1. 改善医院、疗养院的小气候条件 医院、疗养院绿地对保持与创造医疗单位良好的小气候条件具有重要作用,具体体现在调节温度和湿度、防风、防尘、净化空气等方面。

2. 为病人创造良好的户外环境 医疗单位优美、富有特色的园林绿地可以为病人创造良好的户外环境,提供观赏、休息、健身、交往、疗养的多功能绿色空间,有利于病人早日康复。同时,园林绿地作为医疗单位环境的重要组成部分,还可以提高医疗单位的知名度和美誉度,塑造良好的形象,有效增加就医量,有利于医疗单位的生存和竞争。

3. 对病人心理产生良好的作用 医疗单位优雅安静的绿化环境对病人的心理、精神状态起着良好的安定作用。当住院病人置身于绿树丛中,淋浴明媚的阳光,呼吸清新的空气,感受鸟语花香,这种自然疗法,对稳定病人的情绪、放松大脑神经、促进康复都有着十分积极的作用。据测定,人在绿色环境中,体表温度可降低 $1\sim2.2℃$,脉搏平均减缓 $4\sim8$ 次/分,呼吸均匀,血流舒缓,紧张的神经系统可得以放松,对神经衰弱、高血压、心脑血管疾病和呼吸道疾病都能起到间接的理疗作用。

4. 在医疗卫生保健方面具有积极的意义 绿地是新鲜空气的发源地,而新鲜空气是人的生命时刻离不开的,特别是身患疾病的人,更渴望清新的空气。植物的光合作用吸收二氧化碳,放出氧气,能自动调节空气中的二氧化碳和氧气的比例。植物可大大降低空气中的含尘量,吸收、稀释地面 $3\sim4m$ 高范围内的有害气体。许多植物的芽、叶、花粉分泌大量的杀菌素,可杀死空气中的细菌、真菌和原生动物。科学研究证明,景天科植物的汁液能消灭流感类的病毒,松林放出的臭氧和杀菌素能抑制杀灭结核菌,樟树、桉树的分泌物能杀死蚊虫、驱除苍蝇,对人体有保健作用。这些植物都是对人类健康有益的"义务卫生防疫员、保健员"。因此,在医院、疗养院绿地中,选择松柏等多种杀菌力强的树种,具有尤为重要的意义。

5. 卫生防护隔离作用 在医院,一般病房、传染病房、制药间、解剖室、太平间之间都需要隔离,传染病医院周围也需要隔离。园林绿地中经常利用乔灌木的合理配置,起到有效的卫生防护隔离作用。

综上所述,医院、疗养院绿地的功能可分为物理作用和心理作用。绿地的物理作用是指通过调节气候、净化空气、减弱噪音、防风防尘、抑菌杀菌等,调节环境的物理性质,使环境处于良性、宜人的状态。绿地的心理作用则是指病人处在绿地环境中,通过环境对感官的刺激所产生宁静、安逸、愉悦等良好的心理反应和效果。

三、医疗机构园林绿化的基本原则

医院绿化应与医院的建筑布局相一致,除建筑之间有一定的绿化空间外,还应在院内特别是住院部留有较大的绿化空间。建筑与绿化布局应紧凑,方便病人治病和检查身体。建筑前后绿化不宜过于闭塞,病房、诊室都要便于识别。通常,医院绿化面积占总用地面积的70%以上才能满足要求(图5-8-2)。

图 5-8-2 医院绿地与建筑布局相结合

四、医疗机构绿地树种的选择

在医院、疗养院绿地设计中,根据医疗单位的性质和功能合理地选择和配置树种,对充分发挥绿地的功能起着至关重要的作用。在医院、疗养院绿地设计中,树种以常绿树为主,植物的选择可以从以下几个方面进行。

1. 选择杀菌力强的树种 具有较强的杀灭真菌、细菌和原生动物能力的树种主要有:侧柏、铅笔柏、雪松、油松、华山松、白皮松、红松、湿地松、火炬松、马尾松、黄山松、黑松、柳杉、黄栌、盐肤木、锦熟黄杨、尖叶冬青、大叶黄杨、桂香柳、核桃、月桂、七叶树、合欢、刺槐、国槐、紫薇、广玉兰、木槿、楝树、大叶桉、蓝桉、柠檬桉、茉莉、女贞、日本女贞、丁香、悬铃木、石榴、枣树、枇杷、石楠、麻叶绣球、枸橼、银白杨、钻天杨、垂柳、栾树、臭椿及蔷薇科的一些植物。

2. 选择经济类树种 医院、疗养院还可选用果树、药用植物等经济类树种,如山楂、核桃、海棠、柿树、石榴、梨、杜仲、国槐、山茱萸、牡丹、金银花、连翘、丁香、枸杞等。

》》任务实施

一、门诊部绿化设计

门诊部靠近医院主要出入口,与城市街道相临,是城市街道与医院的结合部,人流比较集中,在大门内外、门诊楼前要留出一定的交通缓冲地带和集散广场。医院大门至门诊楼之间的空间组织和绿化,不仅起到卫生防护隔离作用,还有衬托、美化门诊楼和市容街景的作用,体现医院的精神面貌、管理水平和城市文明程度。因此,应根据医院条件和场地大小,因地制宜地进行绿化设计,以美化装饰为主。

门诊部的绿化设计应注意以下几点:

1. 入口绿地应与街景协调并突出自身特点,种植防护林带,以阻止来自街道及周围的烟尘和噪音污染。医院的临街围墙以通透式为主,使医院内外绿地交相辉映,围墙与大门的形式协调一致,宜简洁、美观、大方、色调淡雅。若空间有限,围墙内可结合广场周边作条带状基础栽植。

2. 入口处应有较大面积的集散广场,广场周围可作适当的绿化布置。综合性医院入口广场一般较大,在不影响人流、车辆交通的条件下,广场可设置装饰性的花坛、花台和草坪,有条件的还可设置水池、喷泉和主题雕塑等,形成开朗、明快的格调。尤其是喷泉,可增加空气湿度,促进空气中负离子的形成,有益于人们的健康。喷泉与雕塑、假山组合,加上与彩灯、音乐配合,可形成不同的景观效果。同时应注意设置一定数量的休息设施供病人候诊(图 5-8-3)。

图 5-8-3　设置休息设施供病人候诊

3. 门诊区的整体格调要求开朗、明快,色彩对比不宜强烈,应以常绿素雅为主。

4. 注意保证门诊楼室内的通风与采光。门诊楼建筑周围基础绿带的绿化风格应与建筑风格协调一致,能够美化和衬托建筑形象。门诊楼前绿化应以草坪、绿篱及低矮的花灌木为主,乔木应在距离建筑 5m 以外栽植,以免影响室内通风、采光及日照时间。门诊楼后常因建设物遮挡而形成阴面,光照不足,要注意耐阴植物的选择配置,保证良好的绿化效果,如天目琼花、金丝桃、珍珠梅、金银木、绣线菊、海桐、大叶黄杨、丁香等树木,以及玉簪、紫萼、书带草、麦冬、

图 5-8-4　门诊楼与其他建筑之间用绿地分隔

白三叶等宿根植物。在门诊楼与其他建筑之间应保持 20m 间距,用于栽植乔灌木,可起到一定的绿化、美化和隔离效果(图 5-8-4)。

二、住院部绿化设计

住院部位于门诊部后、医院中部较安静的地段。住院部的庭院要精心布置,根据场地大小、地形地势、周围环境等情况,确定绿地形式和内容,结合道路、建筑进行绿化设计,创造安静优美的环境,供病人室外活动及疗养。具体应注意以下几点。

1. 绿地总体要求环境优美、安静、视野开阔。住院部周围有较大面积的绿化场地时，可采用自然式的布局手法，利用原有地形和水体，稍加改造形成平地或微起伏的缓坡和蜿蜒曲折的湖池、园路，并可适当点缀园林建筑小品，配置花草树木，形成优美的自然式庭园。

2. 小游园内的道路起伏不宜太大，应少设台阶，采用无障碍设计，并考虑设置一定量的休息设施。住院部周围小型场地在绿化布局时，一般采用规则式构图，绿地中设置整形广场，广场内以花坛、水池、喷泉、雕塑等作中心景观，周边放置座椅、桌凳、亭廊花架等休息设施。使广场、小径尽量平缓，采用无障碍设计、硬质铺装，以利于病人出行活动。绿地上种植草、绿篱、花灌木及少量遮阴乔木。这种小型场地的环境清洁优美，可供病人坐息、赏景、活动，也可兼作日光浴场、亲属探视病人的室外接待处(图5-8-5)。

图5-8-5　某医院住院部小游园

3. 植物配置方面的注意事项。首先，植物配置要有丰富的色彩和明显的季相变化，使长期住院的病人能感受到自然界季节的交替，调节情绪，提高疗效。其次，在进行植物配置时应考虑夏季遮阴和冬季阳光的需要，选择"保健型"人工植物群落，利用植物的分泌物质和挥发物质，达到促进人体健康、防病、治病的效果。

4. 根据医疗需要，在绿地中可考虑设置辅助医疗场所。有时根据医疗需要，在较大的绿地中布置一些辅助医疗地段，如日光浴场、空气浴场、树林氧吧、体育活动场等，以树丛、树群相对隔离，形成相对独立的林中空间，场地以草坪为主，或做嵌草砖地面。在场地内的适当位置设置座椅、凳、花架等休息设施。为避免交叉感染，应为普通病人和传染病人设置不同的活动绿地，并在绿地之间设置一定宽度的以常绿及杀菌力强的树种为主的隔离带(图5-8-6)。

图5-8-6　树丛形成独立空间

5. 一般病区与传染病区绿地要考虑隔离。一般病房与传染病房要留有30m的空间地段，并以植物进行隔离，以防各种疾病之间的相互传染。

三、其他区域绿化设计

其他区域包括辅助医疗的药库、制剂室、解剖室、太平间等，总务部门的食堂、浴室、洗衣房及宿舍区，这些区域往往在医院后部单独设置，绿化时要强化隔离作用。绿化设计时应注意以下几个方面：

1. 太平间、解剖室应单独设置出入口，并处于病人视野之外，周围用常绿乔灌木密植隔离。

2. 手术室、化验室、放射科周围绿化时要防止东、西日晒,保证通风采光和环境洁净,不能种植有飞毛、飞絮的植物。

3. 总务部门的食堂、浴池及宿舍区也要和住院区保持一定距离,用植物作相对隔离,为医务人员创造一定的休息、活动环境。

四、不同性质医院对绿地的特殊要求

1. 传染病医院绿地　传染病医院主要收治各种急性传染病的病人,为了避免传染,更应突出绿地的防护和隔离作用。传染病医院的防护林带要宽于一般医院,同时常绿树的比例要大些,使冬季也具有防护作用。不同病区之间也要相互隔离,避免交叉感染。由于病人活动能力小,以散步、下棋、聊天为主,各病区绿地不宜太大,休息场地距离病房近一些,以方便使用。

2. 精神病医院绿地　精神病医院主要收治有精神病的病人,艳丽的色彩容易使病人兴奋,神经中枢失控,不利于治病和康复。因此,精神病医院绿地设计应突出宁静的气氛,以白、绿色调为主,多种植乔木和常绿树,少种花灌木,选种如白丁香、白碧桃、白月季、白牡丹等白色花灌木。在病房区周围面积较大的绿地中,可布置休息庭园,让病人在此感受阳光、空气和自然气息。

3. 儿童医院绿地　儿童医院主要收治14岁以下的儿童病人,其绿地除具有综合性医院绿地的功能外,还要考虑儿童的一些特点。如绿篱高度不超过80cm,以免阻挡儿童视线,绿地中适当设置儿童活动场地和游戏设施。在植物选择上,注意色彩效果,避免使用对儿童有伤害的植物。

儿童医院绿地设计的儿童活动场地、设施、装饰图案和园林小品,其形式、色彩、尺度都要符合儿童的心理需要,富有童心和童趣,要以优美的布局形式和绿化环境创造活泼、轻松的气氛,减少医院和疾病给病儿造成的心理压力(图5-8-7)。

4. 疗养院绿地　疗养院是具有特殊治疗效果的医疗保健机构,主要治疗各类慢性病,疗养期一般较长,一般1个月到半年左右。疗养院具有休息和医院保健双重作用,多设于环

图5-8-7　某儿童医院入口雕塑

境优美、空气新鲜并有一些特殊治疗条件(如温泉)的地段,有的疗养院设在风景区中,有的单独设置。

疗养院的疗养手段以自然因素为主,如气候疗法(日光浴、空气浴等),矿泉疗法或泥疗、理疗与中医相配合。因此,在进行环境和绿化设计时,应结合各种疗法,如日光浴、空气浴、森林浴等,布置相应的场地和设施,并与环境相融合。

疗养院与综合性医院相比,一般规模与面积较大,尤其有较大的绿化区,因此更应该发挥绿地的功能,院内不同功能区应用绿化带加以隔离。疗养院内树木花草的布置要衬托和

美化建筑,使建筑内采光好,通风好,并防止西晒,留有风景透视线,以供病人在室内远眺观景。为了保持安静,在建筑附近不应种植如毛白杨等树叶声大的树木。疗养院内的露天运动场地、舞场、电影场等周围也要进行绿化,形成整洁、美观、大方、宁静、清新的环境。

实例分析

安庆市精神病医院入口绿地规划设计

一、项目概况

安庆市精神病医院占地面积为35000m²,是一家集医疗、预防、保健、康复、科研及医学、司法鉴定等为一体的二甲医院。开设的诊疗科目包括精神卫生、精神康复、精神疾病鉴定、临床心理、药物依赖、社区防治、内科、神经内科等。所处位置在城市建成区域,毗邻安庆市棉花研究所、第十中学、迎江区政府。出入口大门前是城市支干道华圣路。

二、设计内容

本方案为门诊楼前绿地设计,面积约为5000m²。地块东西宽80m,门诊楼前有21株水杉,除此以外,原有树木杂乱,没有景观价值,不予保留。门诊楼大门到华圣路道路红线之间距离65m,医院与城市道路之间为通透式围墙。因为地块面积不大,为了满足与城市道路分隔又便于交通的要求,主出入口不正对城市道路,以小游园的形式进行分隔和连通。在小游园北侧利用林下空间布置少量休息设施,竖向空间上采用下沉式,充分发挥植物的隔离作用。色彩上以绿色植物为主,点缀白色花系树木(图5-8-8)。

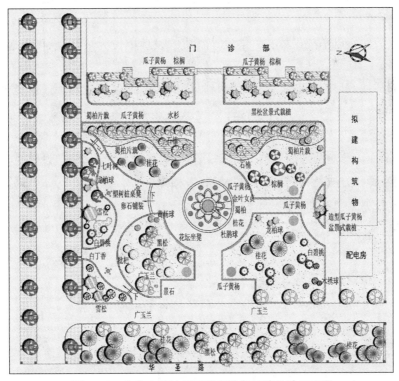

图 5-8-8 安庆市精神病医院门诊部绿地设计平面图

三、植物配置

乔木：雪松、黑松、广玉兰、棕榈、七叶树、水杉等。

灌木：桂花、石楠、白碧桃、白丁香、木绣球、柏类、黄杨等。

地被：高羊茅、麦冬、葱兰等。

四、经费概算

略。

任务实训

医院绿地设计

一、实训目的

通过本次实训，学会对综合性医院绿地进行现场调查和测绘的方法，充分了解医院绿地的类型、医院绿地设计的程序，掌握医院绿地各功能区的设计要点，使所学的医院绿地设计理论和技术得以综合运用，为今后走向社会、独立承担医院设计任务打实基础。

二、实训内容

1. 三甲以上综合性医院绿地规划设计。

2. 根据有关参考图，进行模拟设计。

3. 考察并测绘当地一个三甲医院的绿地，进行案例评析。

各校可以根据本地具体情况，在以上三项内容中选择一项。

三、实训方式

1. 任务实战法　以学校或具有一定设计资质的设计单位为依托，承接当地某新建医院绿地设计任务。

2. 模拟训练法　根据授课教师或本教材提供的医院附属绿地基本地形参考图，进行模拟设计。

3. 案例评析法　考察当地一个知名的三甲综合性医院，现场测绘绿地现状，回校以后整理记录，进行平面图绘制和理论总结，评析该医院绿地的设计特点，写出设计说明。

四、实训步骤和方法、实训要求、工具材料、考核报告

同项目五任务五中实训，可参照执行。

练习与思考

1. 医疗单位绿地有哪些特点和绿化要求？

2. 医疗机构有哪几种的类型？综合性医院绿地由哪几部分组成？

3. 不同性质医疗单位绿地各有哪些设计要点？

任务九　屋顶花园设计

教学目标

能够进行屋顶花园绿化景观设计。

任务描述

了解屋顶花园的概念；掌握屋顶花园的设计方法；能够根据业主方的要求进行屋顶花园景观设计；能够对屋顶花园植物配置以及屋顶排水系统进行处理。

任务准备

1. 区域自然环境分析　从屋顶花园特殊的地理区域环境出发，对设计场地的面积大小、屋顶的荷载强度、植被生长的光照条件、周边的建筑景观环境等进行充分地调研，保障能够顺利实施屋顶花园的绿地景观设计。

2. 区域人文环境分析

（1）甲方需求分析。了解投资方所预期的景观效果，进行充分的资料准备。

（2）使用人群需求分析。根据屋顶花园特定的使用群体，在进行绿地规划设计时，充分了解居住、商业、企事业单位等不同群体对屋顶花园景观设计上的心理需求。

任务分析

一、屋顶花园的概念

屋顶花园是以各类建筑物、构筑物等的屋顶、露台、天台、阳台等为依托，进行蓄水、覆土、种植树木花卉的统称。与其他类型绿地相比，屋顶花园的下面一般是人工建造的架空结构，土层厚度和所能承受的荷载都是制约其设计的重要因素。

关于屋顶花园的最早记载，可以追溯到古巴比伦时期。屋顶绿化是屋顶花园最古老的形式，被公认为世界"七大奇迹"之一的古巴比伦空中花园，始建于公元前7世纪。据说它是当时的巴比伦国王为了安慰患上思乡病的法国爱妃安美依迪丝，仿照爱妃故乡的景色而兴建的。时至今日，用我们现在的眼光来看，空中花园依然是屋顶绿化的顶级产品，它除了具备屋顶绿化的一切生态功能之外，还为人们提供了一个休闲娱乐的多元化空间（图5-9-1）。

图 5-9-1　古巴比伦空中花园示意图

当代世界范围内的各个国家都在政策引导和资金上大力支持、推广屋顶绿化和屋顶花园建设。近几十年来,德国、日本对屋顶绿化及其相关技术有了较深入的研究,并形成了一整套完善的技术,它们也成为世界上屋顶绿化技术发展水平较快的国家。开展比较早的国家都有政府政策法规的支持、规范和引导。东京市政府要求屋顶总面积的20%必须有植物覆盖。日本设计的楼房除加大阳台以提供绿化面积外,还把最高层的屋顶连成一片,在屋顶栽花种草。德国则更新楼房造型及其结构,将楼房建成阶梯式或金字塔式的住宅群,布置起各种形式的屋顶花园。

上海世博园中国馆"新九州清晏"屋顶花园总面积为 27000 m^2,主要为休闲、集散用地。屋顶花园在建筑表层,充分运用环境新能源技术,运用生态农业景观等技术措施有效实现隔热。景观设计中还加入了小规模的人工湿地,可实现循环自洁,成为生态景观(图5-9-2)。

图 5-9-2　上海世博园"新九州清晏"屋顶花园平面图

二、屋顶花园的功能

屋顶花园在节约土地资源和扩大绿化面积、减轻城市环境污染和改善城市生态环境、增加绿色空间结构和保护城市生物多样性、减弱光线反射和美化城市环境、夏季隔热与冬季保温、改善屋顶的物理性能等方面起着重要的作用。

1. 节约土地资源,增加城市绿化　随着经济的发展,人口的增多,人均绿地面积不断减少,多数城市人均绿地面积不足 4m^2。屋顶花园在有限的空间里增大绿化覆盖率,使得绿化面积向空中发展,节约了土地资源,在很大程度上增加了城市的绿化率。

2. 保护建筑物,延长屋顶的使用寿命　屋顶花园的建造可以吸收雨水,保护屋顶的防水层,防止屋顶漏水。绿化覆盖的屋顶可吸收夏季阳光的辐射热量,有效地减缓屋顶表面温度升高,从而降低屋顶下的室内温度。绿色覆盖可减轻阳光暴晒引起的热胀冷缩和风吹雨淋,可以保护建筑防水层、屋面等,从而延长建筑的寿命。

3. 改善气候环境,减缓热岛效应　屋顶花园增加了城市的绿化面积,对降低城市热岛效应有着显著的功效。屋顶绿色植物的蒸腾作用、土壤的蒸发作用可使空气中绝对湿度增加。

屋顶花园种植的许多植物能够吸收有害气体,净化空气,使得城市空气质量得以提高。如美人蕉能有效吸收二氧化硫,月季能吸收空气中的苯、苯酚、乙醚、氨等。

4. 调节雨洪,减轻城市排水系统的压力　屋顶绿化可截留城市部分降水。未绿化的屋顶约有80%的雨水进入下水道,而绿化过的屋顶则只有30%的雨水进入下水道。

5. 减少屋顶眩光,降低噪声　屋顶花园利用绿化减少了过去屋顶防水层造成的眩光,创造出新景观,营造出休闲空间,成为人们释放压力、愉悦心情的新场所。绿化后的屋顶还可降低噪音2～3dB。

三、屋顶花园的类型

1. 游憩型屋顶花园　游憩型屋顶花园是国内外屋顶花园的主要形式之一。这种屋顶花园除了有绿化效益之外,还建造有园林小品、花架、廊亭,以营造出休闲娱乐、高雅舒适的空间,给人们提供一个释放工作压力、排解生活烦恼、修身养性、畅想未来的优美场所(图5-9-3)。

图5-9-3　游憩型屋顶花园

在一些宾馆、酒店,这种屋顶花园成为顾客休闲、娱乐的场所。因此,这类屋顶花园首先需要考虑的是人流导向问题,要有足够的空间让顾客活动。除了布置植物之外,还应有喷泉、水池的布置,若是场地较大的屋顶花园,还应有演艺空间,形成丰富的景观层次,以期达到精美的效果(图5-9-4)。

2. 生态型屋顶花园　生态型屋顶花园就是在屋面上覆盖绿色植被,并配有给水排水设施,使屋面具备隔热保温、净化空气、阻噪吸尘、增加氧气的功能,从而提高人居生活品质。生态屋面不但能有效增加绿地面积,

图5-9-4　某宾馆屋顶花园一角

更能有效维持自然生态平衡,减轻城市热岛效应(图 5-9-5)。

3. 种植型屋顶花园　种植型屋顶花园主要以生产瓜果蔬菜为目的,多在屋顶设计种植池或盆栽用于生产蔬菜瓜果。有一个绿色的庭院,并能采摘食用自己亲手种植的果实,是每一个热爱生活的人都希望拥有的。屋顶光照时间长,昼夜温差大,远离污染源,所种的瓜果蔬菜含糖量比地面提高 5% 以上,碳水化合物丰富,是难得的纯天然绿色食品。这类花园既有较好的绿化景观,又有较好的经济收益。在设计上需要配有相关设施,并且合理分配种植池和步行道(图 5-9-6)。

图 5-9-5　生态型屋顶花园

4. 复合型屋顶花园　复合型屋顶花园是集游憩型、生态型、种植型于一身的屋顶花园处理方式。在一个建筑物上既有休闲娱乐的场所又有生态种植的场地。这是针对不同样式的建筑所采用的综合

图 5-9-6　种植型屋顶花园

性屋面处理模式。它能够让我们的生活环境进一步体现人性化、个性化,表现出人与大自然和谐共处、互为促进的理性生态。

四、屋顶花园的设计原则

1. 生态原则　改善城市的人居环境,增加人均绿化面积,为人类提供良好舒适的生活空间是建造屋顶花园的目的。一个好的屋顶花园,除了满足使用功能之外,绿化覆盖率必须保证在 50%~70%,以发挥绿化的生态效益。否则,缺少绿化的屋顶花园只能是屋顶游憩场所,而失去了它本身的意义。所以,屋顶花园要以植物造景为主,把生态功能放在首位。

2. 实用原则　屋顶花园既要创造优美景观,又要给人们提供游憩活动空间,最好还有经济效益。因此,复合型屋顶花园无疑是最为实用的。设计时要从使用者对屋顶花园的有效利用角度出发,使花园中每个景观元素都既经济又实用。

3. 精美原则　屋顶花园要为人们提供优美的游憩环境,应比露地花园建造得更精美。屋顶花园的景物配置、植物选择均应是当地的精品,并精心设计植物造景。由于场地窄小,道路迂回,屋顶上的游人路线、建筑小品的位置和尺度更应仔细推敲,既要与主体建筑物及周围大环境保持协调一致,又要有独特的园林风格。

4. 安全原则　建筑物应能安全地承受屋顶花园所加的荷重,如植物、土壤和其他设施的重量。此外,屋顶的防水设施也很重要。屋顶花园的造园过程是在已完成的屋顶防水层上

进行的,园林小品、土木工程施工和经常的种植耕种作业,极易造成破坏,使屋顶漏水,引起很大的经济损失,以致成为建筑屋顶花园的社会阻力,应引起足够重视。另外,在屋顶上建造花园必须设有牢固的防护措施,以防人物落下。

五、屋顶花园的技术要求

建造屋顶花园一般有两种情况:一种是在新建的建筑物屋顶造园,另一种是对老旧的建筑屋顶改造后造园。无论哪种形式,都必须保证建筑屋顶能够承担造园的荷载以及做好排水系统,这与屋顶花园使用人群的安全息息相关。

1. 屋顶的荷载能力　根据建筑设计规范,当屋面的静荷载大于等于 $140 kg/m^2$ 时,只能利用草坪、地被、小型灌木和攀缘植物进行屋顶的覆盖绿化。目前比较合理的做法是选用景天科耐干旱易养护的植物覆盖屋顶,这样做的好处是一般不需要单独设立灌溉系统,只靠天然降水就可以解决植物的养护问题。对于老旧建筑的屋顶改造,这种形式的优点最突出。出于对景观的考虑,也可以布置一些具有一定意义的图案,营造一种整齐美丽的景观,特别是在低层的屋顶花园内布置,从高处俯视,效果更佳。

当建筑静荷载大于等于 $250 kg/m^2$ 时,可以利用园林要素营造出不同的景观空间。可以设计微地形来增加景观层次,也可以选择比较丰富的植物种类,采用乔、灌、草结合的复层生态群落式植物配植营造良好的景观效果。需要注意的是,花架、山石、水景等较重的景观元素应该设计在墙、柱、梁等承重位置。在材料上也应选择质量轻、强度高的新型材料,最大限度地减少屋顶所应承受的荷载。

2. 屋顶防漏的处理　新型屋顶花园的结构层一般分为保温隔热层、防水层、阻根层、保湿毯、蓄排水盘、过滤层、土壤层等(图 5-9-7)。保温隔热层可采用聚苯乙烯泡沫板,铺设时要注意上下平整密接。屋顶花园的排水防水层中,排水系统的设计和安装非常重要,它将直接影响到防水问题。目前国内市场上质优价廉的防水材料很多,防水层应该是高强度的,能够经得起一般性的冲击和摩擦。APP 防水卷材是一种新型防水材料,不仅耐腐蚀、抗老化,还能防止植物根须的侵入。

图 5-9-7　新型屋顶花园的结构层

现在很多国家都研究出屋顶花园屋顶材料的新技术、新材料,有的国家已经研制出了全部用废弃物生产成套的防水保护层、排水层、过滤层和轻质土壤的技术,这样防水、排水、种植都可以得到保障,又可以提高资源的利用率。只有人与自然相结合,才能将现代科技与生态科学完美结合在一起,使屋顶花园发挥其最大的功效。

任务实施

屋顶花园的景观营造要巧妙地利用主体建筑物的屋顶、平台、阳台、窗台、檐口、女儿墙和墙面等开辟绿化场地,并使其具有园林艺术感染力,这就要求设计者能巧妙合理地安排植物、道路、山石、水体、建筑和构筑物等园林要素,既要考虑景观上的需要,又要照顾游人在游览过程中的使用要求。同时,由于屋顶花园的特殊建造位置,还要考虑楼体的承重能力和植物种类的选择。

一、屋顶花园种植设计

在植物配置上,屋顶花园有着比露地园林更高的要求,应选择更有特色、更精美的植物种类,营造四季常青、季季有花、季季有景的植物景观。

(一)屋顶花园植物的局限性和特殊性

1.屋顶花园防水层对植物根系穿刺能力有要求,不宜采用根系穿刺能力强的植物。

2.屋顶负重有限,不可能做很深的土壤层,所以要选浅根性的植物。

3.与地面相比,屋顶花园的风力大,特别是高层楼顶风力很大,所种植物应具有枝叶低矮或固着性好的特点。

4.屋顶种植层不存在植物通过毛细作用来利用土壤深层水的现象,全靠短暂的人工灌溉及自然降水,因此植物必须耐干旱。

5.夏季,屋顶温度高、光照强,环境相对干燥炎热;冬季,因无物体为其遮挡和抵御寒风,导致小环境更加寒冷,所以应选择耐热、耐寒、喜光照的植物。

(二)屋顶花园常用绿化植物的选择与搭配

屋顶花园的位置决定了其生态环境较差、风力较大、光照时间长、昼夜温差大、湿度小、土层薄,因此应选择一些喜光、耐寒、耐热、耐旱、耐贫瘠、抗风能力强的树种。受土层厚度影响,植物还应具有须根、水平根系发达的特点,尽量少用直根系的大乔木,如果因景观要求,选用了直根系大乔木,在施工时必须采取加固措施,并尽量设计在主墙、柱等承重位置上。

1.树木选择　要根据季相变化选择树木,视生长条件可选择广玉兰、大花栀子、龙柏、黄杨、紫叶李、龙爪槐、枇杷、桂花、竹类等;多运用观赏价值高、有寓意的树种,如枝叶秀美、叶色赤红的鸡爪槭、红叶石楠,飘逸典雅的苏铁,喻品行高洁的松、竹、梅等。

2.花卉配置　屋顶花园还应考虑四季花卉的搭配。如春天的榆叶梅、春鹃、迎春花、桃花、樱花、西府海棠、贴梗海棠;夏天的紫薇、夏鹃、栀子花、含笑、石榴;秋天的红果海棠、菊花、桂花;冬天的腊梅、茶花、茶梅。草本花卉可选配瓜叶菊、报春花、金盏菊、一串红、一品红等。水生花卉有马蹄莲、黄花鸢尾、荷花、睡莲、菱角、凤眼莲等。

3.攀缘植物　屋顶花园的墙面绿化和小型花架上,通常利用有卷须、钩刺的吸附、缠绕、攀缘性植物,使其快速生长,一般多用爬山虎、紫藤、常春藤、凌霄、薜荔、蔷薇、木香、金银花、木通及爬行卫矛等木本植物,也可选用牵牛花、茑萝等草本花卉,果蔬类如葡萄、南瓜、丝瓜、葫芦、佛手瓜等也可选用。

4.草坪和地被　草坪和地被是屋顶花园绿化的重要组成部分。仙人掌科、景天科等耐旱植物常为首选,也可选用高羊茅草、天鹅绒草、马蹄筋、美女樱、太阳花、金叶过路黄、蟛蜞菊、红绿草、吊竹梅等。一些宿根植物如红花酢浆草、小地榆、吉祥草、麦冬、葱兰、石竹等,如果巧妙搭配、合理组织,也能创造鲜明、活泼的底层空间。

二、商务办公楼、企事业单位的屋顶花园设计

商业办公楼、企事业单位等公共建筑的楼顶绿化,设计要突出意境美,巧妙利用主体建筑物的屋顶、平台、阳台、窗台和墙面等开辟园林场地,充分利用园林植物、园林小品等造园因素,采用借景、组景、点景、障景等造园技法,创造出不同使用功能和性质的园林景观(图5-9-8)。

处于工作环境中的人员对绿化的要求一般很简单,只需要在工作感觉累的时候有一个舒适的绿色休闲空间。所以企事业单

图5-9-8　企事业单位屋顶花园中的园林小品

位屋顶花园的设计不用刻意追求壮观与雄伟,景观甚至可以以功能性为第一原则,以植物为主要的设计元素,再配以其他适量的造景元素,为办公族们创造一个生态和谐的花园空间。应选择各种有益于身心健康的保健植物,如各种能消除疲劳的芳香植物。花卉选择以宿根花卉为主,一年生和二年生搭配种植,如景天类、金盏菊、石竹、荷包牡丹、风信子、花毛茛、蔓锦葵、鸢尾等。在植物造景中,应尽量满足人们与花草亲密接触的愿望,并为人们的行动提供方便,体现人文关怀。

在一些面积较大的商务区楼顶绿地中,可借鉴中国古典园林的造景手法,利用微地形使竖向上产生变化,突出自然气息。种植区采用自由式设计,种植地被植物、花卉灌木,借以形成小的绿化空间,产生层次丰富、色彩斑斓的植物造景效果。自由式种植区一般种植面积较大,植物种类较多,因此种植厚度需要10～100cm。

好的屋顶花园设计应该起到一个连接室内与外界自然之间的桥梁作用。商务办公楼以及企事业单位虽然是一个相对独立集中的办公区域,但它们也不应该是一个封闭的系统,在景观设计中应该注重借景、障景等多种手法的应用。借景包括室内向屋顶花园的借景以及

屋顶花园空间向外界自然的借景两部分。屋顶花园的景观还可以通过植物、立体绿化等手段向室内渗透、过渡，打造真正意义上的绿色办公空间。另外，在对屋顶花园景观空间进行考虑的时候，要注意选择建筑周围、屋顶花园以外的景观，使其内外结合，融为一体。还可以利用景墙装饰，植物、山石小品遮挡的方法，对屋顶花园周边的女儿墙进行淡化处理，使景观系统更自然地向外界自然环境过渡。

三、居住区的屋顶花园设计

在居住区屋顶花园绿化设计布局中，点缀精巧的小品，结合植物图案，使不大的屋顶空间变为景观丰富、视野开阔的区域，对建造田园城市、提高生活质量以及对美化环境和改善生态效应有着极其重要的意义。

对于荷载能力较小的老旧小区的屋顶花园的设计，可将整个屋顶或屋顶的大部分满铺草坪、地被植物或小灌木，形成绿色"地毯"。这种方式对土壤的厚度要求不高，一般10～20cm即可，而且绿化覆盖率高，生态效益好。这种大面积铺草坪、种植佛甲草等地被植物的办法，适合于老城区的改造。

新居住区楼盘荷载能力强，且随着工程施工技术的不断改进，景观手段也愈发多元化。譬如庭院式的屋顶花园，实际上是将露地庭院小花园建到屋顶上。露地小花园常用的景观元素如花灌木、园林小品、浅水池、置石等，均可以在屋顶上建造，但直根系大乔木、较大的假山使用起来一定要谨慎。随着施工技术的不断革新和施工新材料的出现，受到的限制越来越少，更多的景观被应用到屋顶花园的营造中。

居住区屋顶花园往往比较高，所以风力也比较大，另外还有屋顶土层薄、光照时间长、昼夜温差大、湿度小等不利因素，应选择一些喜光、耐寒、耐热、耐旱、耐瘠、生命力旺盛的植物。遵循植物多样性和共生性原则，以生长特性和观赏价值相对稳定、滞尘控温能力较强的本地常用和引种的植物为主。还可用木桶或大盆栽种木本花卉点缀其中，在不影响建筑物负荷量的情况下，也可以搭设荫棚，栽种葡萄、紫藤、凌霄、木香等藤本植物。在平台的墙壁、篱笆壁上可以栽种爬山虎、常春藤等。对于条件较好的居住区屋顶，可以做成自然式、规则式、混合式等开放式的花园，特别要做到树木花草高矮疏密错落有致、色彩搭配和谐合理。

在植物的配置中，我们也可采用花盆、花桶、花池、花坛等绿化形式种植，种植池沿绿化区或沿建筑屋顶周边布置，是屋顶花园采用较多的绿化形式。这种点线式种植花木的方式可以根据使用要求和空间尺度灵活布置，创造出层次丰富的景观（图5-9-9）。

图5-9-9　某居住小区屋顶花园绿化种植

实例分析

山东某小区屋顶绿化设计

一、项目概况

该小区位于山东泰州滨湖区,东邻奥体中心。地理位置优越,规划用地面积为 $2.8hm^2$。小区地形平坦,周边自然环境优越,规划定位为高档主题文化小区。其中建筑面积为 $76265m^2$,屋顶绿化面积为 $8868m^2$。

二、设计理念

1. 安全性　坚持安全性原则,根据屋面承重情况,结合住宅建筑设计的参考系数以及屋顶花园的景观效果、使用功能等,确定屋面的承载系统与主要的荷载参数,同时也考虑局部的荷载承重能力,使得屋顶花园的使用既方便又安全。为减轻水分渗漏和土壤对屋顶的渗漏和腐蚀,屋顶花园需采用喷灌、滴灌等方法,排水系统也需要认真考虑。为防止水分蒸发过快,土壤中还需加入高分子保水剂。

2. 美观性　以居住区居民的需求为出发点,整体包装建筑,美化屋顶用地。根据现状环境的不利景观元素,通过景观的方式进行屏障,期望能够美化屋顶空间,使得屋顶花园的设计在满足经济、安全的前提下,富有特色与创新。

三、屋顶花园景观设计

1. 地形设计　在地形处理方面,尽量以平地形与微地形的变化为主,充分考虑到主要使用群体老人与孩子的需要,以"点、线、面"的设计来丰富空间层次,布置活动场地、娱乐设施、水池以及休憩性园林建筑(图 5-9-10)。

图 5-9-10　小区屋顶花园平面设计图

2. 植物种植设计　首先,应该考虑所选择的植物种类是否与种植地点的环境和生态相适应,否则就不能存活或生长不良;其次,应该考虑屋顶上所营造的植物群落是否符合自然植物群落的发展规律,否则就难以成长发育并达到预期的艺术效果;再次,根据种植区及种植池的设计形式来选择树种,力求提升整个屋顶空间的文化品位和生态效益。

屋顶花园的植物种植多以盆栽的形式出现。用空心砖做成25cm高的各种花槽,用厚塑料薄膜内衬,高至槽沿,底下留好排水孔,花槽内填入培养介质,栽植一串红、凤仙花、翠菊、百日草、矮牵牛等各种草木花卉。

3.园林建筑的处理 园林小品是组成园林景观的主要内容之一,建造屋顶花园同样需要各种形式优美的园林小品来丰富景观构成,以达到理想的设计效果。该小区的园林建筑多以满足居民日常休闲健身需要的建筑物为主,考虑到屋顶的荷载能力,多用轻质材料,有利于统一管理及组装。例如纳凉亭、单边伞、吊床、秋千椅、遮阳伞、庭院椅等,可用实木或铝合金骨架承载重量。这些轻便的园林建筑,既能满足居民休闲娱乐

图5-9-11 小区屋顶花园小品实景

的需要,又使后期的养护管理工作很方便(图5-9-11)。

四、经济技术指标

序号	名称	面积(m^2)
1	用地总面积	56888
2	建筑总面积	76265
3	屋顶花园面积	8868
4	绿地面积	21038

》》任务实训

别墅屋顶花园设计

一、实训目的

通过本次实训,掌握屋顶花园的设计手法;掌握屋顶花园的植物种植要点;能够根据环境以及业主的需求选择合理的种植形式,并且准确进行植物配置;能够根据制图标准准确、规范地表现平面图、立面图、剖面图。

二、实训内容

根据提供的别墅屋顶图,完成别墅屋顶花园设计。

三、实训方式

模拟真实的工作环境,以独立或者分组合作的形式完成方案以及进行方案汇报。

四、实训步骤和方法

1.接受设计任务,明确设计目标 关于别墅的屋顶花园设计,我们在接受设计任务后,首先要仔细分析业主的需求,与业主进行充分的沟通,掌握业主对于屋顶花园的设计要求与景观预期。在模拟实训的这个环节中可将教师作为业主,学生作为设计师。

2. 调查研究阶段　针对设计要求,收集相关的设计依据以及类似的设计图片,在屋顶花园的设计中必须调查研究的项目有:

(1)当地的气候条件以及适合种植于屋顶的植物类型。

(2)根据所在地的日照情况,规划出向阳面与背阴面的所在区域。

(3)了解建筑的承重能力,根据现状图了解承重面、落水口的所在位置。

(4)了解当地的风土人情与业主的需求。

3. 收集相关资料,用草图的形式完成设计的初步构想。

4. 描绘、放大底图　根据一定的比例,放大、描绘业主所提供的样图,作为屋顶花园景观设计的底图。

5. 设计表达。

(1)确定设计立意。

(2)屋顶花园平面布局形式;园路的布置;绿化植物的选择与配置表现;园林建筑小品设置;提升屋顶花园的设计品位与人文关怀。

(3)防水处理:做地面基础层的防水处理。

(4)绘制设计图样。

五、实训要求

1. 基本要求　服从指挥,分工协助;认真调查,做好记录;合理布局,细配植物;备齐资料,仔细绘图;按时保质,完成任务。

2. 设计要求。

(1)地形、地貌的设计。对于屋顶花园的地形地貌的改造,应该以屋顶的荷载作为依据,不宜做过分的筑山叠石理水的地形改造。以平地、微地形的变化为主,可设置浅水池。

(2)园林建筑构造物,应当选择轻便、易组装、拆卸的园林建筑。

(3)植物的设计。采用生命力顽强、耐旱、喜光照、根系浅的本土植物。同时要考虑到屋顶与地面环境不同,温度差别大。

3. 图纸要求　要求每人独立完成一套设计图纸,并附植物配置表。具体图纸要求如下:

(1)屋顶花园景观布局总平面图。根据业主的需求,合理布局屋顶花园的平面,设置园路、筑山叠石理水、种植植物、营造建筑,要求布局合理、比例恰当、色彩丰富。

(2)屋顶花园立面与剖面表现。根据平面做东西以及南北立面图各一张,根据设计布局做一张剖面图,要求用手绘或 Photoshop 软件表现。

(3)园林植物种植设计图。表示设计植物的种类、数量、规格、种植位置及类型和要求的平面图样。要求图例正确,比例合理,表现准确。

(4)局部景观表现图。用手绘或电脑辅助制图的方法表现设计中有特色的景观。要求特点突出,形象生动。

所有图纸的图面都要求表现能力强,线条流畅,构图合理,清洁美观,图例、文字标注、图幅等符合制图规范。

4. 设计说明编写要求　设计说明要求语言流畅，言简意赅，能准确地对图纸补充说明，体现设计意图。设计说明应包括以下内容：

(1) 基地概况。屋顶花园的位置、面积、周边环境。

(2) 设计理念。提出本设计的具体指导思想，主要从实际情况出发，抓住自身特点，综合考虑各类条件，提出具有审美性、适用性、前瞻性及可操作性的设计方案。

(3) 设计内容。包括地形设计、园路设计、植物设计（植物的选择、植物配置的手法）、园林建筑设计（建筑的外观、布局、功能）。

(4) 主要技术指标。用图表的形式表达设计技术指标的数据。

(5) 植物图表名录。写出本设计所用的植物种类、规格、数量表等。

六、工具材料

测量仪器、绘图工具等。

七、考核与报告

略。

练习与思考

1. 屋顶花园具有哪些功能？
2. 屋顶花园的结构层分为哪几个部分？
3. 屋顶花园种植设计有什么特殊要求？

任务十　综合性公园规划设计

教学目标

了解综合性公园规划设计的基本要求。

任务描述

能够进行综合性公园绿地布局、景区规划设计和植物种植设计。

任务准备

1. 公园区域自然环境分析　从综合性公园的地理区域环境出发，对设计场地的面积大小、植被生长的光照条件、周边的建筑景观环境等进行充分地调研，保障能够顺利实施综合性公园的绿地景观设计。

2. 公园区域人文环境分析。

(1) 甲方需求分析。了解投资方所预期的景观效果，进行充分的资料准备。

(2)使用人群需求分析。根据该公园的使用群体,在进行绿地规划设计时,需要充分了解公园周边居住、商业、企事业单位等不同群体对于该公园景观设计上的需求。

》》任务分析

一、公园绿地的性质和作用

公园是供人们游览、休息、观赏、开展文化娱乐活动、社交活动、体育活动的优美场所,也是反映城市园林绿化水平的重要窗口,在城市公共绿地中居首要地位。公园的作用主要表现在以下几个方面。

1. **提供宜人环境**　用于消除疲劳,促进身心健康。

2. **提供锻炼场所**　公园中的游乐、体育等各种设施,是市民联欢、交往的媒介,也是青少年和老年人锻炼身体的好地方。

3. **促进人际交往**　通过共同的游乐、运动、竞赛、艺术交流等活动,不断地增进市民间的友谊。

4. **宣传科学文化**　公园中的科普、文化教育设施和各类动植物、文化古迹等,可使游人在游乐、观赏中增长知识。

5. **提供避难场所**　公园中设有开阔的绿地、水面、大片树林,是市民防灾避难的有效场所。

二、综合性公园的主要活动内容和设施

1. **观赏游览**　游人在公园中可观赏山水风景、花草树木,浏览名胜古迹,欣赏建筑、雕塑、盆景、假山、鸟兽虫鱼等。

2. **安静休息**　在公园中可进行散步、品茗、垂钓、弈棋、书法、绘画、学习、静思、气功等相对安静的活动。一般老年人、中年人、学生等较喜欢在环境优美、干扰较少的安静公园绿地空间中进行上述活动。

3. **文化娱乐**　在公园中可进行游戏、游泳、划船,电影、音乐、舞蹈、戏剧、杂技等节目观赏以及群众的自我娱乐活动。一般需要设露天剧场、游艺室、展览厅、音乐厅、广场等。

4. **儿童活动**　公园中一般设有供学龄前儿童与学龄儿童活动的设施,如游戏娱乐广场、少年宫、迷宫、障碍游戏场、小型动物角、植物观赏角、少年体育运动场、少年阅览室、科普园地等。

5. **老年人活动**　老年人活动的内容有老人的器械活动、游戏活动、体育运动和集会。

6. **体育活动**　游人在公园内可进行跑步、漫步、游泳、滑冰、打球、武术或骑车等运动,体育活动区规模、内容、设施应根据公园及其周围环境的状况而定。

7. **政治文化和科普教育**　通过展览、陈列、阅览、广播、影视、科技活动、演说及相关设施内容对游人进行政治文化和科普教育,寓教于游,寓教于乐。

8. 服务设施　游人在公园中游览必需的设施及服务主要有：餐厅、茶室、小卖店、摄影、公用电话、问讯、物品寄存、租赁、园椅、园灯、卫生间、垃圾箱等。

9. 园务管理　主要指公园日常管理中需要的办公、会议、学习、苗圃、温室、食堂、保安、宿舍、浴室、给水排水、通讯供电、广播室、工具间库、堆场、杂院等。

》》任务实施

一、综合性公园的功能分区

为了合理地组织游人开展各项活动，避免相互干扰，便于管理，通常在公园内划分出一定的区域，把各种性质相似的活动内容组织到一起，形成具有一定使用功能和特色的区域，我们称之为"功能分区"。

综合性公园根据活动内容一般分为观赏游览区、文化娱乐区、安静休息区、儿童活动区、老人活动区、体育活动区、公园管理区等七个功能区（图5-10-1）。

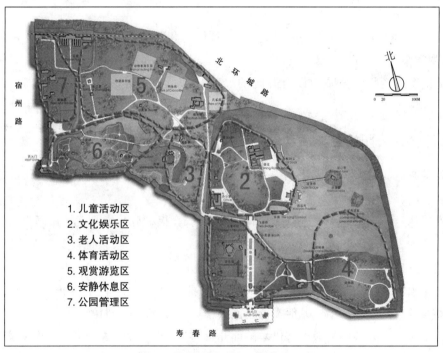

图5-10-1　合肥市逍遥津公园功能分区图

二、综合性公园的景色分区

根据游览需要，在公园中组成一定范围的各种景观地段，形成各种风景环境和艺术境界，以此划分成不同的景区，称为"景色分区"。

公园景观分区要使公园的风景与功能使用要求相配合，增强功能的使用效果；但景区不一定与功能分区的范围完全一致,有时需要交错布置,常常是一个功能区中包括一个或多个景区,使一个功能区中有不同的景色,使得景观能有变化、有节奏、生动多彩,以不同的景观效果、景观内涵给游人以不同情趣的艺术感受,激发游人的审美情感。

(一)按游人对景区环境的感受效果划分

1. 开朗的景区　宽广的水面、大面积的草坪、宽阔的铺装广场往往都能形成开朗的景观,给人以心胸开阔、畅快怡情的感觉,这类景区是游人较为集中的区域(图5-10-2)。

2. 雄伟的景区　利用挺拔的植物、陡峭的山形、耸立的建筑等形成雄伟庄严的气氛。如南京中山陵利用主干道两侧高大茂盛的雪松和层层而上的大台阶,使人们的视域集中向上,形成仰视景观,产生巍峨壮丽和令人肃然起敬的景观效果。

图5-10-2　开朗景区

3. 清静的景区　利用四周封闭而中间空旷的环境,形成安静的休息条件,如林间隙地、山林空谷等。在有一定规模的公园中常常设置清静的景区,使游人能够安静地欣赏景观或进行较为安静的活动(图5-10-3)。

4. 幽深的景区　利用地形的变化、植物的隐蔽、道路的曲折、山石建筑的障隔和联系,形成曲折多变的空间,达到优雅深邃、曲径通幽的境界。这种景区的空间变化比较丰富,景观内容较多。

图5-10-3　清净景区

(二)按复合的空间组织景区

这种景区在公园中有相对独立性,可形成自己的特有空间。一般都是在较大的园林空间中开辟出相对小一些的空间,如园中之园、水中之水、岛中之岛,形成园林景观空间层次上的复合性,增加景区空间的变化和韵律,是比较受欢迎的景区空间类型。

(三)按不同季节季相组织景区

景区主要以植物的四季变化为特色进行布局规划,一般根据春花、夏荫、秋叶、冬干的植物四季特色分为春景区、夏景区、秋景区、冬景区,每个景区内都选取有代表特色的植物作为主景观,结合其他植物品种进行规划布局,四季景观特色明显,这是经常用的一种方法。如扬州个园的四季假山以樱花、桃花、紫荆、连翘等为春山风光,以石榴、牡丹、紫薇等为夏山风光,以红枫、槭树林供秋季观红叶,以松、柏组成冬山冬景。

(四)按构成景区主体的造园材料和地形划分

1. 假山园　以人工叠石为主,突出假山造型艺术,配以植物、建筑、水体。假山园在我国古典园林中较多见,如上海豫园黄石大假山、广州黄蜡石假山、苏州狮子林的湖石假山(图 5-10-4)等。

2. 水景园　利用自然的或模仿自然的河、湖、溪、瀑等人工构筑的各种形式的水池、喷泉、跌水等水体构成的风景(图 5-10-5)。

图 5-10-4　苏州狮子林的湖石假山

图 5-10-5　广州越秀公园的水景园

3. 岩石园　以岩石及岩生植物为主,结合地形选择适当的沼泽、水生植物,展示高山草甸、牧场、碎石陡坡、峰峦溪流岩石等自然景观,全园景观别致,极富野趣,是较受欢迎的一种景区内容。

还有其他一些有特色的景区,如山水园、沼泽园、花卉园、树木园等,这些都可结合整体公园的布局立意进行适宜设置。

三、公园游人容量的计算

公园游人容量是指游览旺季高峰期时同时在公园内的游人数。公园游人容量是确定内部各种设施数量或规模的依据,也是公园管理上控制游人量的依据,通过游人数量的控制,避免公园因超容量接纳游人而造成人身伤亡和园林设施损坏等事故,并为城市部门验证绿地系统规划的合理程度提供依据。

公园设计必须确定公园游人容量,作为计算各种设施的容量、个数、用地面积以及进行公园管理的依据。公园的游人量随季节、假日与平日、一日之中的高峰与低谷而变化;一般节日的游人最多,游览旺季、星期日次之,旺季平日相对较少,淡季平日最少,一日之中又有峰谷之分。确定公园游人容量以游览旺季的星期日高峰时为标准,这是公园发挥作用的主要时间。

公园游人容量应按下式计算:$C = A/A_m$

式中:C——公园游人容量(人)

　　　A——公园总面积(m^2)

　　　A_m——公园游人人均占有面积(m^2/人)

公园人均占地面积根据游人在公园中比较舒适地进行游园来考虑,在我国,市、区级公园游人人均占有公园面积以 60m² 为宜;近期公共绿地人均指标低的城市,游人人均占有公园面积可酌情降低,但最低游人人均占有公园的陆地面积不得低于 15m²。风景名胜公园游人人均占有公园面积宜大于 100m²。

四、综合性公园出入口的安排

(一)公园出入口的类型

公园出入口一般分为主要出入口(1 个)、次要出入口(1 个或多个)、专用出入口(1～2 个)。

1. 主要出入口　主要出入口应与城市主要交通干道、游人主要来源方位以及公园用地的自然条件等因素协调后确定。主要出入口应设在城市主要道路和有公共交通的地方,同时要使出入口有足够的集散人流的用地;与园内道路联系方便,并使城市居民可方便快捷地到达公园内。

2. 次要出入口　次要出入口主要为附近居民或城市次要干道的人流服务,以免公园周围居民需要绕个大圈子才能入园,同时也为主要出入口分担人流量。次要出入口一般设在公园内有大量人流集散的设施附近,如公园内的表演厅、露天剧场、展览馆等场所附近。

3. 专用出入口　专用出入口是根据公园管理工作的需要而设置的,为方便管理和生产及不妨碍园景的需要,多设置在公园管理区附近或较偏僻、不易为人所发现处。专用出入口不供游人使用。

(二)公园出入口设计

出入口作为游人进入公园的第一个视线焦点,是给游人留下的第一个印象,故在设计时要充分考虑到它对城市街景的美化作用以及对公园景观的影响,其平面布局、立面造型、整体风格应根据公园的性质和内容来具体确定。一般公园大门造型应与周围的城市建筑有较明显的区别,以突出其特色。

出入口的布局方式也多种多样,其中常见的布局手法包括以下几种。

1. 欲扬先抑式　这种手法适用于面积较小的园子,通常是在入口处设置障景,或者是通过强烈的空间开合的对比,使游人在入园以后有豁然开朗之感,如苏州留园的出入口(图 5-10-6)。

2. 开门见山式　通常面积较大的园子或追求庄严、雄伟的纪念性园林会采用这种手法,如南京中山陵的出入口。

3. 外场内院式　这种手法一般是以公园

图 5-10-6　苏州留园的出入口

大门为界，大门外为交通场地，大门内为步行内院，如合肥市逍遥津公园的主出入口。

4."T"字形障景式 进门后广场与主要园路呈"T"字形连接，并设障景以引导，如合肥包公园内的包公墓（图5-10-7）。

（三）公园出入口的主要设施

公园出入口的主要设施包括以下三类。

1. 集散广场 指公园内外用于人流集散的广场。其附近一般还安排有停车场、存车处。

2. 园门建筑物和构筑物 设计内容包括公园大门、售票处、收票处、小卖部、休息廊等，根据出入口的景观要求及其用地面积大小、服务

图5-10-7　合肥包公墓

功能要求，可以设置能够丰富出入口景观的园林小品，如花坛、水池、喷泉、雕塑、花架、宣传牌、导游图等。

3. 服务设施 指提供问询、电话、寄存、租借、值班、办公、导游等服务的设施。

五、综合性公园中园路的布置

园林道路是园林的组成部分，起着组织空间、引导游览、交通联系并提供散步休息场所的作用。它像脉络一样，把园林的各个景区连成整体。园林道路本身又是园林风景的组成部分，蜿蜒起伏的曲线、丰富的寓意、精美的图案，都给人以美的享受。园路布局要从园林的使用功能出发，根据地形、地貌、风景点的分布和园务管理活动的需要综合考虑，统一规划。园路布置需因地制宜，主次分明，有明确的方向性。园路类型有主干道、次干道、专用道、游步道等。

主干道是全园的主要道路，连接公园各功能分区、主要活动建筑设施、风景点，要求方便游人集散、通畅、蜿蜒、起伏、曲折并可组织大区景观。路宽4～6m，纵坡坡度在8%以下，横坡坡度为1%～4%。

次干道是公园各区内的主道，主要引导游人到各景点、专类园，一般自成体系，可组织景观，对主路起辅助作用。考虑到游人的不同需要，在园路布局中，还应为游人从一个景区到另一个景区开辟捷径。

专用道多为园务管理使用，在园内与游览路分开，应减少交叉，以免干扰游览。

游步道为游人散步使用，宽为1.2～2m（图5-10-8）。

图5-10-8　公园内的游步道

园路设计要注意以下几点：

1.**园路的回环性** 游人从任何一点出发都能游遍全园，不走回头路。

2.**疏密适度** 公园内道路大体占总面积的10%～12%，在动物园、植物园或小游园内，道路网的密度可以稍大，但不宜超过25%。

3.**因景筑路** 将园路与景的布置结合起来，从而达到因景筑路、因路得景的效果。

4.**曲折性** 园路随地形和景物而曲折起伏，以丰富景观，延长游览路线，增加层次景深，活跃空间气氛。

5.**多样性和装饰性** 在人流聚集的地方或庭院中，路可以转化为场地；在林间或草坪中，路可以转化为步石或休息岛；遇到建筑，路可以转化为"廊"；遇到山地，路可以转化为盘山道、蹬道、石级、岩洞；遇到水，路可以转化为桥、堤、汀步等。

六、综合性公园中场地的布局

根据公园总体设计的布局要求，确定各种铺装场地的面积。铺装场地应根据集散、活动、演出、赏景、休憩等使用功能的要求做出不同设计。内容丰富的售票公园出入口内外集散场地的面积下限指标以公园游人容量为依据，按500m^2/万人计算。安静休憩场地应利用地形、植物与喧闹区隔离。演出场地应有方便观赏的适宜坡度和观众席位。

公园中广场的主要功能是方便游人集散、活动、演出、休息等，其形式有自然式、规则式两种，根据功能的不同可分为集散广场、休息广场、生产广场。

1.**集散广场** 一般情况下分布在出入口前后、大型建筑前、主干道交叉口处。其作用主要是集中、分散人流。

2.**休息广场** 以供游人休息为主，多布置在公园的僻静之处。与道路结合，方便游人到达；与地形结合，如在山间、林间、临水处，借以形成幽静的环境；与休息设施结合，如廊、架、花台、坐凳、铺装地面、草坪、树丛等，以利游人坐憩赏景。

3.**生产广场** 生产广场是为园务管理服务的场地，一般可作为晒场、堆场等。

七、公园中地形的处理

在公园出入口已确定、公园分区已规划的基础上，必须进行整个公园的地形设计。从公园规划的角度看，地形设计最主要的是为公园造景的需要所进行的地形处理。公园地形处理应以公园绿地需要为主题，充分利用原地形、景观，创造出自然和谐的景观骨架。结合公园外围城市道路规划标高及部分公园分区内容和景点建设要求进行，要以最少的土方量丰富园林地形。

规则式园林的地形设计，主要是应用直线和折线，创造不同高程平面的布局。规则式园林中水体主要是以长方形、正方形、圆形或椭圆形为主要造型的水渠、水池，一般渠底、池底也为平面，在满足排水的要求下，标高基本相等。近些年来，欧美国家下沉式广场应用普遍，景观和使用效果都比较理想。

下沉式广场主要适应于地形高差变化大的地带,它是利用底层开展各种演出活动,周围结合地形情况而设计不同形式的台阶,围合而成下沉式露天广场。另外,应用较广泛的是公园中绿地中的低下沉,即下沉二、沉三、沉四级台阶,大小面积随意,形式多变,有方形、圆形、流线型、折线型等丰富多彩的共享空间,可供游人聚会、议论、交谈或独坐使用。即使无人,下沉式广场也不影响景观,且交通方便,是提供小型或大型广场演出和聚集的好形式(图 5-10-9)。

图 5-10-9 公园中的下沉式广场

自然式园林的地形设计,首先要根据公园用地的地形特点,一般包括原有水面或低洼沼泽地、城市中河网地、地形多变且起伏不平的山林地等几种形式。无论上述哪种地形,基本的手法都是《园冶》中所讲的"高方欲就亭台,低凹可开池沼"的"挖湖堆山"法。即使一片平地,也可"平地挖湖",将挖出的土方堆成人造山。

八、公园中的建筑

公园中的建筑形式要与其性质、功能相协调,全园的建筑风格应保持统一。园中建筑的作用主要是创造景观、开展文化娱乐活动和防风避雨等,公园中的主题建筑通常会成为公园的中心、重心。管理和附属服务建筑设施在体量上应尽量小,位置要隐蔽,保证环境卫生和利于创造景观。建筑物的位置、朝向、高度、体量、空间组合、造型、材料、色彩及其使用功能,应符合公园总体设计的要求。建筑布局要相对集中,组成群体,一屋多用,有利于管理,要有聚有散,形成中心,相互呼应。建筑本身要讲究造型艺术,有统一风格,不要千篇一律。个体之间又要有一定变化对比,有民族形式、地方风格、时代特色。公园建筑要与自然景色高度统一,以植物的色、香、味、意来衬托建筑,色彩要明快,起画龙点睛的作用,具有审美价值(图 5-10-10)。

图 5-10-10 合肥逍遥津中的仿汉代风格建筑

公园中的管理建筑,如变电室、泵房、厕所等,在设置时既要隐蔽,又要有明显的标志,以方便游人使用。公园其他工程设施也要满足游览、赏景、管理的需要。如动物园中的动物笼舍等要尽量集中,以便管理;工程管网的布置必须有利于保护景观、安全、卫生、节约等,所有管线都应埋设在地下。公园内不得修建与其性质无关的、单纯以营利为目的的餐厅、旅馆和舞厅等建筑。公园中方便游人使用的餐厅、小卖部等服务设施的规模应与游人容量相适应。需要采暖的各种建筑物或动物馆舍,宜采用集中供热。管理设施和服务建筑的附属设施,其体量和烟囱高度应按不破坏景观和环境的原则严格控制,管理建筑不宜超过两层。公园内景观最佳地段不得设置餐厅及集中的服务设施。"三废"处理必须与建筑同时设计,不得影响环境卫生和景观。残疾人使用的建筑设施应方便残疾人使用。

游览、休憩、服务性建筑物设计应与地形、地貌、山石、水体、植物等其他造园要素统一协调。层数以一层为宜,起突出主题和点景作用的建筑,高度和层数都要服从景观需要。游览、休憩建筑的室内净高不应小于2.0m,亭、廊、花架、敞厅等的楣子高度应考虑游人通过或赏景的要求。公用的条凳、坐椅、美人靠等,其数量应按游人容量的20%~30%设置。平均每公顷陆地面积上的座位数量不得少于30个,最多不得超过150个,分布应合理。

厕所等建筑物的位置应既隐蔽又方便使用。面积大于10hm²的公园,应按游人容量的2%设置厕所蹲位(包括小便斗位数),小于10hm²者按游人容量的1.5%设置。男女蹲位比例为(1~1.5):1。厕所的服务半径不宜超过250m;各厕所内的蹲位数应与公园内的游人分布密度相适应;在儿童游戏场附近,应设置方便儿童使用的厕所;公园宜设置方便残疾人使用的厕所。

九、公园中植物的种植设计

(一)植物配置注意事项

1. 突出公园的植物特色,注重树种搭配 全园的常绿树与阔叶树应有一定的比例,一般在华北地区常绿树占30%~40%,落叶树占60%~70%;在华中地区常绿树占50%~60%,落叶树占40%~50%;在华南地区常绿树占70%~80%,落叶树占20%~30%,做到四季景观各异,保证四季常青。

2. 注意植物基调及各景区的主配调的设计 全园在树种选择上,应该有1个或2个树种作为全园的基调,分布于整个公园中,在数量上和分布范围上占优势;全园还应视不同的景区突出不同的主调树种,形成不同景区的不同植物主题,使各景区在植物配置上各有特色。

3. 注意植物的生态条件,创造适宜的植物生长环境 按生态环境条件,植物可分为陆生、水生、沼生、耐寒喜高温及喜光耐阴、耐水湿、耐干旱、耐瘠薄等类型。如喜光照充足的梅、松、石榴、柳等;耐阴的罗汉松、八角金盘、棣棠、杜鹃等;喜水湿的柳、枫杨、水松、丝棉木等;耐瘠薄的枣、柽柳等。不同的生态环境下选用不同的植物品种,易形成该区域的特色。

(二)公园设施环境的绿化设计

根据不同的自然条件,结合不同的功能分区,将公园出入口园路、广场、建筑小品等设施、环境与绿色植物合理配置形成景点,是公园中种植设计的工作重点。

1. 出入口绿化 大门为公园的主要出入口,大都面向城镇主干道。绿化时应注意丰富街景并与大门建筑相协调,同时还要突出公园的特色。如果大门是规则式建筑,那就应该用对称式布置绿化;如果大门是不对称式建筑,则要用不对称方式来布置绿化。大门前的停车场四周可用乔灌木绿化,以便夏季遮阳及隔离周围环境;在大门内部可用花池、花坛、灌木与雕像或导游图相配合，也可铺设草坪，种植花灌木，但不应有碍视线，且须便于交通和游人集散（图5-10-11）。

2. 园路绿化　主要干道绿化可选用高大、荫浓的乔木和耐阳的花卉植物在两旁布置花境，但在配植上要有利于交通，还要根据地形、建筑、风景的需要而起伏、蜿蜒。小路一般深入公园的各个角落，其绿化更要丰富多彩，达到步移景异的目的。山水园的园路多依山面水，绿化应点缀风景而不碍视线。

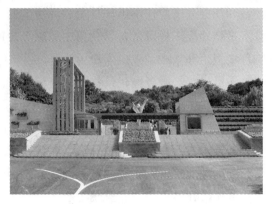

图5-10-11　公园大门绿化

平地处的园路可用乔灌木树丛、绿篱、绿带来分隔空间，使园路高低起伏，时隐时现；山地则要根据其地形的起伏、环路，绿化时有疏有密；在有风景可观的山路外侧，宜种矮小的花灌木及草花，才不影响景观；在无景可观的道路两旁，可以密植、丛植乔灌木，使山路隐在丛林之中，形成林间小道。园路交叉口是游人视线的焦点，可用花灌木点缀。另外注意：通行机动车辆的园路，车辆通行范围内不得低于4.0m高度的枝条。方便残疾人使用的园路边缘不宜种植有硬质叶片的丛生型植物或有刺的植物。路面范围内，乔灌木枝下净空高度不得低于2.2m；乔木种植点距路线应大于0.5m。

3. 广场绿化　广场绿化既不能影响交通，又要形成景观。如休息广场四周可植乔木、灌木，中间布置草坪、花坛，形成宁静的气氛。停车铺装广场应留有树穴，种植落叶大乔木，利于夏季遮阳，但冠下分枝高度应大于4m，以便满足行车要求。如果与地形相结合种植花草、灌木、草坪，还可设计成山地、林间、临水之类的活动草坪广场。停车场的种植树木间距应满足车位、通道、转弯、回车半径的要求。遮阴乔木枝下净空的标准为：大、中型汽车停车场大于4.0m；小汽车停车场大于2.5m；自行车停车场大于2.2m。场

图5-10-12　广场绿化

内种植池宽度应大于1.5m，并应设置保护设施（图5-10-12）。

4. 园林建筑小品周围绿化　公园建筑小品附近可设置花坛、花台、花境。展览室、游艺室内可设置耐阴花木，门前可种植浓荫大冠的落叶大乔木或布置花台等。沿墙可利用各种花卉境域，成丛布置花灌木。所有树木花草的布置都要和小品建筑协调统一，与周围环境相呼应，四季色彩变化要丰富，给游人以愉快之感。

公园的水体可以种植荷花、睡莲、凤眼莲、水葱、芦苇等水生植物，以创造水景。在沿岸可种植耐水湿的草本花卉或者点缀乔灌木、建筑小品等，以丰富水景。但要处理好水生植物与养殖水动物的关系。

5. 科学普及文化娱乐区绿化　地形要求平坦开阔,绿化要求以花坛、花境、草坪为主,便于游人集散。该区内,可适当点缀几株常绿大乔木,不宜多种灌木,以免妨碍游人视线,影响交通。在室外铺装场地上应留出树穴,供栽种大乔木。各种参观游览的室内,可布置一些耐阴植物或盆栽花木。

6. 体育运动区绿化　应选择生长较快、高大挺拔、冠大整齐的树种,以利夏季遮阳;不宜用那些易落花、落果、种毛散落的树种。球类场地四周的绿化要离场地5～6m,树种的色调要求单纯,以便形成绿色的背景。不要选用树叶反光发亮的树种,以免刺激运动员的眼睛。在游泳池附近可设置花廊、花架,不可种带刺或夏季落花落果的花木。日光浴场周围应铺设柔软耐践踏的草坪。

7. 儿童活动区绿化　可选用生长健壮、冠大荫浓的乔木来绿化,忌用有刺、有毒或有刺激性反应的植物。该区四周应栽置浓密的乔灌木,与其他区域相隔离。如有不同年龄的少年儿童分区,也应用绿篱、栏杆相隔,以免相互干扰。活动场地中要适当疏植大乔木,供夏季遮阳。在出入口可设立塑像、花坛、山石或小喷泉等,配以体形优美、色彩鲜艳的灌木和花卉,以增加儿童的活动兴趣。另外,在儿童游戏场宜选用冠大荫浓的树种,夏季遮阴面积应大于游人活动范围的50%;活动范围内灌木宜选用萌发力强、直立生长的中、高类型,树木的枝下净空应大于1.8m。露天演出场观众席范围内不应布置阻碍视线的植物,观众席铺栽草坪时应选用耐践踏的种类。

8. 游览休息区绿化　以生长健壮的几个树种为骨干,突出周围环境季相变化的特色。在植物配植上根据地形的高低起伏和天际线的变化,采用自然式配植树木。在林间空地中可设置草坪、亭、廊、花架、坐凳等,在路边或转弯处可设月季园、牡丹园、杜鹃园等专类园。游人集中场所的植物选用应注意:在游人活动范围内宜选用大规格苗木;严禁选用危及游人生命安全的有毒植物;不应选用在游人正常活动范围内枝叶有硬刺或枝叶呈坚硬剑状、刺状以及有浆果或分泌物坠地的种类;不宜选用挥发物或花粉能引起明显过敏反应的种类。集散场地种植设计的布置方式,应考虑交通安全视距和人流通行,场地的树木枝下净空应大于2.2m。成人活动场的种植宜选用高大乔木,枝下净空不低于2.2m,夏季乔木遮阴面积宜大于活动范围的50%(图5-10-13)。

图5-10-13　游览休息区绿化

9. 园务管理区绿化　园务管理区要根据各项活动的功能不同,因地制宜进行绿化,但要与全园的景观相协调。

另外,为了使公园与喧哗的城市环境隔开,保持园内的安静,可在周围特别是靠近城市主要干道的一面及冬季主风向的一面种植不透式的防护林带。

实例分析

上海古城公园规划设计

一、基地概况

上海古城公园根据其地理位置具体划分为 A、B 两块，A 块位于人民路、福佑路与安仁街之间，面积约为 3.8hm²；B 块位于人民路南侧，河南南路东西两侧，面积约为 3.4hm²。上海古城公园即为原老城厢遗址，其邻近为众多文化景区，如城隍庙、豫园等。

二、规划设计主题构思

1. 运用凝重又浪漫的手笔刻画"上海滩"特有的韵味和积淀。

2. 从曲院半开过渡到开放的后现代主义景观的空间形式，使公园成为老上海古城文化的载体。通过从豫园到上海外滩至浦东经贸大楼这一深刻的变迁，来编排历史与未来的时空对话，表现都市与自然、现代与传统的转换与过渡。通过"木文化"与"石文化"的撞击，恢弘体现了传统文化与现代都市生活的结合。

3. 江南自然山水园林在都市城隍庙氛围中完美契入（图 5-10-14）。

图 5-10-14 上海古城公园总平面图

三、景区结构及景观分区

设计将上海古城公园两大块分为十二大景区共计十八处主要景点。A 块分七大景区，分别为悦园南入口区、中心意境区、丹凤朝阳区、古城怀旧区、阳光草坪区、黄浦名人区及悦园北入口区。B 块有桃园景区、老北门景区、福佑园景区、浦江掠影区和新北门景区。B 块以中国自然式造园手法结合表现古城文化的小品，体现老上海具有浓郁文化气息的历史变迁，A 块则围绕豫园至外滩这一景观轴线发展延伸，表现上海城传统文化与现代都市文化的完美结合和渗透。

四、植物造景与园路铺装

本次绿化设计以点、线、面展开,在各入口、区内设置若干个植物小景点,并通过绿色路网将各区内景观串为一体。同时在苑内较大绿地上成片栽植一至二种植物,形成数量上的优势,给人以气势宏大之感。植物栽植上考虑高低错落的变化,落叶与常绿的搭配,季相与色彩的变化,疏与密的对比。同时考虑生态效应、多维空间的绿化,包括垂直绿化、门柱的绿化,使整个园区沉浸在绿色之中。种植设计选择造型优美、无毒的植物作为四季花园的绿化素材。根据各苑区的景观特色重点栽植季节性植物,同时又保证各季节的景观需求,如春有竹子、海棠、白玉兰,夏有马褂木、紫薇、栾树,秋有桂花、红枫、三角枫、芙蓉、金钱松、银杏,冬有梅花、腊梅、山茶、罗汉松等能代表各季节特色的绿化植物。经合理配置后,各绿化元素能在最大限度上创造动人的自然之美。

主干道面层采用美国自然美彩色仿石混凝土预制块,各园区内干道以不同的色彩、形状进行区分。铺装用材总的原则要求贴近自然,在各种精致的布局中选用多种材料混用,以营造不同的视觉与肌理效果。园路尽可能采用自然材质,如青石板、毛面花岗岩、卵石、毛石等。绿地内小径多用石板嵌草步道,使之更好地贴近自然,融于自然。

五、主要经济技术指标

1. 占地面积:72000m^2。
2. 建筑总面积:2450m^2。
3. 建筑占地总面积:2240m^2。
4. 建筑密度:3.2%。
5. 水域面积:6610m^2。
6. 仿古城墙面积:990m^2。
7. 地上停车场面积:850m^2。

六、工程投资概算

略。

任务实训

综合性公园规划设计

一、实训目的

通过本次实训,学会对综合性公园进行现场调查和测绘的方法,充分了解综合性公园的功能分区和景观分区、综合性公园绿地设计的程序,掌握综合性公园绿地各功能区的设计要点,为今后走向社会、独立承担综合性公园绿地设计任务打实基础。

二、实训内容

1. 综合性公园绿地规划设计。
2. 根据有关参考图,进行模拟设计。
3. 考察并测绘当地一个综合性公园绿地,进行案例评析。

各校可以根据本地具体情况,在以上三项内容中选择一项。

三、实训方式

1. 任务实战法　以学校或具有一定设计资质的设计单位为依托，承接当地综合性公园绿地的设计任务。

2. 模拟训练法　根据授课教师提供的综合性公园绿地基本地形参考图，进行模拟设计。

3. 案例评析法　考察当地一个综合性公园，现场测绘绿地现状，回校以后整理记录，进行平面图绘制和理论总结，评析该公园绿地的设计特点，写出设计说明。

四、实训步骤和方法

1. 实训准备　进行实训动员和设计工具材料的准备。实训动员采取室内讲座的方式，由实训指导老师向学生们说明实训目的，进行实训任务布置，做好实训工作计划的安排，提出实训要求；各实习小组准备好外业调查用的仪器设备和内业设计使用的工具材料。

2. 现场调查和测绘

(1) 基本资料调查。对尚未进行规划设计的综合性公园绿地的基本地形和道路等进行现场测绘；对已有综合性公园绿地进行现场踏查，了解地形地貌、道路和建筑的分布、气候与土壤状况、原有植物种类。

(2) 案例学习调查。老师带领学生到绿地设计比较好的综合性公园进行调查学习，并且做好测绘和有关现状的记录；回到学校集中进行平面图绘制与分析总结。

3. 做设计方案　根据踏勘所得的资料，明确各种造园要素在综合性公园绿地中的作用，特别是植物材料在空间组织、造景、改善基地条件等方面起的作用，作出设计方案构思图。向老师征求设计方案意见并修改以后，再进行下一个步骤的实训。

4. 配置植物　根据综合性公园各景区的特点，从植物的形状、色彩、质感、季相变化、生长速度、生长习性、配置在一起的效果等方面综合考虑植物配置的种类，以满足种植方案中的各种要求。

5. 进行详细设计　在此阶段中使设计方案中的构思具体化，包括详细的假山水池、道路广场、园林建筑和小品的布置，形式、形态、材质、色调的处理；植物种植配置平面、植物的种类和数量、种植间距等。

6. 绘制设计图纸及书写有关说明　在详细设计完成后，即可用手绘或用电脑辅助制图绘制总平面图、效果图和种植施工图，在图纸完成后编写设计说明。

7. 模拟方案汇报　完成图纸和设计说明以后，将老师当作综合性公园绿地的建设方（甲方），学生们自己代表设计单位（乙方），向老师模拟汇报设计方案。老师根据学生的设计方案设疑，学生答疑。

五、实训要求

1. 基本要求　服从指挥，分工协助；认真调查，做好记录；合理布局，精配植物；备齐资料，仔细绘图；按时保质，完成任务。

2. 外业调查要求。

(1) 要了解综合性公园绿地的组成。通过现场调查，掌握综合性公园绿地中的各功能区具体位置,并仔细调查了解各功能区的现状。

(2)要仔细调查记录该综合性公园绿地的环境条件。重点调查综合性公园的服务范围、当地的地域文化、所处的地理位置、周围自然资源环境状况,测绘该公园的地形地貌、道路和建筑的分布,调查了解当地的气候与土壤状况,记录原有植物种类。

3. 设计要求。

(1)各功能区设计要有特点。对综合性公园绿地中的出入口绿地、园路广场、各功能区绿化的设计要因地制宜,设计风格要有特点。

(2)选择适于该公园绿地需求的树种。将该公园所在地区的乡土植物作为主要树种。同时也应考虑已被证明能适应本地生长条件、长势良好的外来或引进的植物种类。特别要注意选择具有经济价值和观赏价值的树种和花卉。另外还要考虑植物材料的来源是否方便、规格和价格是否合适、养护管理是否方便等因素。

4. 图纸要求 图纸设计要求每人独立完成一套,并附植物配置表。具体图纸要求如下:

(1)综合性公园总体规划设计总平面图。表现规划用地范围内各种造园要素(如道路广场、园林建筑和小品、山石水体、园林植物等)总体平面布局图样。要求功能区布局合理、植物的配置季相分明。硬质景观具有时代性、创造性。

(2)透视图或鸟瞰图。用手绘或采用 3Dmax、SketchUp 和 Photoshop 处理的综合性公园绿地实景,以表示绿地中各个景点、各种设施及地貌等在高程上的变化和协调统一的图样内容,要求色彩丰富,比例适当,形象逼真。

(3)园林植物种植设计图。表示设计植物的种类、数量、规格、种植位置及类型和要求的平面图样。要求图例正确,比例合理,表现准确。

(4)局部景观表现图。用手绘或电脑辅助制图的方法表现设计中有特色的景观。要求特点突出,形象生动。

所有图纸的图面都要求表现能力强、线条流畅、构图合理、清洁美观、图例、文字标注、图幅等符合制图规范。

5. 设计说明编写要求 设计说明要求语言流畅,言简意赅,能准确地对图纸补充说明,体现设计意图。设计说明应包括以下内容:

(1)基地概况。简要说明该公园的城市区位和服务范围。

(2)设计理念。根据该公园绿地的特点,结合具体场地条件,提出独具特色的设计理念。

(3)设计内容。这是设计说明的主要部分。包括各功能区绿地的设计、掇山理水设计、道路广场的设计、园林建筑和小品的设计、种植设计等说明。假山水池、园林建筑等要赋予丰富而深刻的文化内涵和寓意,种植说明要有详细的种植方法、管理和栽后保质期限等文字内容。

(4)主要技术指标。用图表的形式表达设计技术指标的数据。

(5)经费概算。首先列出绿地内所有设计建设内容的分项概算,再按照国家有关规定加上管理费用、设计费用、不可预见费等,列出总概算。

六、工具材料

测量仪器、绘图工具等。

七、考核与报告

略。

》练习与思考

1. 综合性公园具有哪些功能?
2. 综合性公园一般分为哪几个功能区?
3. 综合性公园绿地设计主要包括哪些内容?
4. 综合性公园各区域绿化有哪些设计要点?

参考文献

[1] 董晓华.园林规划设计[M].北京:高等教育出版社,2012.

[2] 胡先祥,肖创伟.园林规划设计[M].北京:机械工业出版社,2007.

[3] 黄东兵.园林绿地规划设计[M].北京:高等教育出版社,2006.

[4] 梁永基,王莲清.机关单位园林绿地设计[M].北京:中国林业出版社,2003.

[5] 赵建民.园林规划设计[M].北京:中国农业出版社,2001.

[6] 同济大学、武汉城建学院、重庆建筑工程学院合编.城市园林绿地规划[M].北京:建筑工业出版社,1983.

[7] http://www.ahlyxy.cn/Article/showArticle.asp?Article ID=2666 安徽林业职业技术学院.

[8] http://jpk.gsfc.edu.cn/html/sj/2012/yighsi/Shouye/甘肃林业职业技术学院精品课程.htm.

[9] http://wwwz.sdwfvc.cn/jpkc/yisj/index.htm 潍坊职业技术学院.

[10] http://jpk-ylgh.lfzj.cn/廊坊职业技术学院.

[11] http://218.75.125.23:8080/yuanlin/杭州万向职业技术学院.